U0383584

现代数学基础丛书·典藏版　34

二阶椭圆型方程与椭圆型方程组

陈亚浙　吴兰成　著

科学出版社

北　京

内 容 简 介

本书是作者根据1985年在南开数学研究所举办的“偏微年”活动中授课的讲稿，并吸取了当时来访的国外专家讲学的最新内容编写而成的.本书共分两部分：第一部分全面介绍二阶椭圆型方程 Dirichlet 问题的各种先验估计方法，包含近年来出现的最新技巧，并讨论线性方程、拟线性方程以及完全非线性方程 Dirichlet 问题的可解性；第二部分介绍线性和非线性椭圆型方程组 Dirichlet 问题弱解的存在性和正则性.本书内容丰富，取材适当，是一本很好的研究生教材.

本书可供大学数学系学生、研究生、教师和有关的科学工作者参考.

图书在版编目(CIP)数据

二阶椭圆型方程与椭圆型方程组/陈亚浙，吴兰成著.—北京：科学出版社，1981.11（2016.6 重印）

（现代数学基础丛书·典藏版；34）

ISBN 978-7-03-002133-5

I.①二…　II.①陈…　②吴…　III.①椭圆型方程－研究生－教材　IV.①O175.25

中国版本图书馆 CIP 数据核字(2016) 第 113338 号

责任编辑：张　扬／责任校对：林青梅
责任印制：徐晓晨／封面设计：王　浩

科学出版社 出版
北京东黄城根北街16号
邮政编码：100717
http://www.sciencep.com
北京厚诚则铭印刷科技有限公司印刷
科学出版社发行　各地新华书店经销
*
1981年11月第　一　版　开本：B5(720×1000)
2016年　6 月印　　刷　印张：15 1/4
字数：241 000
定价：98.00 元
（如有印装质量问题，我社负责调换）

序　　言

二阶椭圆型偏微分方程与方程组是研究偏微分方程的重要基础，因此 1985 年在南开数学研究所举办的“偏微年”活动中被列为研究生的基本课程之一．当时，作者应邀给研究生讲授这一课程，同时，南开数学研究所还邀请了许多国外知名学者来所讲学，为该课程提供了许多最新的研究成果．这本书就是在作者授课的讲稿基础上，吸取了国外专家讲学的最新内容写成的．

二阶椭圆型偏微分方程与方程组在国外已有很好的专著，有些已有中译本，如本书参考文献所列入的［GT］，［LU］与［GQ1］等，它们已相当完整地介绍了这一方面的内容，但是它们一般结构庞大，初学者不易入门，不适宜作为教材．编写本书的目的是希望提供一本研究生的教材．本书既包含这一方面的基本内容，又包含 20 世纪 80 年代以来出现的最新成果与方法，使研究生能够尽快地到达研究这一课题的前沿．

本书共分两部分．第一部分全面地介绍二阶椭圆型方程 Dirichlet 问题的各种先验估计方法，并在不太长的篇幅里，比较详细地介绍 20 世纪 80 年代出现的 Krylov-Safonov 估计与完全非线性椭圆型方程的研究结果．第二部分介绍线性和非线性椭圆方程组 Dirichlet 问题弱解的存在性与正则性理论．在附录 1 中列出本书所需要的 Sobolev 空间的知识．为使主要内容更为突出，我们把一些定理，如 Stampacchia 内插定理与反向 Hölder 不等式等的证明，都放在附录中．

由于作者学识有限，错误与不妥之处在所难免，希望读者提出宝贵意见．

最后我们应当指出，姜礼尚教授领导的北京大学偏微分方程讨论班对本书稿的形成起了重要的作用，在此我们向姜礼尚教授以及对讨论班做出过贡献的同志表示深切的谢意．此外，我们还要衷心地感谢吉林大学的王光烈副教授，他认真地审阅了本书稿，并提出了许多宝贵的意见．

陈亚浙　吴兰成

1990 年 5 月 20 日

目　　录

第一部分　二阶椭圆型方程

第二部分　椭圆型方程组

第一部分　二阶椭圆型方程

第一章　L^2　理　论

研究椭圆型方程 Dirichlet 问题的可解性是本书的中心课题之一，Sobolev 空间的引进(参看附录 1)为这一研究提供了有效的途径. 应用 Sobolev 空间，我们可以在更广泛的函数类中寻求问题的解，这就使得可解性问题变得容易得多了. 这种解往往称为“弱解”或“广义解”. 当然，为了得到古典解的存在性，我们必须研究弱解的光滑性，这就是所谓弱解的正则性问题. 在本章 §4 与下一章，我们将会看到研究这一问题的一些基本方法.

§1　Lax-Milgram 定理

设 H 是实 Hilbert 空间，H' 是它的对偶空间，H 与 H' 的对偶积记为 $\langle\cdot,\cdot\rangle$.

定义 1.1　设 $a(u,v)$ 是 Hilbert 空间 H 上的双线性型，

(i) $a(u,v)$ 称为有界的，如果存在 $M>0$ 使得

$$|a(u,v)|\leqslant M\|u\|_H\|v\|_H,\quad \forall u,v\in H. \tag{1.1}$$

(ii) $a(u,v)$ 称为强制的，如果存在 $\delta>0$ 使得

$$a(u,v)\geqslant\delta\|u\|_H^2,\quad \forall u\in H. \tag{1.2}$$

定理 1.1　(Lax-Milgram 定理). 设 $a(u,v)$ 是 H 上的有界强制双线性型，则对于任意 $f\in H'$，存在唯一的 $u\in H$，满足

$$a(u,v)=\langle f,v\rangle,\quad \forall v\in H \tag{1.3}$$

且有估计

$$\|u\|_H\leqslant\frac{1}{\delta}\|f\|_{H'}. \tag{1.4}$$

证明　容易知道，对于固定的 $u\in H$，$a(u,\cdot)$ 是 H 上的有界线性泛函，存在唯一的 $Au\in H'$，使得

$$a(u,v)=\langle Au,v\rangle,\quad \forall v\in H \tag{1.5}$$

且

$$\|Au\|_{H'}\leqslant M\|u\|_H,$$

容易验证 A 是线性的.此外,又由强制条件知

$$\| Au \|_{H'} \| u \|_H \geqslant a(u,u) \geqslant \delta \| u \|_H^2,$$

因此

$$\| Au \|_{H'} \geqslant \delta \| u \|_H. \tag{1.6}$$

这样 A^{-1}存在.我们将证明 A 的值域$R(A)=H'$.首先证明 $R(A)$是闭集.若 $Au_n \to v$,由(1.6)

$$\| u_n - u_m \|_H \leqslant \frac{1}{\delta} \| Au_n - Au_m \|_{H'},$$

因此 u_n 是H 的基本列.由 H 的完备性,必有极限元素 $u \in H$,又由 A 的连续性,必有 $Au_n \to Au$,因此 $v = Au \in R(A)$,这说明 $R(A)$是 H' 的闭子空间.如果 $R(A) \neq H'$,由正交分解定理,必存在 $v' \in H'$,$v' \neq 0$ 且 $v' \perp R(A)$.由 H 的自反性,必存在 $v \in H$ 使得$(v',\cdot)_{H'} = \langle \cdot, v \rangle$,应用强制性,

$$0 = (v', Av)_{H'} = \langle Av, v \rangle \geqslant \delta \| v \|_H^2 > 0.$$

这一矛盾说明 $R(A)=H'$,因此必存在唯一的 u 适合$Au=f$,由(1.5)与(1.6)立即得到(1.3)与(1.4).

§2　椭圆型方程的弱解

设 Ω 是$\mathbb{R}^n$ 的有界开区域,为简单起见,我们总假定 $n \geqslant 3$.这一章我们将在 Ω 上考虑散度型椭圆型方程

$$Lu = -D_j(a^{ij}D_iu + d^ju) + (b^iD_iu + cu) = f + D_if^i. \tag{2.1}$$

上式及以下各处都遵照求和约定,对重复脚标 i,j 将从 1 至 n 求和,$D_i = \frac{\partial}{\partial x_i}$.对于算子 L,本章总做如下的假定:

$$a^{ij} \in L^\infty(\Omega),$$

又存在正常数 λ, Λ 使得

$$\lambda |\xi|^2 \leqslant a^{ij}(x)\xi_i\xi_j \leqslant \Lambda |\xi|^2, \forall \xi \in \mathbb{R}^n, x \in \Omega. \tag{2.2}$$

$$\sum_{i=1}^n \| b^i \|_{L^n(\Omega)} + \sum_{i=1}^n \| d^i \|_{L^n(\Omega)} + \| c \|_{L^{n/2}(\Omega)} \leqslant \Lambda. \tag{2.3}$$

下面我们简记 Sobolev 空间 $W^{k,2}(\Omega) = H^k(\Omega)$.对于 $u, v \in H^1(\Omega)$,我们记

$$a(u,v) = \int_\Omega \{(a^{ij}D_iu + d^ju)D_jv + (b^iD_iu + cu)v\}dx.$$

在引理 2.1 的证明过程中我们将看到上面的各项积分是有意义的.

定义 2.1　对于 $T \in H^{-1}(\Omega)$($H_0^1(\Omega)$的对偶空间),$g \in H^1(\Omega)$,称 $u \in H^1(\Omega)$为 Dirichlet 问题

$$\begin{cases} Lu = T, \text{在 } \Omega \text{ 内}, \\ u = g, \text{在 } \partial\Omega \text{ 上} \end{cases} \tag{2.4}$$

的弱解,如果 u 满足

$$\begin{cases} a(u,v) = \langle T, v\rangle, \forall\, v \in H_0^1(\Omega), \\ u - g \in H_0^1(\Omega). \end{cases} \tag{2.5}$$

引理 2.1 设 L 的系数满足条件(2.2),(2.3),Ω 为$\mathbb{R}^n$ 的有界开区域,则 $a(u,v)$为 $H_0^1(\Omega)$上的有界双线性型.

证明 利用 Hölder 不等式与条件(2.2),可得

$$\left|\int_\Omega a^{ij}D_iuD_jvdx\right| \leqslant \Lambda \| u \|_{H_0^1(\Omega)} \| v \|_{H_0^1(\Omega)}.$$

应用 Hölder 不等式、(2.3)与嵌入定理,我们有

$$\begin{aligned}\left|\int_\Omega d^juD_jvdx\right| &\leqslant \sum_j \| d^j \|_{L^n(\Omega)} \| u \|_{L^{2^*}(\Omega)} \| D_jv \|_{L^2(\Omega)} \\ &\leqslant C\Lambda \| u \|_{H_0^1(\Omega)} \| v \|_{H_0^1(\Omega)}, \\ \left|\int_\Omega cuvdx\right| &\leqslant \| c \|_{L^{\frac{n}{2}}(\Omega)} \| u \|_{L^{2^*}(\Omega)} \| v \|_{L^{2^*}(\Omega)} \\ &\leqslant C\Lambda \| u \|_{H_0^1(\Omega)} \| v \|_{H_0^1(\Omega)},\end{aligned}$$

其中 $2^* = \dfrac{2n}{n-2}$,C 只依赖于 n.余下的项可类似估计,于是我们有

$$|a(u,v)| \leqslant C\Lambda \| u \|_{H_0^1(\Omega)} \| v \|_{H_0^1(\Omega)}. \tag{2.6}$$

附注 对于固定的 $u \in H^1(\Omega)$,$a(u,\cdot)$也是 $H_0^1(\Omega)$上的有界线性泛函.因此存在有界线性算子 $\widetilde{L}: H^1(\Omega) \to H^{-1}(\Omega)$,使得

$$a(u,v) = \langle \widetilde{L}u, v\rangle, \forall\, u \in H^1(\Omega), v \in H_0^1(\Omega). \tag{2.7}$$

以后对算子 $\widetilde{L}$ 与(2.1)给出的形式微分算子 L 我们将不加以区分.

引理 2.2 设 L 的系数满足条件(2.2),(2.3),Ω 为有界开区域,则存在 $\bar{\mu} > 0$,使得当 $\mu \geqslant \bar{\mu}$ 时,$a(u,v) + \mu(u,v)_{L^2(\Omega)}$ 在 $H_0^1(\Omega)$上是强制的,其中 $(\cdot,\cdot)_{L^2(\Omega)}$表示 $L^2(\Omega)$的内积.

为此我们需要如下的事实:设 $f \in L^p(\Omega)$,ε 是任意固定的正数,则 f 存在分解:$f = f_1 + f_2$,使得

$$\| f_2 \|_{L^p(\Omega)} < \varepsilon, \sup_{x\in\Omega} |f_1(x)| < K(\varepsilon). \tag{2.8}$$

这只须取 f_1 是如下形式的函数:

$$f_1(x) = \begin{cases} f(x), & \text{当} |f(x)| < K \text{ 时}, \\ 0, & \text{当} |f(x)| \geqslant K \text{ 时}, \end{cases}$$

然后取 K 充分大即可.

证明　如上所述,对于任意给定的 $\varepsilon>0$,作如下分解:

$$b^i = b_1^i + b_2^i, d^i = d_1^i + d_2^i, c = c_1 + c_2,$$

使得

$$\sum \| b_2^i \|_{L^n(\Omega)} + \sum \| d_2^i \|_{L^n(\Omega)} + \| c_2 \|_{L^{n/2}(\Omega)} \leqslant \varepsilon,$$

$$\sum \| b_1^i \|_{L^\infty(\Omega)} + \sum \| d_1^i \|_{L^\infty(\Omega)} + \| c_1 \|_{L^\infty(\Omega)} \leqslant K(\varepsilon).$$

记

$$a_2(u,v) = \int_\Omega \{ (a^{ij}D_iu + d_2^j u)D_jv + (b_2^i D_iu + c_2 u)v \} dx,$$

$$a_1(u,v) = a(u,v) - a_2(u,v).$$

应用正定性条件(2.1)和类似于引理 2.1 的计算,容易得到

$$a_2(u,u) \geqslant (\lambda - C\varepsilon) \| u \|_{H_0^1(\Omega)}^2.$$

现在取定 ε 使得 $C\varepsilon = \frac{1}{4}\lambda$. 进一步估计

$$|a_1(u,u)| \leqslant CK(\varepsilon)\left[\int_\Omega \sum_i |D_iu|\,|u|dx + \int_\Omega |u|^2 dx\right]$$

$$\leqslant \frac{\lambda}{4}\int_\Omega |Du|^2 dx + C\left(\frac{K^2(\varepsilon)}{\lambda} + K(\varepsilon)\right)\times \int_\Omega |u|^2 dx.$$

综合上述估计,我们有

$$a(u,u) \geqslant \frac{\lambda}{2} \| u \|_{H_0^1(\Omega)}^2 - C\left(\frac{K^2(\varepsilon)}{\lambda} + K(\varepsilon)\right) \| u \|_{L^2(\Omega)}^2.$$

取 $\bar{\mu} = C\left(\frac{K^2(\varepsilon)}{\lambda} + K(\varepsilon)\right)$即为所求.

应用 Lax-Milgram 定理,我们可以得到弱解的存在性定理.

定理 2.3　设 L 的系数满足(2.2),(2.3),Ω 是使 Sobolev 嵌入定理成立的有界开区域,$T \in H^{-1}(\Omega)$, $g \in H^1(\Omega)$,则存在 $\bar{\mu}>0$ 使得当 $\mu \geqslant \bar{\mu}$ 时,非齐次 Dirichlet 问题

$$\begin{cases} Lu + \mu u = T, \\ u - g \in H_0^1(\Omega) \end{cases} \tag{2.9}$$

存在唯一的弱解.

证明　由弱解的定义,与问题(2.9)相应的双线性型为 $a(u,v) + \mu(u,v)_{L^2(\Omega)}$. 弱解 u 满足

$$\begin{cases} a(u,v) + \mu(u,v)_0 = \langle T, v \rangle, \forall v \in H_0^1(\Omega), \\ u - g \in H_0^1(\Omega), \end{cases} \tag{2.10}$$

这里$(u,v)_0 \triangleq (u,v)_{L^2(\Omega)}$. 现在令 $w=u-g$,则问题(2.10)等价于寻求 $w \in H_0^1(\Omega)$,使其满足

$$a(w,v)+\mu(w,v)_0=\langle T,v\rangle-a(g,v)-\mu(g,v)_0,\quad \forall v \in H_0^1(\Omega). \tag{2.11}$$

由引理 2.1 与 2.2,当 $\mu \geqslant \bar{\mu}$ 时,$a(w,v)+\mu(w,v)_0$ 是 $H_0^1(\Omega)$上的有界强制双线性型,不难验证$\langle T,v\rangle-a(g,v)-\mu(g,v)_0$ 是 $H_0^1(\Omega)$上的连续线性泛函. 由 Lax-Milgram 定理方程(2.11)存在唯一的解 $w \in H_0^1(\Omega)$, $u=w+g$ 即为问题(2.9)的弱解.

§3 Fredholm 二择一定理

Fredholm 二择一定理在 Banach 空间的表述如下:

定理 3.1 设 V 是赋范线性空间,$A: V \to V$ 是一紧线性算子,I 是 V 的恒同算子,则只有以下两种可能发生:

(1)存在 $x \in V, x \neq 0$,使得 $x-Ax=0$.

(2)对于任意 $y \in V$,存在唯一的 $x \in V$,使得

$$x-Ax=y.$$

在第二种情况下$(I-A)^{-1}$是有界线性算子. 此外,我们还可得到:A 的谱是离散的,除 0 之外不可能有其他极限点,每一特征值的重数是有限的.

这个定理的证明在泛函分析的教科书中都能找到. 下面我们将把它应用于椭圆型方程的 Dirichlet 问题.

定理 3.2 设 L 与 Q 满足定理 2.3 的假定,则问题(2.9)只有以下两种可能:

(1)对于任意 $T \in H^{-1}(\Omega)$, $g \in H^1(\Omega)$,问题(2.9)有唯一的弱解.

(2)存在非零 $u \in H_0^1(\Omega)$,使得 $Lu+\mu u=0$(即 $a(u,v)+\mu(u,v)_0=0$, $\forall v \in H_0^1(\Omega)$).

此外,使第二种情况成立的 μ 是离散的,只能以∞为极限点,对于每一特征值 μ,相应的特征函数空间是有限维的.

证明 不妨设 $g \equiv 0$(参看定理 2.3 的证明). 对于固定的 $u \in L^2(\Omega)$, $(u,\cdot)_0$ 是 $H_0^1(\Omega)$上的有界线性泛函,因此存在有界线性算子 $P: L^2(\Omega) \to H^{-1}(\Omega)$,使得

$$(u,v)_0=\langle Pu,v\rangle,\ \forall u \in L^2(\Omega), v \in H_0^1(\Omega).$$

设 I 是由 $H_0^1(\Omega)$到 $L^2(\Omega)$的嵌入算子,由引理 2.1 的附注与上述的事实,我们可把(2.9)写成:求 $u \in H_0^1(\Omega)$使得

$$Lu+\mu PIu=T. \tag{3.1}$$

定理 2.3 的结论说明必存在 $\bar{\mu}>0$,使得$(L+\bar{\mu}PI)^{-1}$存在,且为 $H^{-1}(\Omega) \to$

$H_0^1(\Omega)$的有界线性算子.记 $G=(L+\bar{\mu}PI)^{-1}$,将算子 G 作用于方程(3.1)之后得到

$$u-(\bar{\mu}-\mu)GPIu=GT. \tag{3.2}$$

方程(3.1)与(3.2)是等价的.由于 $H_0^1(\Omega)$到 $L^2(\Omega)$的嵌入算子是紧的,因此 GPI 是$H_0^1(\Omega)$到其自身的紧线性算子.现在对方程(3.2)应用定理 3.1 立即得到所要的结论.

§4　弱解的极值原理

极值原理有多种证明方法,De Giorgi 迭代与 Moser 迭代是两种常用方法,它们也是目前偏微研究中的重要手段.本书将在不同的地方加以介绍.这里我们采用 De Giorgi 迭代方法.De Giorgi 迭代往往归结为如下的引理:

引理 4.1　设 $\varphi(t)$是定义于$[k_0,+\infty)$的非负非增函数,当 $h>k\geqslant k_0$ 时满足

$$\varphi(h)\leqslant\frac{C}{(h-k)^{\alpha}}[\varphi(k)]^{\beta}, \tag{4.1}$$

其中 $\alpha>0,\beta>1$.则有

$$\varphi(k_0+d)=0, \tag{4.2}$$

这里

$$d=C^{\frac{1}{\alpha}}[\varphi(k_0)]^{\frac{\beta-1}{\alpha}}2^{\frac{\beta}{\beta-1}}. \tag{4.3}$$

证明　定义数列

$$k_s=k_0+d-\frac{d}{2^s}\qquad(s=0,1,2,\cdots).$$

条件(4.1)给出了以下递推公式

$$\varphi(k_{s+1})\leqslant\frac{C2^{(s+1)\alpha}}{d^{\alpha}}[\varphi(k_s)]^{\beta}\qquad(s=0,1,2,\cdots). \tag{4.4}$$

我们将用归纳法证明

$$\varphi(k_s)\leqslant\frac{\varphi(k_0)}{r^s}\qquad(s=0,1,2,\cdots), \tag{4.5}$$

其中 $r>1$ 待定.设不等式(4.5)对于 s 成立.由(4.4)与归纳法假设

$$\varphi(k_{s+1})\leqslant\frac{C2^{(s+1)\alpha}}{d^{\alpha}}\left[\frac{\varphi(k_0)}{r^s}\right]^{\beta}=\frac{\varphi(k_0)}{r^{s+1}}\frac{C2^{(s+1)\alpha}}{d^{\alpha}r^{s(\beta-1)-1}}[\varphi(k_0)]^{\beta-1}.$$

为使归纳法成立,选取 $r=2^{\frac{\alpha}{\beta-1}}$,并使

$$\frac{C2^{\frac{\alpha\beta}{\beta-1}}}{d^{\alpha}}[\varphi(k_0)]^{\beta-1}\leqslant 1.$$

(4.3)关于 d 的定义恰好满足这一要求. 于是(4.5)成立, 在(4.5)中令 $s\to\infty$, 则得所求.

为了更精确地叙述弱极值原理, 我们需要引进上、下解的概念.

定义 4.1　$u\in H^1(\Omega)$称为方程(2.1)的弱下解(弱上解、弱解), 如果

$$a(u,\varphi)\leqslant(\geqslant,=)(f,\varphi)_0-(f^i,D_i\varphi)_0,$$
$$\forall\varphi\in C_0^\infty(\Omega),\varphi\geqslant 0,\tag{4.6}$$

其中 $a(u,\varphi)$如§2 所定义.

事实上(4.6)对于任意 $\varphi\in H_0^1(\Omega),\varphi=\varphi^+=\max\{\varphi,0\}$也成立.

定义 4.2　设 $u\in H^1(\Omega)$. 我们定义

$$\sup_{\partial\Omega}u=\inf\{l\mid(u-l)^+\in H_0^1(\Omega)\}.\tag{4.7}$$

$$\operatorname{ess}\sup_{\Omega}u=\inf\{l\mid(u-l)^+=0,\text{a.e.}\,\Omega\}.$$

定理 4.2　(弱极值原理). 设 L 的系数满足(2.2)与(2.3)且

$$c-D_id^i\geqslant 0(\text{在}\ \mathscr{D}'(\Omega)\ \text{的意义下}).\tag{4.8}$$

如果 $u\in H^1(\Omega)$是方程(2.1)的弱下解, 则对于任意 $p>n$, 我们有

$$\operatorname{ess}\sup_{\Omega}u\leqslant\sup_{\partial\Omega}u^++C(\|f\|_{L^{\frac{np}{n+p}}(\Omega)}+\|f^i\|_{L^p(\Omega)}|\Omega|^{\frac{1}{n}-\frac{1}{p}},\tag{4.9}$$

其中 C 仅依赖于 $n,p,\lambda,\Lambda,\Omega$ 以及 b^i,d^i,c, 但与 $|\Omega|$ 的下界无关.

附注　(4.8)是指对于任意 $\varphi\in C_0^\infty(\Omega),\varphi\geqslant 0$,

$$\int_\Omega(c\varphi+d^iD_{i\varphi})dx\geqslant 0.$$

证明　记 $l=\sup\limits_{\partial\Omega}u^+$. 设$\sup\limits_{\Omega}u^+>l$, 对于任意 $k>l$ 在(4.6)中取检验函数 $\varphi=(u-k)^+$, 我们有

$$a(u,\varphi)=\int_\Omega\{(a^{ij}D_i\varphi+d^j\varphi)D_j\varphi+(b^iD_i\varphi+c\varphi)\varphi\}dx+k\int_\Omega(d^jD_j\varphi+c\varphi)dx.\tag{4.10}$$

由条件(4.8)上式右端的第二项非负. 对于第一项, 采用类似于引理 2.2 的计算可得

$$a(u,\varphi)\geqslant\frac{\lambda}{2}\|D\varphi\|_{L^2(\Omega)}^2-C\lambda\|\varphi\|_{L^2(\Omega)}^2,\tag{4.11}$$

其中 C 仅依赖于 $n,\lambda,\Lambda,\partial\Omega$ 及 b^i,d^i,c. 由弱下解的定义与(4.11), 我们有

$$\frac{\lambda}{2}\|D\varphi\|_{L^2(\Omega)}^2-C\lambda\|\varphi\|_{L^2(\Omega)}^2\leqslant(f,\varphi)-(f^i,D_i\varphi)$$
$$\leqslant\sum_i\|f^i\|_{L^p}\|D\varphi\|_{L^2}|A(k)|^{\frac{1}{2}-\frac{1}{p}}+\|f\|_{L^{p^*}}\|\varphi\|_{L^{2^*}}|A(k)|^{\frac{1}{2}-\frac{1}{p}},\tag{4.12}$$

其中 $p^*=\frac{np}{n+p}, 2^*=\frac{2n}{n-2}$.

$$A(k)=\{x\in\Omega\mid u(x)>k\}, \tag{4.13}$$

$|A(k)|$ 是集合 $A(k)$ 的测度. 记

$$F_0=\frac{1}{\lambda}\Big(\sum_i\|f^i\|_{L^p}+\|f\|_{L^{p_*}}\Big).$$

在(4.12)右端应用嵌入定理与 Cauchy 不等式, 则有

$$\|D\varphi\|_{L^2}^2\leqslant C\|\varphi\|_{L^2}^2+\varepsilon\|D\varphi\|_{L^2}^2+C_\varepsilon F_0^2|A(k)|^{1-\frac{2}{p}}.$$

取 $\varepsilon=\frac{1}{2}$, 并对右端第一项应用 Hölder 不等式与 Sobolev 嵌入定理,

$$\begin{aligned}\|D\varphi\|_{L^2}^2&\leqslant C|A(k)|^{\frac{2}{n}}\|\varphi\|_{L^{2^*}}^2+CF_0^2|A(k)|^{1-\frac{2}{p}}\\&\leqslant\widetilde{C}|A(k)|^{\frac{2}{n}}\|D\varphi\|_{L^2}^2+CF_0^2|A(k)|^{1-\frac{2}{p}}.\end{aligned}\tag{4.14}$$

如果存在 $k_0\geqslant l$ 使得

$$\widetilde{C}|A(k_0)|^{\frac{2}{n}}\leqslant\frac{1}{2}, \tag{4.15}$$

由(4.14), 则有

$$\|D\varphi\|_{L^2}\leqslant CF_0|A(k)|^{\frac{1}{2}-\frac{1}{p}}, \text{当 } k\geqslant k_0 \text{ 时}.$$

应用 Sobolev 嵌入定理得到

$$\|\varphi\|_{L^{2^*}}\leqslant CF_0|A(k)|^{\frac{1}{2}-\frac{1}{p}}, \text{当 } k\geqslant k_0 \text{ 时}. \tag{4.16}$$

注意到 $\varphi=(u-k)^+$, 当 $h>k$ 时

$$\|\varphi\|_{L^{2^*}}\geqslant(h-k)|A(h)|^{\frac{1}{2^*}}.$$

于是当 $h>k$ 时

$$|A(h)|\leqslant\frac{(CF_0)^{2^*}}{(h-k)^{2^*}}|A(k)|^{\frac{n(p-2)}{p(n-2)}}, \text{当 } h>k\geqslant k_0 \text{ 时}.$$

应用引理 4.1, 则有

$$A(k_0+d)=0,$$

其中

$$d=CF_0|A(k_0)|^{\frac{1}{n}-\frac{1}{p}}2^{\frac{n(p-2)}{2(p-n)}}.$$

这样

$$\operatorname*{ess\,sup}_{\Omega}u\leqslant k_0+d\leqslant k_0+CF_0|\Omega|^{\frac{1}{n}-\frac{1}{p}}. \tag{4.17}$$

为估计 k_0, 我们分两步进行.

第一步:由于

$$k^2|A(k)|\leqslant\int_\Omega u^2dx = \|u\|_{L^2}^2,$$

因此只须取

$$k_0\geqslant(2\widetilde{C})^{\frac{n}{4}}\|u\|_{L^2}\text{ 且 }k_0\geqslant\sup_{\partial\Omega}u^+,$$

必有(4.15)成立. 由(4.17)立即得到

$$\operatorname*{ess\,sup}_{\Omega}u\leqslant\sup_{\partial\Omega}u^+ + C\|u\|_{L^2(\Omega)} + CF_0|\Omega|^{\frac{1}{n}-\frac{1}{p}}. \tag{4.18}$$

第二步:由(4.18),我们知道 u 有本性上界,但我们必须进一步去掉(4.18)右端的第二项. 记 $M=\text{ess sup }u-l$, $v=(u-l)^+$. 我们将考虑函数

$$w = \ln\frac{M+\varepsilon+\widetilde{F}_0}{M+\varepsilon+\widetilde{F}_0-v} \tag{4.19}$$

所满足的方程,其中 $\widetilde{F}_0=F_0|\Omega|^{\frac{1}{n}-\frac{1}{p}}$, ε 是任意正数. 为此我们取检验函数

$$\varphi = \frac{v}{M+\varepsilon+\widetilde{F}_0-v}\in H_0^1(\Omega). \tag{4.20}$$

类似于(4.10),我们有

$$\begin{aligned}a(u,\varphi)&\geqslant\int_\Omega\{(a^{ij}D_iv+d^jv)D_j\varphi+(b^iD_iv+cv)\varphi\}dx\\&=\int_\Omega[a^{ij}D_ivD_j\varphi+(b^i-d^i)D_iv\cdot\varphi]dx+\int_\Omega(d^jD_j[v\varphi]+cv\varphi)dx.\end{aligned} \tag{4.21}$$

注意到 $\varphi v\in H_0^1(\Omega)$,且 $\varphi v\geqslant 0$,由条件(4.8)上式右端第二项为正. 又将 φ 的表达式(4.20)代入(4.21),则有

$$a(u,\varphi)\geqslant\int_\Omega\{(M+\varepsilon+\widetilde{F}_0)a^{ij}D_iwD_jw-(b^i-d^i)vD_iw\}dx. \tag{4.22}$$

由于 u 是弱下解,因此

$$\begin{aligned}a(u,\varphi)&\leqslant(f,\varphi)_0-(f^i,D_i\varphi)_0\\&\leqslant\int_\Omega\frac{fv}{M+\varepsilon+\widetilde{F}_0-v}dx+\int_\Omega\frac{(M+\varepsilon+\widetilde{F}_0)f^iD_iw}{(M+\varepsilon+\widetilde{F}_0-v)}dx\\&\leqslant\frac{M}{\widetilde{F}_0}\int_\Omega|f|dx+\frac{\lambda}{4}(M+\varepsilon+F_0)\int_\Omega|Dw|^2dx\\&\quad+\frac{C(M+\varepsilon+\widetilde{F}_0)}{\lambda\widetilde{F}_0^2}\int_\Omega\sum|f^i|^2dx.\end{aligned} \tag{4.23}$$

联合(4.22)与(4.23)并应用正定性条件(2.2)与 Hölder 不等式,则有

$$\| Dw \|^2 \leqslant \frac{1}{\lambda \widetilde{F}_0}\int_\Omega |f| dx + \frac{C}{\lambda^2}\int \sum_i (|b^i|^2 + |d^i|^2) dx + \frac{C}{\lambda^2 \widetilde{F}_0^2}\int_\Omega \sum |f^i|^2 dx$$
$$\leqslant C\left(n, \frac{\Lambda}{\lambda}, |\Omega|\right),$$

注意这里的常数 C 是与 $|\Omega|$ 的下界无关的. 由嵌入定理

$$\| w \|_{L^{2^*}} \leqslant C.$$

对于 $k > l$, 由上式可得

$$|A(k)|^{\frac{1}{2^*}} \ln \frac{M + \varepsilon + \widetilde{F}_0}{M + \varepsilon + \widetilde{F}_0 - (k - l)} \leqslant C.$$

取 $k_0 - l = (1-\eta)(M + \varepsilon + \widetilde{F}_0)$, 其中 η 是待定的小数, 则

$$|A(k_0)|^{\frac{1}{2^*}} \leqslant C\left[\ln \frac{1}{\eta}\right]^{-1}.$$

显然存在 $\eta > 0$, 使(4.15)成立. 于是由(4.17)

$$\operatorname{ess\,sup} u \leqslant \sup_{\partial\Omega} u^+ + (1-\eta)(M + \varepsilon + \widetilde{F}_0) + CF_0 |\Omega|^{\frac{1}{n} - \frac{1}{p}}.$$

注意到 $M = \operatorname{ess\,sup} u - \sup\limits_{\partial\Omega} u^+$ 与 ε 的任意性, 我们立即有

$$\operatorname{ess\,sup} u \leqslant \sup_{\partial\Omega} u^+ + CF_0 |\Omega|^{\frac{1}{n} - \frac{1}{p}}.$$

定理证毕.

附注　如果关于 L 的系数的条件(2.3)加强为

$$\sum_i \| b^i \|_{L^p(\Omega)} + \sum_i \| d^i \|_{L^p(\Omega)} + \| c \|_{L^{p/2}(\Omega)} \leqslant \Lambda, \tag{2.3$'$}$$

其中 $p > n$, 则定理 4.2 的结论(4.9)中常数 C 只依赖于 $n, p, \Lambda/\lambda$, 与 Ω, 而不依赖于 b^i, d^i, c 的具体形式与 $|\Omega|$ 的下界.

事实上, 对于任意 $\varepsilon > 0$, 我们可证明

$$\left| \int_\Omega \{ d^j \varphi D_j \varphi + b^j \varphi D_j \varphi + c\varphi^2 \} dx \right| \leqslant \Lambda \left(\varepsilon \| \varphi \|^2_{H_0^1(\Omega)} + C_\varepsilon \| \varphi \|_{L^2(\Omega)} \right). \tag{4.24}$$

例如

$$\left| \int_\Omega d^j \varphi D_j \varphi dx \right| \leqslant \| d^j \|_{L^p} \| \varphi \|_{L^{\frac{2p}{p-2}}} \| D_j \varphi \|_{L^2}$$
$$\leqslant \| d^j \|_{L^p} \| D_j \varphi \|_{L^2} (\varepsilon \| \varphi \|_{L^{2^*}} + C_\varepsilon \| \varphi \|_{L^2}).$$

然后应用嵌入定理与条件(2.3)$'$不难得到(4.24). 这样(4.11)中的常数 C 就仅依赖于 $n, p, \dfrac{\Lambda}{\lambda}$ 与 Ω. 证明的其余部分没有任何变化. 证明的细节读者可作为习题来完成.

定理 4.3　设 L 的系数满足(2.1),(2.2)且

$$c - D_i d^i \geqslant 0 (\text{在 } \mathscr{D}'(\Omega) \text{ 的意义下}),$$

Ω 是使 Sobolev 嵌入定理成立的有界开区域,则 Dirichlet 问题的弱解存在唯一,且

$$\| u \|_{H^1(\Omega)} \leqslant C(\| T \|_{H^{-1}(\Omega)} + \| g \|_{H^1(\Omega)}). \tag{4.25}$$

证明　不妨设 $g=0$(参看定理 2.3 的证明).当 $T=0$ 时由弱极值原理(定理 4.1),问题(2.4)只有零解,由定理 3.2,则问题(2.4)对于任意 $T \in H^{-1}(\Omega)$ 都有唯一的弱解 $u \in H_0^1(\Omega)$,因而 L 必有有界的逆,即

$$\| u \|_{H^1(\Omega)} \leqslant C \| Lu \|_{H^{-1}(\Omega)}, \forall u \in H_0^1(\Omega).$$

由此可得(4.25).

§5　弱解的正则性

为计算简便,我们只讨论如下形式的方程

$$Lu = - D_j(a^{ij} D_i u) + b^i D_i u + cu = f. \tag{5.1}$$

定理 5.1　设 L 的系数满足(2.2),且 $a^{ij} \in W^{1,\infty}(\Omega)$, $b^i, c \in L^\infty(\Omega)$, $f \in L^2(\Omega)$.如果 $u \in H^1(\Omega)$是方程(5.1)的弱解,则对于任意的 $\Omega' \subset\subset \Omega$(即 Ω'是Ω 的紧子集),$u \in H^2(\Omega')$,且

$$\| u \|_{H^2(\Omega')} \leqslant C(\| u \|_{H^1(\Omega)} + \| f \|_{L^2(\Omega)}), \tag{5.2}$$

其中 C 依赖于$n, \lambda, \| a^{ij} \|_{W^{1,\infty}}, \| b^i \|_{L^\infty}, \| c \|_{L^\infty}$与 $\operatorname{dist}\{\Omega', \partial\Omega\}$.

证明　记 $q = f - b^i D_i u - cu$,由于 u 是方程(5.1)的弱解,必适合

$$\int_\Omega a^{ij} D_i u D_j \varphi dx = \int_\Omega q \varphi dx, \forall \varphi \in H_0^1(\Omega). \tag{5.3}$$

记在 x_1 方向的平移算子为 τ_h, $\tau_h u(x) = u(x + he_1)$,差分算子 $\Delta_h = \frac{1}{h}(\tau_h - I)$.设 $v \in H_0^1(\Omega)$, v 的支集 $\operatorname{spt} v \subset\subset \Omega$.对于 $h < \frac{1}{2}\operatorname{dist}\{\operatorname{spt} v, \partial\Omega\}$,取检验函数 $\varphi = \Delta_{-h} v$;代入(5.3)后得

$$\int_\Omega \Delta_h(a^{ij} D_i u) D_j v dx = - \int_\Omega q \Delta_{-h} v dx.$$

注意到 q 的定义与

$$\Delta_h(a^{ij} D_i u) = \tau_h a^{ij} \Delta_h D_i u + D_i u \Delta_h a^{ij},$$

我们有

$$\begin{aligned}\int_\Omega \tau_h a^{ij} D_i \Delta_h u D_j v dx &= - \int_\Omega (\Delta_h a^{ij} D_i u D_j v + q \Delta_{-h} v) dx \\ &\leqslant C(\| u \|_{H^1(\Omega)} + \| f \|_{L^2(\Omega)}) \| Dv \|_{L^2(\Omega)}.\end{aligned}$$

取 $\eta\in C_0^\infty(\Omega)$，当 $x\in\Omega'$ 时 $\eta(x)=1$，令 $v=\eta^2\Delta_h u$，则有

$$\int_\Omega \eta^2\tau_h a^{ij}D_i\Delta_h u D_j\Delta_h u dx \leqslant -2\int_\Omega \eta\tau_h a^{ij}D_i\Delta_h u(D_j\eta)\Delta_h u dx$$
$$+C(\|u\|_{H^1}+\|f\|_{L^2})(\|\eta D\Delta_h u\|_{L^2}+2\|\Delta_h u\Delta\eta\|_{L^2}).$$

利用正定性条件(2.2)与 Cauchy 不等式，则有

$$\lambda\int_\Omega|\eta\Delta_h Du|^2dx\leqslant C\int_\Omega|D\eta|^2|\Delta_h u|^2dx+C(\|u\|_{H^1}^2+\|f\|_{L^2}^2).$$

于是有

$$\|\eta\Delta_h Du\|_{L^2}^2\leqslant C\left(\|u\|_{H^1(\Omega)}^2+\|f\|_{L^2(\Omega)}^2\right). \tag{5.4}$$

适当选取 η，利用附录 1 中命题 1.8，可知 $D_1Du\in L^2(\Omega')$，考虑任意方向的差分算子，则有 $u\in H^2(\Omega')$ 且满足估计式(5.2).

上述定理所得到的弱解的正则性称为内部正则性. 如果对边界与边值加上适当的光滑条件，我们可得到弱解 $u\in H^2(\Omega)$，这种类型的结果就称为全局正则性.

定义 5.1　区域 Ω 的边界称为属于 C^k，如果对于任意 $x^0\in\partial\Omega$，存在 x^0 的邻域 V 与一一映射 $\psi: V\to B_1$ 使得:

(1) $B_1=\psi(V), B_1^+=\psi(V\cap\Omega)$,

(2) $\partial B_1^+\cap B_1=\psi(V\cap\partial\Omega)$,

(3) $\psi\in C^k(\overline{V}), \psi^{-1}\in C^k(\overline{B}_1)$,

其中 B_1 是以原点为心的 n 维单位球，B_1^+ 是半球.

定理 5.2　除定理 5.1 的假定外又设 $\partial\Omega$ 属于 C^2，$g\in H^2(\Omega)$，则方程(5.1)满足边条件 $u-g\in H_0^1(\Omega)$ 的弱解 u 必属于 $H^2(\Omega)$ 且有估计

$$\|u\|_{H^2(\Omega)}\leqslant C(\|u\|_{L^2(\Omega)}+\|f\|_{L^2(\Omega)}+\|g\|_{H^2(\Omega)}), \tag{5.5}$$

其中 C 依赖于 $n,\lambda,\|a^{ij}\|_{W^{1,\infty}},\|b^i\|_{L^\infty},\|c\|_{L^\infty}$ 以及 $\partial\Omega$.

证明　先设 $g=0$. 对于 $x^0\in\partial\Omega$，存在如定义 5.1 所述的映射 $\psi: V\to B_1$. 引进新变量 $y=\psi(x)$，并记 J 为 Jacobi 行列式 $\dfrac{\partial x}{\partial y}$. 对于 $\forall\,\varphi\in C_0^\infty(V\cap\Omega)$ 在积分等式(5.3)中作变量替换 $x=\psi^{-1}(y)$，得到

$$\int_{B_1^+}\tilde{a}^{kl}\widetilde{D}_k u\widetilde{D}_l\varphi dy=\int_{B_1^+}\tilde{q}\varphi dy, \tag{5.6}$$

其中 $\widetilde{D}_k=\dfrac{\partial}{\partial y_k}$，$B_1^+=B_1\cap\{y_n>0\}$，

$$\tilde{a}^{kl}=Ja^{ij}\frac{\partial y_k}{\partial x_i}\frac{\partial y_k}{\partial x_j},\qquad \tilde{q}=Jq.$$

考虑 $x_k(1\leqslant k\leqslant n-1)$ 的差分算子 Δ_h 与截断函数 $\eta\in C_0^\infty(B_1)$，类似于定理 5.1 的

计算,可得到 $\widetilde{D}_k\widetilde{D}u\in L^2\left(B_{\frac{1}{2}}^+\right)$且有估计

$$\|\widetilde{D}_k\widetilde{D}u\|_{L^2\left(B_{\frac{1}{2}}^+\right)}\leqslant C(\|u\|_{H^1(\Omega)}+\|f\|_{L^2(\Omega)}),\tag{5.7}$$

其中 $1\leqslant k\leqslant n-1$. 由(5.6),对于 $\forall\varphi\in C_0^\infty\left(B_{\frac{1}{2}}^+\right)$

$$\int_{B_{\frac{1}{2}}^+}\tilde{a}^{nn}\widetilde{D}_nu\widetilde{D}_n\varphi dy=\int_{B_{\frac{1}{2}}^+}\Big[\tilde{q}-\sum_{k+l<n}\widetilde{D}_l(\tilde{a}^{kl}\widetilde{D}_ku)\Big]\varphi dy,$$

由广义微商定义,则有

$$\widetilde{D}_n[\tilde{a}^{nn}\widetilde{D}_nu]=\tilde{q}-\sum_{k+l<n}\widetilde{D}_l(\tilde{a}^{kl}\widetilde{D}_ku),\text{在 } B_{\frac{1}{2}}^+ \text{ 内},$$

由此可得 $\widetilde{D}_{nn}u\in H^2\left(B_{\frac{1}{2}}^+\right)$且对 $\widetilde{D}_{nn}u$ 有类似于(5.7)的估计. 综合这些估计立即得到

$$\|\widetilde{D}^2u\|_{L^2\left(B_{\frac{1}{2}}^+\right)}\leqslant C(\|u\|_{H^1(\Omega)}+\|f\|_{L^2(\Omega)}).\tag{5.8}$$

记 $V'=\psi^{-1}\left(B_{\frac{1}{2}}^+\right)$,将 y 变量变换回 x 变量可得

$$\|u\|_{H^2(V')}\leqslant C(\|u\|_{H^1(\Omega)}+\|f\|_{L^2(\Omega)}).\tag{5.9}$$

由于对于$\partial\Omega$ 的任意点 x^0,都存在某一邻域 V'使估计(5.9)成立,再加上定理 5.1 已给出的内估计,利用有限覆盖定理,我们得到

$$\|u\|_{H^2(\Omega)}\leqslant C(\|u\|_{H^1(\Omega)}+\|f\|_{L^2(\Omega)}).\tag{5.10}$$

现在设 $g\neq0$,则令 $w=u-g$,w 满足

$$a(w,\varphi)=(f,\varphi)_0-a(g,\varphi)=(f-Lg,\varphi)_0,\qquad\forall\varphi\in H_0^1(\Omega).$$

由于 $w\in H_0^1(\Omega)$,应用前面已证的事实,$w\in H^2(\Omega)$,且

$$\begin{aligned}\|w\|_{H^2(\Omega)}&\leqslant C(\|u\|_{H^1(\Omega)}+\|f-Lg\|_{L^2(\Omega)})\\&\leqslant C(\|u\|_{H^1(\Omega)}+\|f\|_{L^2(\Omega)}+\|g\|_{H^2(\Omega)}).\end{aligned}$$

利用内插定理立即可得(5.5).

由此我们可以得到更高的正则性定理:

定理 5.3 设 L 的系数满足(2.2)且 $a^{ij}\in W^{k+1,\infty}(\Omega)$, $b^i,c\in W^{k,\infty}(\Omega)$, $f\in W^{k,2}(\Omega)$. 如果 $u\in H^1(\Omega)$是方程(5.1)的弱解,则 $u\in W_{\text{loc}}^{k+2,2}(\Omega)$,其中 k 为非负整数.

定理 5.4 在定理 5.3 的假定下,又设$\partial\Omega$ 属于C^{k+2}, $g\in W^{k+2,2}(\Omega)$. 如果 u 是方程(5.1)的满足边条件 $u-g\in H_0^1(\Omega)$的弱解,则 $u\in W^{k+2,2}(\Omega)$.

当 a^{ij},b^i,c 与 f 无穷次可微时,则对于任意 k, $u\in W_{\text{loc}}^{k+2,2}(\Omega)$,由 Sobolev 嵌入定理,$u\in C^\infty(\Omega)$.

第二章 Schauder 理论

二阶线性椭圆型方程古典解及其正则性理论是由 Schauder 首先建立起来的，就线性方程的古典解而言，这一理论是相当完满的，它是研究非线性椭圆型方程的必要基础.

这里采用 Trudinger 给出的新的证明途径，它避开了位势积分的繁琐计算.

§1 Hölder 空间

在研究简单的位势方程的过程中，人们发现仅仅讨论连续可微函数是不方便的，所得的结果是不丰满的. 为此我们必须引进 Hölder 连续的概念，在某种意义下，可将它看成是分数次微商.

定义 1.1 设 $\Omega\subset\mathbb{R}^n$，$u(x)$是定义于 Ω 上的函数，$x_0\in\Omega$. 如果对于 $0<\alpha<1$

$$H_{x_0}^{\alpha}[u;\Omega]=\sup_{x\in\Omega}\frac{|u(x)-u(x_0)|}{|x-x_0|^{\alpha}}<\infty, \tag{1.1}$$

则称 u 在 x_0 点具有指数为 α 的 Hölder 连续性，$H_{x_0}^{\alpha}[u;\Omega]$称为 u 在 x_0 点关于 Ω 的 α 次 Hölder 系数. 在上述定义中如果 $\alpha=1$，则称 u 在 x_0 点 Lipschitz 连续.

我们以 $C^k(\overline{\Omega})=C^{k,0}(\overline{\Omega})$表示在 $\overline{\Omega}$ 上 k 次连续可微的函数组成的空间. 相应于 Hölder 连续，我们也要引入一类空间，通常称为 Hölder 空间.

对于 $0<\alpha\leqslant 1$，首先引入以下半模

$$[u]_{0,0;\Omega}=[u]_{0;\Omega}=\sup_{\Omega}|u(x)|, \tag{1.2}$$

$$[u]_{0,\alpha;\Omega}=[u]_{\alpha;\Omega}=\sup_{x_0\in\Omega}H_{x_0}^{\alpha}[u;\Omega], \tag{1.3}$$

$$[u]_{k,0;\Omega}=[u]_{k;\Omega}=\sum_{|v|=k}[D^v u]_{0;\Omega}, \tag{1.4}$$

$$[u]_{k,\alpha;\Omega}=\sum_{|v|=k}[D^v u]_{\alpha;\Omega}, \tag{1.5}$$

其中 k 为正整数，$v=(v_1,v_2,\cdots,v_n)$为多重指标，$v_i\geqslant 0(i=1,2,\cdots,n)$，$|v|=\sum_{i=1}^{n}v_i$，

$$D^v u=\frac{\partial^{|v|}u}{\partial x_1^{v_1}\cdots\partial x_n^{v_n}}.$$

为简单起见,在以后我们经常以$[D^k u]_{\alpha;\Omega}$表示 $\sum_{|v|=k}[D^v u]_{\alpha;\Omega}$.

定义 1.2 以 $C^{k,\alpha}(\bar{\Omega})(0<\alpha\leqslant 1)$表示 $C^k(\bar{\Omega})$中满足$[u]_{k,\alpha;\Omega}<\infty$的所有函数组成的空间. 在 $C^k(\bar{\Omega})$中引入范数

$$|u|_{k;\Omega}=\sum_{m=0}^{k}[u]_{m;\Omega}, \tag{1.6}$$

在 $C^{k,\alpha}(\bar{\Omega})$中引入范数

$$|u|_{k,\alpha;\Omega}=|u|_{k;\Omega}+[u]_{k,\alpha;\Omega}. \tag{1.7}$$

不难验证 $C^k(\bar{\Omega})$与 $C^{k,\alpha}(\bar{\Omega})$都是 Banach 空间.

首先我们有乘积的 Hölder 模运算公式:

引理 1.1 设 $u,v\in C^\alpha(\bar{\Omega})(0<\alpha\leqslant 1)$,则

$$[uv]_\alpha\leqslant[u]_0[v]_\alpha+[u]_\alpha[v]_0\leqslant|u|_\alpha|v|_\alpha. \tag{1.8}$$

此引理请读者自证.

Hölder 空间最重要的性质之一是内插不等式,它使我们将来在先验估计中可以集中讨论最重要的项,从而简化了证明. 这里我们采用紧性方法来证明.

定理 1.2 设 Ω 为有界区域,$u\in C^{2,\alpha}(\bar{\Omega})(0<\alpha\leqslant 1)$,对于任意 $\varepsilon>0$,都有

$$[u]_2\leqslant\varepsilon[u]_{2,\alpha}+C_\varepsilon|u|_0, \tag{1.9}$$

$$[u]_1\leqslant\varepsilon[u]_{2,\alpha}+C_\varepsilon|u|_0, \tag{1.10}$$

其中 C_ε 除依赖于ε 外还依赖于n,α 与Ω,半模都是在 $\bar{\Omega}$ 上取的.

证明 这里仅证明(1.9),不等式(1.10)的证明是类似的. 如果对于所有$C^{2,\alpha}(\bar{\Omega})$的函数,不存在常数 C_ε 使得(1.9)成立,则对于任意 $N>0$,都存在 u_N,使得

$$[u_N]_2>\varepsilon[u_N]_{2,\alpha}+N|u_N|_0\qquad(N=1,2,\cdots). \tag{1.11}$$

由不等式的齐次性,不妨设$|u_N|_2=1$,否则只须取 $v_N=\dfrac{u_N}{|u_N|_2}$代替 u_N 即可. 这样由(1.11),则有

$$[u_N]_{2,\alpha}<\frac{1}{\varepsilon},\ |u_N|_0<\frac{1}{N}\qquad(N=1,2,\cdots). \tag{1.12}$$

由 Ascoli-Arzelà 定理,由于 u_N 在 $C^{2,\alpha}(\bar{\Omega})$中一致有界,必存在子序列 u_{N_k},在$C^2(\bar{\Omega})$上收敛于某函数 u,但(1.12)的第二个不等式表明当 $N\to\infty$时 u_N 在$\bar{\Omega}$ 上一致收敛于0,因而必有 $u=0$,这与$|u_N|_2=1$ 矛盾,(1.9)得证.

定义 1.3 区域 Ω 称为具有锥性质,如果存在有限锥 V,使得对于任意 $x\in\Omega$,都存在全等于 V 且以x 为顶的锥包含于Ω 内.

定理 1.3 设 Ω 具有锥性质,有限锥的高为 h,则对于任意 $0<\varepsilon\leqslant h$,我们有

$$[u]_2\leqslant\varepsilon^\alpha[u]_{2,\alpha}+\frac{C}{\varepsilon^2}|u|_0, \tag{1.13}$$

$$[u]_1 \leqslant \varepsilon^{1+\alpha}[u]_{2,\alpha} + \frac{C}{\varepsilon}|u|_0, \tag{1.14}$$

其中 C 只依赖于 n 与锥的立体角.

证明　对于相同立体角,锥高为 1 的锥 V_1,如果 $u \in C^{2,\alpha}(V_1)$,由定理 1.2,

$$[u]_{2;V_1} \leqslant [u]_{2,\alpha;V_1} + C|u|_{0;V_1}, \tag{1.15}$$

其中 C 只依赖于 V_1 的立体角.现在设 $u \in C^{2,\alpha}(V_\varepsilon)$($V_\varepsilon$ 与 V_1 有相同立体角,高为 ε,顶为原点),作变数替换 $y = \frac{x}{\varepsilon}$,令 $\tilde{u}(y) = u(\varepsilon y)$,则 $\tilde{u} \in C^{2,\alpha}(V_1)$,对于 $\tilde{u}$,相应的(1.15)成立,变换回原变量 x,则有

$$[u]_{2;V_\varepsilon} \leqslant \varepsilon^\alpha[u]_{2,\alpha;V_\varepsilon} + \frac{C}{\varepsilon^2}|u|_{0;V_\varepsilon}.$$

对于区域 Ω,任意 $x \in \Omega$,由于 Ω 具有锥性质,当 $\varepsilon \leqslant h$ 时,必存在锥 V_ε 以 x 为顶,且 $V_\varepsilon \subset \Omega$.于是

$$[u]_{2;V_\varepsilon} \leqslant \varepsilon^\alpha[u]_{2,\alpha;V_\varepsilon} + \frac{C}{\varepsilon^2}|u|_{0;V_\varepsilon} \leqslant \varepsilon^\alpha[u]_{2,\alpha;\Omega} + \frac{C}{\varepsilon^2}|u|_{0;\Omega}.$$

由于点 x 是任意的,因此有

$$[u]_{2;\Omega} \leqslant \varepsilon^\alpha[u]_{2,\alpha;\Omega} + \frac{C}{\varepsilon^2}|u|_{0;\Omega}.$$

不等式(1.14)的证明是类似的.

§2　磨　光　核

用磨光核(mollifier)可以提供一个 Hölder 模的等价范数,这个范数可以用磨光函数的微商表示出来,因此可以把椭圆型方程解的 Hölder 模估计简化为导数的估计

设 $\rho \in C_0^\infty(\mathbb{R}^n)$,$\rho(x) \geqslant 0$,其支集 $\mathrm{spt}\{\rho\} \subset B_1(0)$,并且

$$\int_{\mathbf{R}^n} \rho(x)dx = 1. \tag{2.1}$$

这样的函数 $\rho(x)$称为磨光核,例如可取

$$\rho(x) = \begin{cases} k\exp\left\{\dfrac{1}{|x|^2 - 1}\right\}, & \text{当}|x| < 1\text{时}, \\ 0, & \text{当}|x| \geqslant 1\text{时}. \end{cases}$$

选取 k 使(2.1)成立.

定义 2.1　设 $u \in L_{\mathrm{loc}}(\mathbb{R}^n)$,$\rho(x)$是磨光核,函数

$$\tilde{u}(x,\tau) = \tau^{-n}\int_{\mathbf{R}^n} \rho\left(\frac{x-y}{\tau}\right)u(y)dy \tag{2.2}$$

称为 $u(x)$的磨光函数.

引理 2.1　设 $u\in C(\mathbb{R}^n)$,则当 $\tau\to 0^+$ 时 $\tilde{u}(x,\tau)$在$\mathbb{R}^n$ 上局部一致地收敛于 u,且

$$\sup|\tilde{u}|\leqslant\sup|u|,\tag{2.3}$$

$$|D^k\tilde{u}(x,\tau)|\leqslant C\tau^{-k}\sup_{B_\tau(x)}|u|\qquad(k=0,1,2,\cdots),\tag{2.4}$$

其中 D 是关于x 与τ 的梯度,C 只依赖于n,k 及磨光核ρ.

证明　由(2.1)

$$\begin{aligned}\tilde{u}(x,\tau)-u(x)&=\tau^{-n}\int_{\mathbf{R}^n}\rho\left(\frac{x-y}{\tau}\right)(u(y)-u(x))dy\\&=\int_{B_1(0)}\rho(\eta)(u(x-\tau\eta)-u(x))d\eta.\end{aligned}\tag{2.5}$$

由此不难看出在$\mathbb{R}^n$的任意紧集上当$\tau\to 0^+$时 $\tilde{u}(x,\tau)$一致收敛于 u. 为证明(2.4),我们首先注意到可用归纳法证明

$$D^k\tilde{u}(x,\tau)=\tau^{-n-k}\int_{\mathbf{R}^n}P_k\left(\frac{x-y}{\tau}\right)u(y)dy,$$

其中 $P_k\in C_0^\infty(\mathbb{R}^n)$, $\mathrm{spt}P_k\subset\overline{B_1(0)}$. 在上式中令 $z=\dfrac{x-y}{\tau}$,则有

$$\begin{aligned}|D^k\tilde{u}(x,\tau)|&\leqslant\tau^{-k}\left|\int_{\mathbf{R}^n}P_k(z)u(x-\tau z)dz\right|\\&\leqslant\tau^{-k}\sup_{B_\tau(x)}|u|\int_{\mathbf{R}^n}|P_k(z)|dz\leqslant C\tau^{-k}\sup_{B_\tau(x)}|u|.\end{aligned}$$

下面我们将着重讨论 $\tilde{u}(x,\tau)$的微商与 $u(x)$的 Hölder 模之间的关系.

引理 2.2　设 $u\in C_{\mathrm{loc}}^\alpha(\mathbb{R}^n)$ $(0<\alpha\leqslant 1)$,则

$$|\tilde{u}(x,\tau)-u(x)|\leqslant\tau^\alpha H_x^\alpha[u;B_\tau(x)],\tag{2.6}$$

$$|D^k\tilde{u}(x,\tau)|\leqslant C\tau^{\alpha-k}H_x^\alpha[u;B_\tau(x)],\tag{2.7}$$

其中 C 依赖于n,α,k 与磨光核ρ.

证明　由(2.5)易得估计(2.6). 现证明(2.7),记 $n+1$ 维多重指标 $\bar{\beta}=(\beta_0,\beta)$, $|\bar{\beta}|=k$, $D^{\bar{\beta}}=D_\tau^{\beta_0}D_x^\beta$. 当 $\beta=0$ 时,对(2.5)式微商后可得

$$\begin{aligned}D^{\bar{\beta}}\tilde{u}(x,\tau)&=\tau^{-n-k}\int_{\mathbf{R}^n}P_{\bar{\beta}}\left(\frac{x-y}{\tau}\right)(u(y)-u(x))dy\\&=\tau^{-k}\int_{\mathbf{R}^n}P_{\bar{\beta}}(z)(u(x-\tau z)-u(x))dz,\end{aligned}$$

其中 $P_{\bar{\beta}}$的支集包含于$B_1(0)$中,由此不难得到(2.7). 如果 $\beta=0$,

$$D^{\bar{\beta}}\tilde{u}(x,\tau)=\tau^{-n}\int_{\mathbf{R}^n}D^{\bar{\beta}}\left[\rho\left(\frac{x-y}{\tau}\right)\right]u(y)dy$$

$$= \tau^{-n}\int_{\mathbb{R}^n} D^{\bar{\beta}}\left[\rho\left(\frac{x-y}{\tau}\right)\right](u(y)-u(x))dy$$

$$+(-1)^{|\beta|}\tau^{-n}u(x)\int_{\mathbb{R}^n} D_\tau^{\beta_0}D_y^{\beta}\left[\rho\left(\frac{x-y}{\tau}\right)\right]dy.$$

应用 Gauss 公式上式右端第二项积分为零,然后对第一项积分进行估计可得(2.7).

引理 2.3　设 $u\in C(\mathbb{R}^n)$. 如果对于 $0<\alpha\leqslant 1, R>0$,

$$\sup_{\substack{y\in B_R(x)\\ 0<\tau<R}} \tau^{1-\alpha}|D\tilde{u}(y,\tau)|<\infty,$$

则 u 在 x 点关于 $B_R(x)$ 具有 α 次 Hölder 连续性且

$$H_x^\alpha[u;B_R(x)]\leqslant C\sup_{\substack{y\in B_R(x)\\ 0<\tau<R}} \tau^{1-\alpha}|D\tilde{u}(y,\tau)|, \tag{2.8}$$

其中 C 只依赖于 n,α 与磨光核 ρ.

证明　对于 $|x-y|<R, 0<\tau\leqslant R$,

$$|u(x)-u(y)|\leqslant|\tilde{u}(x,\tau)-u(x)|+|\tilde{u}(x,\tau)-\tilde{u}(y,\tau)|+|\tilde{u}(y,\tau)-u(y)|.$$

注意到当 $0<\tau\leqslant R$ 时

$$|\tilde{u}(x,\tau)-u(x)|=\tau\int_0^1 D_\tau\tilde{u}(x,\eta\tau)d\eta\leqslant\tau^\alpha\int_0^1\frac{(\tau\eta)^{1-\alpha}|D_\tau\tilde{u}(x,\eta\tau)|}{\eta^{1-\alpha}}d\eta$$

$$\leqslant\sup_{0<\tau<R}\tau^{1-\alpha}|D_\tau\tilde{u}(x,\tau)|\cdot\tau^\alpha\int_0^1\frac{1}{\eta^{1-\alpha}}d\eta.$$

因此我们有

$$|u(x)-u(y)|\leqslant\frac{2}{\alpha}\tau^\alpha\sup_{\substack{0<\tau<R\\ z\in B_R(x)}}\tau^{1-\alpha}|D\tilde{u}(z,\tau)|+|D_x\tilde{u}(x^*,\tau)||x-y|,$$

其中 x^* 是 x 与 y 连线段上的某一点,现在取 $\tau=|x-y|$,则当 $y\in B_R(x)$ 时,

$$\frac{|u(x)-u(y)|}{|x-y|^\alpha}\leqslant\left(\frac{2}{\alpha}+1\right)\sup_{\substack{0<\tau<R\\ z\in B_R(x)}}\tau^{1-\alpha}|D\tilde{u}(z,\tau)|.$$

引理得证.

推论　(1)如果 $u\in C^\alpha(\mathbb{R}^n)(0<\alpha\leqslant 1)$,则存在仅依赖于 n,α 与磨光核 ρ 的常数 C,使得

$$\frac{1}{C}[u]_\alpha\leqslant\sup_{\substack{r>0\\ x\in\mathbb{R}^n}}\tau^{1-\alpha}|D\tilde{u}(x,\tau)|\leqslant C[u]_\alpha. \tag{2.9}$$

(2) β 是某一 n 重指标,则存在 $C=C(n,\alpha,\rho)$ 使得

$$[D^{\beta+1}u]_\alpha\leqslant\sup_{\tau>0}[DD_x^\beta\tilde{u}(x,\tau)]_\alpha^x\leqslant C[D^{\beta+1}u]_\alpha, \tag{2.10}$$

其中 $D^{\beta+1}=DD^\beta$, $[\cdot]_\alpha^x$ 表示关于 x 变量的 Hölder 模.

证明 (2.9)是引理 2.2 与引理 2.3 的直接推论.

不等式(2.10)的第一部分是显然的. 事实上对于 $\lambda>0$

$$\frac{\left|D_x^{\beta+1}\tilde{u}(x,\lambda)-D_x^{\beta+1}\tilde{u}(y,\lambda)\right|}{|x-y|^{\alpha}}\leqslant\sup_{\tau>0}[D_x^{\beta+1}\tilde{u}]_{\alpha}^{x}.$$

令 $\lambda\to0$,则有

$$[D_x^{\beta+1}u]_{\alpha}\leqslant\sup_{\tau>0}[D_x^{\beta+1}\tilde{u}]_{\alpha}^{x}.$$

现在证明(2.10)的第二个不等式. 令 $y=x+h, A_hu=u(x+h)$,则

$$\begin{aligned}|DD_x^{\beta}\tilde{u}(x,\tau)-DD_x^{\beta}\tilde{u}(y,\tau)| &= |DD_x^{\beta}\widetilde{(u-A_hu)}(x,\tau)|\\ &= |DD_x^{\beta}\widetilde{(u-A_hu)}(x,\tau)|\\ &\leqslant C[D^{\beta+1}(u-A_hu)]_0,\end{aligned}$$

最后的不等式应用了引理 2.2 的(2.7)(当 $k=1,\alpha=1$ 时). 由此立即可得(2.10).

§3 位势方程解的 $C^{2,\alpha}$估计

由§2 知道,关于解的 Hölder 模估计可简化为其磨光函数的微商估计,因此我们首先需要位势方程解的微商估计公式.

引理 3.1 设 $u\in C^{\infty}(\mathbb{R}^n)$且满足

$$-\Delta u=f,$$

其中 Δ 是 Laplace 算子,则对于任意 $R>0$,我们有

$$|D_iu(x)|\leqslant\frac{n}{R}\operatorname*{osc}_{B_R(x)}u+R\sup_{B_R(x)}|f|\qquad(i=1,2,\cdots,n),\tag{3.1}$$

这里$\operatorname*{osc}_{\Omega}u$ 表示 u 在 Ω 上的振幅.

证明 不妨设 x 为坐标原点,并记 $F_0=\sup_{B_R(x)}|f|$. 由 Gauss 公式

$$\begin{aligned}\int_{B_\rho}\Delta(D_iu)dx &= \int_{\partial B}\frac{\partial D_iu}{\partial r}ds=\rho^{n-1}\int_{|\omega|=1}\frac{\partial D_iu}{\partial\rho}(\rho\omega)d\omega\\ &= \rho^{n-1}\frac{\partial}{\partial\rho}\left[\rho^{1-n}\int_{\partial B}D_iudS\right].\end{aligned}$$

另一方面

$$\int_{B_\rho}\Delta(D_iu)dx=\int_{\partial B_\rho}\Delta u\cos(r,x_i)dS=-\int_{\partial B_\rho}f\cos(r,x_i)dS.$$

联合上两式,我们有

$$\pm\frac{\partial}{\partial\rho}\left[\rho^{1-n}\int_{\partial B_\rho}D_iudS\right]\leqslant n\omega_nF_0,$$

其中 ω_n 是 n 维单位球体积. 不等式两边关于 ρ 从 0 至 r 积分得到

$$\pm\left[r^{1-n}\int_{\partial B_r} D_i u dS - n\omega_n D_i u(0)\right] \leqslant n\omega_n r F_0.$$

不等式两边同乘以 r^{n-1} 之后再关于 r 从 0 至 R 积分, 则有

$$\pm\left[\int_{B_R} D_i u dx - \omega_n R^n D_i u(0)\right] \leqslant \omega_n R^{n+1} F_0.$$

整理后得

$$\begin{aligned} |D_i u(0)| &\leqslant RF_0 + \left|\frac{1}{\omega_n R^n}\int_{B_R} D_i u dx\right| \\ &\leqslant RF_0 + \frac{1}{\omega_n R^n}\left|\int_{\partial B_R}(u(x) - u(0))\cos(r, x_i) dS\right| \\ &\leqslant RF_0 + \frac{n}{R}\operatorname*{osc}_{B_R} u. \end{aligned}$$

这就是所要证的.

定理 3.2 设 $u \in C_0^{2,\alpha}(\mathbb{R}^n)(0<\alpha<1)$ 且满足

$$-\Delta u = f, \tag{3.2}$$

则

$$[D^2 u]_\alpha \leqslant C[f]_\alpha, \tag{3.3}$$

其中 C 仅依赖于 n, α.

证明 对于任意球 $B_R(x_0)$, 令 $g(x) = f(x) - f(x_0)$, 方程(3.2)可写成

$$-\Delta u(x) - f(x_0) = g(x), \tag{3.4}$$

此时 g 有估计

$$\sup_{B_R(x_0)} |g(x)| \leqslant R^\alpha [f]_\alpha. \tag{3.5}$$

对方程(3.4)取磨光函数之后得到

$$-\Delta\tilde{u}(x,\tau) - f(x_0) = \tilde{g}(x,\tau), \tau > 0.$$

关于 x, τ 微商两次后得到

$$-\Delta D^2\tilde{u}(x,\tau) = D^2\tilde{g}(x,\tau).$$

应用引理 3.1(限制上式 D^2 为 DD_x), 则有

$$\begin{aligned} |DD_x^2\tilde{u}(x_0,\tau)| &\leqslant C\left\{\frac{1}{R}\operatorname*{osc}_{B_R(x_0)} DD_x\tilde{u}(x,\tau) + R\sup_{B_R(x_0)}|D^2\tilde{g}|\right\} \\ &\leqslant C\left\{\frac{1}{R^{1-\alpha}}[DD_x\tilde{u}]_\alpha^x + R\sup_{B_R(x_0)}|D^2\tilde{g}|\right\}. \end{aligned}$$

我们取 $\tau \leqslant R$, 应用引理 2.1 与引理 2.3 的推论(2), 则

$$\tau^{1-\alpha}|DD_x^2\tilde{u}(x_0,\tau)| \leqslant C\left(\frac{\tau^{1-\alpha}}{R^{1-\alpha}}[D^2 u]_\alpha + R\tau^{-1-\alpha}\sup_{B_{R+\tau}(x_0)}|g|\right).$$

现在取 $R=N\tau$,N 待定,又应用估计(3.5),则

$$\tau^{1-\alpha}|DD_x^2\tilde{u}(x_0,\tau)|\leqslant C\{N^{\alpha-1}[D^2u]_\alpha+N^{1+\alpha}[f]_\alpha\}.$$

应用引理 2.3 的推论(1),则

$$[D^2u]_\alpha\leqslant C\sup_{\substack{\tau>0\\x_0\in\mathbb{R}^n}}\tau^{1-\alpha}|DD_x^2\tilde{u}(x_0,\tau)|\leqslant C\{N^{\alpha-1}[D^2u]_\alpha+N^{1+\alpha}[f]_\alpha\}.$$

选取 N 充分大使得 $CN^{\alpha-1}=\dfrac{1}{2}$,则得到所要的估计(3.3).

我们很容易将此结果推广到常系数椭圆型方程

$$-a^{ij}D_{ij}u=f,\tag{3.6}$$

这里遵从求和约定.假设常系数矩阵(a^{ij})满足

$$\lambda|\xi|^2\leqslant a^{ij}\xi_i\xi_j\leqslant\Lambda|\xi|^2,\quad\forall\,\xi\in\mathbb{R}^n,\tag{3.7}$$

其中 $\Lambda\geqslant\lambda>0$.

定理 3.3 设 $u\in C_0^{2,\alpha}(\mathbb{R}^n)(0<\alpha<1)$满足方程(3.6),方程的系数适合假定(3.7),则

$$[D^2u]_\alpha\leqslant C\lambda^{-1}[f]_\alpha,\tag{3.8}$$

其中 C 仅依赖于 n,α 与 Λ/λ.

证明 不妨设 $\lambda=1$.作变量替换 $y=Bx$,记 $\bar{u}(y)=u(x)$,$\bar{f}(y)=f(x)$,简单的计算表明 $\bar{u}(y)$满足方程

$$-\bar{a}^{ij}D_{ij}\bar{u}=\bar{f},\quad\bar{A}=(\bar{a}^{ij})=B^TAB.$$

存在非退化矩阵 B 使得$\bar{A}$ 为单位矩阵,因此 $\bar{u}$ 满足

$$-\Delta_y\bar{u}=\bar{f}.$$

由定理 3.2,

$$[D^2\bar{u}]_\alpha\leqslant C[\bar{f}]_\alpha,$$

变换回原变量 x,就有估计(3.8).详细的计算请读者自己完成.

为了处理 Dirichlet 问题的解在边界附近的估计,我们还需要考虑半空间$\mathbb{R}^n_+=\mathbb{R}^n\cap\{x_n>0\}$上位势方程的 Dirichlet 问题.

定理 3.4 设 $u\in C_0^{2,\alpha}(\overline{\mathbb{R}}^n_+)$且满足

$$\begin{cases}-\Delta u=f,\text{在}\mathbb{R}^n_+\text{内},\\ u=0,\text{在}\,\partial\mathbb{R}^n_+\text{上},\end{cases}\tag{3.9}$$

则存在仅依赖于 n,α 的常数C 使得

$$[D^2u]_\alpha\leqslant C[f]_\alpha.\tag{3.10}$$

证明 对于任意 $x_0\in\mathbb{R}^n_+$,将方程改写成

$$-\Delta u-f(x_0)=g(x),$$

其中 $g(x)=f(x)-f(x_0)$.现在对 $u,g,f(x_0)$关于 $x_n=0$ 作奇开拓,即令

$$v=\begin{cases}u(x',x_n),x_n\geqslant 0,\\ -u(x',-x_n),x_n<0,\end{cases}\qquad h(x)=\begin{cases}g(x',x_n),x_n\geqslant 0,\\ -g(x',-x_n),x_n<0,\end{cases}$$

$$f_0(x)=\begin{cases}f(x_0),\text{当 } x_n>0 \text{ 时},\\ -f(x_0),\text{当 } x_n<0 \text{ 时},\end{cases}$$

其中 $x'=(x_1,\cdots,x_{n-1})$. 不难知道 $v\in W^{2,\infty}(\mathbb{R}^n)$, $D_{x'}v\in C^{1,\alpha}(\mathbb{R}^n)$, 而且

$$-\Delta v-f_0(x)=h(x),\text{在}\mathbb{R}^n\setminus\{x_n=0\}\text{ 内}.$$

可应用磨光运算之后得到

$$-\Delta\tilde{v}(x,\tau)-\tilde{f}_0(x,\tau)=\tilde{h}(x,\tau),\tag{3.11}$$

其中

$$\tilde{v}(x,\tau)=\tau^{-n}\int_{-\infty}^{\infty}dy_n\int_{\mathbf{R}^{n-1}}\rho_1\left(\frac{x_n-y_n}{\tau}\right)\times\rho_{n-1}\left(\frac{x'-y'}{\tau}\right)v(y)dy',$$

其中 ρ_1,ρ_{n-1}分别为 1 维与 $n-1$ 维磨光核.

对方程(3.11)取微商 $DD_{x'}$之后得到

$$-\Delta DD_{x'}\tilde{v}(x,\tau)=DD_{x'}\tilde{h}(x,\tau).$$

应用引理 3.1 并进行类似于定理 3.2 的运算,我们得到

$$\begin{aligned}|D_xDD_{x'}\tilde{v}(x_0,\tau)|&\leqslant\frac{n}{R}\operatorname*{osc}_{B_R(x_0)}DD_{x'}\tilde{v}(x,\tau)+R\sup_{B_R(x_0)}|DD_{x'}\tilde{h}(x,\tau)|\\&\leqslant C\big[R^{\alpha-1}[DD_{x'}v]_\alpha+R\tau^{-2}\sup_{R_{R+\tau}(x_0)}|h|\big].\end{aligned}$$

与定理 3.2 的证明类似,取 $R=N\tau$,利用引理 2.3,然后取 N 充分大,则有

$$[DD_{x'}u]_\alpha\leqslant C[f]_\alpha.\tag{3.12}$$

由 u 所满足的方程

$$D_{nn}u=-\sum_{i=1}^{n-1}D_{ii}u-f,$$

利用估计(3.12),

$$[D_{nn}u]_\alpha\leqslant C[f]_\alpha.$$

这就完成了定理的证明.

同样可以将上述结果推广到常系数方程.

定理 3.5 设方程(3.6)的系数满足(3.7), $u\in C_0^{2,\alpha}(\overline{\mathbb{R}}_+^n)$ $(0<\alpha<1)$且满足方程(3.6)与边界条件

$$u|_{\partial\mathbf{R}_+^n}=0,$$

则有估计

$$[D^2u]_\alpha\leqslant C\lambda^{-1}[f]_\alpha,$$

其中 C 仅依赖于 n,α 与 Λ/λ.

§4 Schauder 内估计

在所有的内估计中,下面的引理是十分有用的.

引理 4.1 设 $\varphi(t)$是定义于区间$[T_0,T_1]$上的有界非负函数,其中 $T_1>T_0\geqslant 0$.对于任意 $s,t:T_0\leqslant t<s\leqslant T_1$,$\varphi$ 满足

$$\varphi(t)\leqslant\theta\varphi(s)+\frac{A}{(s-t)^\alpha}+B, \tag{4.1}$$

其中 θ,A,B 与 α 是非负常数,$\theta<1$.则

$$\varphi(\rho)\leqslant C\left[\frac{A}{(R-\rho)^\alpha}+B\right],\forall\, T_0\leqslant\rho<R\leqslant T_1. \tag{4.2}$$

这里 C 只依赖于α,θ.

证明 令 $t_0=\rho,t_{i+1}=t_i+(1-\tau)\tau^i(R-\rho)(i=0,1,2,\cdots)$,其中 $0<\tau<1$ 待定,由假定(4.1)

$$\varphi(t_i)\leqslant\theta\varphi(t_{i+1})+\frac{A}{[(1-\tau)\tau^i(R-\rho)]^\alpha}+B\quad(i=0,1,\cdots),$$

递推之后可得

$$\varphi(t_0)\leqslant\theta^k\varphi(t_k)+\left[\frac{A}{(1-\tau)^\alpha(R-\rho)^\alpha}+B\right]\sum_{i=0}^{k-1}\theta^i\tau^{-i\alpha}.$$

选取 τ 使得$\theta\tau^{-\alpha}<1$,令 $k\to\infty$,则有(4.2).

这个引理可以简单地理解为:若(4.1)对于任意 $t<s$ 当$\theta<1$ 时成立,则项$\theta\varphi(s)$可以去掉.

设 Ω 是$\mathbb{R}^n$ 的有界开区域.现在我们考虑一般二阶线性椭圆型方程

$$Lu=-a^{ij}D_{ij}u+b^iD_iu+cu=f,\text{在 }\Omega\text{ 内}. \tag{4.3}$$

假设系数满足

存在 $\Lambda\geqslant\lambda>0$ 使得

$$\lambda|\xi|^2\leqslant a^{ij}(x)\xi_i\xi_j\leqslant\Lambda|\xi|^2,\forall\, x\in\Omega,\xi\in\mathbb{R}^n, \tag{4.4}$$

$a^{ij},b^i,c\in C^\alpha(\bar{\Omega})(0<\alpha<1)$且

$$\frac{1}{\lambda}\left\{\sum_{ij}|a^{ij}|_{\alpha;\Omega}+\sum_i|b^i|_{\alpha;\Omega}+|c|_{\alpha;\Omega}\right\}\leqslant\Lambda_\alpha. \tag{4.5}$$

引理 4.2 设方程(4.3)的系数在 Ω 上满足(4.4),(4.5),则存在仅依赖于 $n,\alpha,\Lambda/\lambda$ 与 Λ_α 的正数$R_0\leqslant 1$,对于任意 $0<R\leqslant R_0$,如果 $B_R\subset\Omega,u\in C_0^{2,\alpha}(B_R)$ $(0<\alpha<1)$且适合方程(4.3),则有估计

$$[D^2u]_{\alpha;B_R}\leqslant C\left\{\frac{1}{\lambda}[f]_{\alpha;B_R}+R^{-2-\alpha}|u|_{0;B_R}\right\}, \tag{4.6}$$

其中 C 只依赖于$n,\alpha,\Lambda/\lambda$ 与 Λ_α.

证明　不妨设 $\lambda=1$. 设 B_R 的球心为 x_0，应用凝固法，将方程(4.3)写成

$$-a^{ij}(x_0)D_{ij}u=\bar{f},$$

其中

$$\bar{f}=f+(a^{ij}(x)-a^{ij}(x_0))D_{ij}u-b^iD_iu-cu.$$

应用定理 3.3，

$$[D^2u]_\alpha\leqslant C[\bar{f}]_\alpha\leqslant C\{[f]_\alpha+R^\alpha[D^2u]_\alpha+|u|_2\},$$

其中范数是在 B_R 上取的. 应用内插不等式(1.13)与(1.14)$\left(取\ \varepsilon=\dfrac{R}{2}\right)$，

$$[D^2u]_\alpha\leqslant CR^\alpha[D^2u]_\alpha+C\{[f]_\alpha+R^{-2}|u|_0\}.$$

取 $R_0=\left(\dfrac{1}{2C}\right)^{1/\alpha}$，则当 $0<R\leqslant R_0$ 时，我们有

$$[D^2u]_\alpha\leqslant C\{[f]_\alpha+R^{-2}|u|_0\}.$$

引理证毕.

在引理 4.2 中 u 在 B_R 中具有紧支集是相当苛刻的假定，我们可以应用引理 4.1 来去掉这一条件，然后得到方程(4.3)的解的 $C^{2,\alpha}$ 内估计.

定理 4.3　(Schauder 内估计). 设方程(4.3)的系数满足条件(4.4)，(4.5)，$u\in C^{2,\alpha}(\Omega)(0<\alpha<1)$ 是方程(4.3)的解，则对于任意 $\Omega'\subset\subset\Omega$，我们有

$$|u|_{2,\alpha;\Omega'}\leqslant C\left(\frac{1}{\lambda}|f|_{\alpha;\Omega}+|u|_{0;\Omega}\right),\tag{4.7}$$

其中 C 只依赖于 $n,\alpha,\Lambda/\lambda,\Lambda_\alpha$ 以及 $\operatorname{dist}\{\Omega',\partial\Omega\}$.

证明　不妨设 $\lambda=1$. 设 R_0 是引理 4.2 确定的常数，记 $\bar{R}_0=\min\left\{R_0,\dfrac{1}{2}\operatorname{dist}\{\Omega',\partial\Omega\}\right\}$. 对于任意 $x_0\in\Omega'$，$0<R\leqslant\bar{R}_0$，简记 $B_R=B_R(x_0)$，取 B_R 上的截断函数 $\zeta(x)$，使得

$$\zeta\in C_0^\infty(B_R),\ \zeta(x)=1\ 当\ x\in B_{\tau R}\ 时,$$

$$[D^k\zeta]_0+(1-\tau)^\alpha R^\alpha[D^k\zeta]_\alpha\leqslant\frac{C}{(1-\tau)^kR^k},\tag{4.8}$$

其中 $C=C(n,k)$，$0<\tau<1$. 这样的函数利用磨光核不难构造. 现在令 $v=\zeta u$，则 $v\in C_0^{2,\alpha}(B_R)$ 且满足

$$Lv=\zeta f+[-a^{ij}D_{ij}\zeta+b^iD_i\zeta]u-2a^{ij}D_i\zeta D_ju.$$

由引理 4.2，引理 1.1，定理 1.3 与(4.8)不难得到

$$\begin{aligned}[D^2v]_{\alpha;B_R}\leqslant C\Big\{&\frac{1}{(1-\tau)^\alpha R^\alpha}[f]_{0;B_R}+[f]_{\alpha;B_R}+\varepsilon[D^2u]_{\alpha;B_R}\\&+\frac{C_\varepsilon}{[(1-\tau)R]^{2+\alpha}}|u|_{0;B_R}\Big\}.\end{aligned}$$

注意到当 $x\in B_{\tau R}$，$\zeta(x)=1$ 时，利用乘积微商公式与内插不等式(1.13)，(1.14)可得

$$[D^2u]_{\alpha;B_{\tau R}}\leqslant C\Big\{[f]_{\alpha;B_R}+\varepsilon[D^2u]_{\alpha;B_R}+\frac{1}{(1-\tau)^\alpha R^\alpha}[f]_{0;B_R}+\frac{C_\varepsilon}{[(1-\tau)R]^{2+\alpha}}|u|_0\Big\}.$$

现在记 $\varphi(s)=[D^2u]_{\alpha;B_s}$，在上式中取 $\tau R=s$，$R=t$，则当 $0\leqslant s<t\leqslant\bar{R}_0$ 时，我们有

$$\varphi(s)\leqslant C\Big\{\varepsilon\varphi(t)+[f]_{\alpha;B_{\bar{R}_0}}+\frac{1}{(t-s)^\alpha}[f]_{0;B_{\bar{R}_0}}+\frac{C_\varepsilon}{(t-s)^{2+\alpha}}|u|_0\Big\}.$$

选取 ε 使 $C\varepsilon=\frac{1}{2}$，应用引理 4.1，则有

$$[D^2u]_{\alpha;B_\rho}\leqslant C\Big\{[f]_{\alpha;B_{\bar{R}_0}}+\frac{1}{(R-\rho)^\alpha}[f]_{0;B_{\bar{R}_0}}+\frac{C}{(R-\rho)^{2+\alpha}}|u|_0\Big\},$$
$$\forall\, 0<\rho<R\leqslant\bar{R}_0.$$

最后取 $R=\bar{R}_0$，$\rho=\frac{\bar{R}_0}{2}$ 并应用内插不等式得

$$|u|_{2,\alpha;B_{\frac{\bar{R}_0}{2}}}\leqslant C\{|f|_{\alpha;\Omega}+|u|_{0;\Omega}\},\tag{4.9}$$

然后利用有限覆盖定理可得(4.7).

附注 设方程(4.3)的系数满足(4.4)且 $a^{ij},b^i,c,f\in C^{k,\alpha}(\Omega)$($k\geqslant0$，$0<\alpha<1$，$i,j=1,2,\cdots,n$). 如果 $u\in C^{2,\alpha}(\Omega)$ 是方程(4.3)的解，利用差商的技巧可以证明 $u\in C^{k+2,\alpha}(\Omega)$ 且对于任意 $\Omega'\subset\subset\Omega''\subset\subset\Omega$，

$$|u|_{k+2,\alpha;\Omega'}\leqslant C(|f|_{k,\alpha;\Omega''}+|u|_{0;\Omega''}),$$

其中 C 只依赖于 $n,k,\Lambda/\lambda,\operatorname{dist}\{\Omega',\partial\Omega''\}$ 以及 a^{ij},b^i,c 在 $C^{k,\alpha}(\bar{\Omega}'')$ 的范数.

§5 Schauder 全局估计

仿照内估计的步骤，以半球代替球，我们可以得到边界附近的估计.

引理 5.1 设 Ω 包含有部分平边界 S，$\Omega\subset\mathbb{R}^n_+=\mathbb{R}^n\cap\{x_n>0\}$，且 $S\subset\partial\mathbb{R}^n_+$，方程(4.3)的系数在 Ω 上满足(4.4)，(4.5)，则存在仅依赖于 $n,\alpha,\Lambda/\lambda$ 与 Λ_α 的正常数 R_0 与 C，使得对于任意 $0<R\leqslant R_0$ 与球心位于 S 上的半球 $B_R^+\subset\Omega$，如果 $u\in C^{2,\alpha}(\bar{B}_R^+)$ 在 $\partial B_R^+\cap\{x_n>0\}$ 附近为零，在 $S\cap\partial B_R^+$ 上为零且满足方程(4.3)，则

$$[D^2u]_{\alpha;B_R^+}\leqslant C\Big\{\frac{1}{\lambda}[f]_{\alpha;B_R^+}+R^{-2-\alpha}|u|_{0;B_R^+}\Big\}.\tag{5.1}$$

此引理的证明完全与引理 4.2 相似.

引理 5.2　Ω 如引理 5.1 所述,方程(4.3)的系数满足(4.4)与(4.5),设 $u\in C^{2,\alpha}(\Omega\cup S)$,在 Ω 内满足方程(4.3)且在 S 上 $u=0$,则对于任意 $\Omega'\subset\subset\Omega\cup S$,我们有估计

$$|u|_{2,\alpha;\Omega'}\leqslant C\left\{\frac{1}{\lambda}|f|_{\alpha;\Omega}+|u|_{0;\Omega}\right\},\tag{5.2}$$

其中 C 依赖于 $n,\alpha,\Lambda/\lambda,\Lambda_\alpha$ 与 $\operatorname{dist}\{\Omega',\partial\Omega\setminus S\}$.

证明　不妨设 $\lambda=1$. 设 $\bar{R}_0=\min\left\{R_0,\frac{1}{2}\operatorname{dist}\{\Omega',\partial\Omega\setminus S\}\right\}$,其中 R_0 是引理 5.1 确定的常数,记 $\Omega''=\Omega'\cap\left\{x_n>\frac{1}{4}\bar{R}_0\right\}$. 因为 $\Omega''\subset\subset\Omega$,所以由 Schauder 内估计得到

$$|u|_{2,\alpha;\Omega''}\leqslant C\{|f|_{\alpha;\Omega}+|u|_{0;\Omega}\}.\tag{5.3}$$

现在设 $B_{\bar{R}_0}$ 是球心在 $\bar{\Omega}'\cap S$ 中的球,用与定理 4.3 完全相同的方法可得类似于(4.9)的估计

$$|u|_{2,\alpha;B^+_{\frac{\bar{R}_0}{2}}}\leqslant C(|f|_{\alpha;\Omega}+|u|_{0;\Omega}).$$

球心于 $\bar{\Omega}'\cap S$ 的球 $B^+_{\bar{R}_0/2}$ 必为 $\bar{\Omega}'\setminus\bar{\Omega}''$ 的覆盖,因而必存在有限覆盖,因此有

$$|u|_{2,\alpha;\Omega'\setminus\Omega''}\leqslant C(|f|_{\alpha;\Omega}+|u|_{0;\Omega}).\tag{5.4}$$

估计(5.3)与(5.4)蕴含着(5.2).

为了将上述结果推广到一般有界区域,我们必须要求边界具有一定的光滑性. 类似于第一章定义 5.1,我们可以引进 $C^{k,\alpha}$ 类边界 $\partial\Omega$ 的定义,这里就不再重复了.

定理 5.3　(全局 Schauder 估计). 设方程(4.3)的系数满足条件(4.4)与(4.5),$\partial\Omega$ 属于 $C^{2,\alpha}(0<\alpha<1)$,$u\in C^{2,\alpha}(\bar{\Omega})$ 且适合方程(4.3)与边条件 $u|_{\partial\Omega}=0$,则

$$|u|_{2,\alpha;\Omega}\leqslant C\left(\frac{1}{\lambda}|f|_{\alpha;\Omega}+|u|_{0;\Omega}\right),\tag{5.5}$$

其中 C 只依赖于 $n,\alpha,\Lambda/\lambda,\Lambda_\alpha$ 与 Ω.

证明　不妨设 $\lambda=1$. 设 $x_0\in\partial\Omega$,ψ 是第一章定义 5.1 中将 $\partial\Omega$ 在 x_0 点附近展平的光滑映射,由定理条件

$$|\psi|_{2,\alpha;V\cap\Omega}\leqslant K,\ |\psi^{-1}|_{2,\alpha;B_1^+}\leqslant K,\tag{5.6}$$

作变量替换 $y=\psi(x)$,记 $\bar{u}(y)=u(x)$,则 $\bar{u}$ 满足方程

$$\bar{a}^{rs}D_{rs}\bar{u}+\bar{b}^rD_r\bar{u}+\bar{c}\bar{u}=\bar{f},\tag{5.7}$$

其中

$$\bar{a}^{rs}(y)=a^{ij}\frac{\partial y_r}{\partial x_i}\frac{\partial y_s}{\partial x_j},\quad \bar{c}(y)=u\circ\psi^{-1}(y),\quad \bar{b}^r(y)=a^{ij}\frac{\partial^2 y_r}{\partial x_i\partial x_j}+b^i\frac{\partial y_r}{\partial x_i}.$$

对方程(5.7)可应用引理 5.2,得到

$$|\bar{u}|_{2,\alpha;B^+_{1/2}} \leqslant C(|\bar{u}|_{0;B^+_1} + |\bar{f}|_{\alpha;B^+_1}),$$

变换回变量 x,则有

$$|u|_{2,\alpha;\psi^{-1}(B^+_{1/2})} \leqslant C(|u|_{0;\Omega} + |f|_{\alpha;\Omega}).$$

然后应用内估计与有限覆盖定理立得(5.5).以上只是证明的梗概,尚有许多分析的运算需要读者自己来完成.

附注 1 在定理 5.3 中,如果 u 不是满足零边界条件,而是

$$u = \varphi, \text{在 } \partial\Omega \text{ 上} \tag{5.8}$$

且 $\varphi \in C^{2,\alpha}(\bar{\Omega})$,则有如下的 Schauder 估计

$$|u|_{2,\alpha;\Omega} \leqslant C\{|f|_{\alpha;\Omega} + |\varphi|_{2,\alpha;\Omega} + |u|_{0;\Omega}\}. \tag{5.9}$$

事实上我们只须将定理 5.3 应用于函数 $w = u - \varphi$ 就可得到这个结论了.

附注 2 设 $u \in C^{2,\alpha}(\bar{\Omega})$ 是方程(4.3)与边界条件(5.8)的解,a^{ij} 满足条件(4.4),且 $a^{ij}, b^i, c, f \in C^{k,\alpha}(\bar{\Omega})$,$\partial\Omega$ 属于 $C^{k+2,\alpha}$,$\varphi \in C^{k+2,\alpha}(\bar{\Omega})$,应用差商可以证明 $u \in C^{k+2,\alpha}(\bar{\Omega})$,且有估计

$$|u|_{k+2,\alpha} \leqslant C(|f|_{k,\alpha} + |\varphi|_{k+2,\alpha} + |u|_0),$$

其中 C 只依赖于 $n, \alpha, k, \Lambda/\lambda, \Omega$ 以及 a^{ij}, b^i, c 的 $C^{k,\alpha}(\bar{\Omega})$ 范数.

§6 古典解的极值原理

极值原理是二阶椭圆型方程的解的重要性质,利用这个原理我们可以得到解的最大模估计 $|u|_{0;\Omega}$,这是在应用 Schauder 估计时所需要的.此外,极值原理与构造辅助函数的技巧相结合已经成为研究偏微分方程的重要手段之一.

本节总假设 Ω 是 $\mathbb{R}^n$ 的有界区域.

定理 6.1 (弱极值原理).算子 L 如(4.3)所定义,(a^{ij}) 满足条件(4.4),b^i 有界($i = 1,2,\cdots,n$),$c \geqslant 0$,如果 $u \in C^2(\Omega) \cap C(\bar{\Omega})$ 且在 Ω 上满足 $Lu \leqslant f$,则

$$\sup_{\Omega} u \leqslant \sup_{\partial\Omega} u^+ + C|f|_{0;\Omega}, \tag{6.1}$$

其中 C 依赖于 n, $\frac{1}{\lambda}\sum_i |b^i|_{0;\Omega}$ 与 $\mathrm{diam}\Omega$.

证明 分两步:

(1)先设 $c(x) \geqslant c_0 > 0$,令 $v = u - \sup\limits_{\partial\Omega} u^+$,则 v 满足

$$\begin{cases} Lv \leqslant f - c\sup\limits_{\partial\Omega} u^+ \leqslant f, & \text{在 } \Omega \text{ 内}, \\ v \leqslant 0, & \text{在 } \partial\Omega \text{ 上}. \end{cases} \tag{6.2}$$

如果 v 在 Ω 内某点 x_0 达到非负最大值,则

$$(D^2 v(x_0)) \leqslant 0, Dv(x_0) = 0,$$

其中 $D^2 v$ 表示 v 的 Hesse 矩阵. 因此

$$[-a^{ij}D_{ij}v + b^i D_i v]_{x_0} \geqslant 0.$$

由(6.2)

$$c(x_0)v(x_0) \leqslant |f|_{0;\Omega},$$

因而

$$\sup_{\Omega} v \leqslant \frac{|f|_0}{c_0},$$

即

$$\sup_{\Omega} u \leqslant \sup_{\partial\Omega} u^+ + \frac{1}{c_0}|f|_{0;\Omega}. \tag{6.3}$$

(2)考虑一般情况 $c(x)\geqslant 0$. 令 $v = zw$,其中 $z>0$ 是待定函数,我们将选取辅助函数 z,使问题归结为上述特殊情况,容易计算 w 满足

$$-a^{ij}D_{ij}w + \left(b^i - \frac{2}{z}a^{ij}\frac{\partial z}{\partial x_j}\right)D_i w + \left[c + \frac{1}{z}(b^i D_i z - a^{ij}D_{ij}z)\right]w \leqslant \frac{f}{z}. \tag{6.4}$$

我们将选取 z,使得

$$z > 0, \ -a^{ij}D_{ij}z + b^i D_i z > 0, \text{在 } \Omega \text{ 内},$$

则关于 w 的微分不等式(6.4)就化归为(1)中所讨论的情况. 不妨设 Ω 包含于 $0<x_1<d$ 的带形区域中,则取

$$z = e^{2\alpha d} - e^{\alpha x_1}.$$

当 α 充分大时,我们有

$$-a^{ij}D_{ij}z + b^i D_i z = (a^{11}\alpha^2 - b^1\alpha)e^{\alpha x_1} \geqslant \lambda\left(\alpha^2 - \frac{|b^1|_0}{\lambda}\alpha\right) > 0.$$

注意到 $w|_{\partial\Omega}\leqslant 0$,由第一步的结论知

$$\sup_{\Omega} w \leqslant C|f|_{0;\Omega}.$$

由此立得(6.1).

定理 6.2 在定理 6.1 的条件下,如果 $u\in C^2(\Omega)\cap C(\bar{\Omega})$满足方程(4.3),则

$$|u|_{0;\Omega} \leqslant \sup_{\partial\Omega}|u| + C|f|_{0;\Omega}, \tag{6.5}$$

其中 C 依赖与定理 6.1 相同的量.

证明 将定理 6.1 分别应用于 u 与 $-u$.

附注 当 $f\equiv 0$ 时不等式(6.1)说明"u 的非负最大值必在$\partial\Omega$ 上达到". 这个结论比断言"如果 u 不恒为常数,则 u 一定不能在 Ω 内达到非负最大值"弱. 因此定理 6.1 称为弱极值原理.

§7 Dirichlet 问题的可解性

考虑 Dirichlet 问题

$$-a^{ij}D_{ij}u+b^iD_iu+cu=f,\text{在 }\Omega\text{ 内},\tag{7.1}$$

$$u=\varphi,\text{在}\partial\Omega\text{ 上}.\tag{7.2}$$

引理 7.1 设$\partial\Omega$ 属于$C^{\left[\frac{n}{2}\right]+4}$,方程(7.1)的系数满足(4.4),(4.5),$c\geqslant 0$,$f\in C^{\alpha}(\bar{\Omega})$,$\varphi\in C^{2,\alpha}(\bar{\Omega})$,其中 $0<\alpha<1$. 则问题(7.1),(7.2)存在唯一的解 $u\in C^{2,\alpha}(\bar{\Omega})$.

证明 不妨设 $\varphi\equiv 0$. 作函数列 $a_N^{ij},b_N^i,c_N,f_N\in C^{\infty}(\bar{\Omega})(N=1,2,\cdots)$使得它们在 $\bar{\Omega}$ 上分别一致地收敛于$a^{ij},b^i,c,f(i,j=1,2,\cdots,n)$且

$$\frac{\lambda}{2}|\xi|^2\leqslant a_N^{ij}\xi_i\xi_j\leqslant 2\Lambda|\xi|^2,\quad \forall x\in\Omega,\xi\in\mathbb{R}^n,$$

$$c_N\geqslant 0,\ \|f_N\|_{\alpha;\Omega}\leqslant 2\|f\|_{\alpha;\Omega}\quad(N=1,2,\cdots),$$

$$\frac{1}{\lambda}\left\{\sum_{ij}|a_N^{ij}|_{\alpha}+\sum_i|b_N^i|_{\alpha}+|c_N|_{\alpha}\right\}\leqslant 2\Lambda_{\alpha}.$$

然后考虑近似问题

$$\begin{cases}-a_N^{ij}D_{ij}u_N+b_N^iD_iu_N+c_Nu_N=f_N,\text{在 }\Omega\text{ 内},\\ u_N=0,\text{在 }\partial\Omega\text{ 上}.\end{cases}\tag{7.3}$$

由第一章定理 5.4,问题(7.3)存在解 $u_N\in W^{\left[\frac{n}{2}\right]+4,2}(\Omega)\cap W_0^{1,2}(\Omega)$,由 Sobolev 嵌入定理 $u_N\in C^{2,\alpha}(\bar{\Omega})$,应用 Schauder 全局估计(定理 5.3)与定理 6.2,有

$$|u_N|_{2,\alpha;\Omega}\leqslant C|f_N|_{\alpha;\Omega}\leqslant 2C|f|_{\alpha;\Omega},$$

其中 C 与N 无关. 由 Ascoli-Arzelà 定理,$\{u_N\}$存在子序列$\{u_{N_k}\}$在$C^2(\bar{\Omega})$中收敛于某函数 u,容易验证 u 必属于$C^{2,\alpha}(\bar{\Omega})$且满足(7.1)与(7.2).

此引理关于边界$\partial\Omega$ 的光滑性要求太高,我们需要改进. 先考虑较一般的区域.

定义 7.1 称有界区域 $\Omega\subset\mathbb{R}^n$ 具有外球性质,如果对于任意 $x_0\in\partial\Omega$,存在球 $B_{\rho}(y)\subset\mathbb{R}^n\setminus\bar{\Omega}$,$\overline{B_{\rho}(y)}\cap\bar{\Omega}=\{x_0\}$.

定理 7.2 设 Ω 具有外球性质,方程(7.1)满足条件(4.4)与(4.5),$c\geqslant 0$,$f\in C^{\alpha}(\bar{\Omega})$,$\varphi\in C(\bar{\Omega})$,其中 $0<\alpha<1$. 则问题(7.1),(7.2)存在唯一的解 $u\in C^{2,\alpha}(\Omega)\cap C(\bar{\Omega})$.

证明 作区域列$\{\Omega_N\}$使得 $\Omega_N\subset\Omega$,$\partial\Omega_N$ 属于$C^{\left[\frac{n}{2}\right]+4}$,且 $\sup\limits_{x\in\partial\Omega_N}\operatorname{dist}\{x,\partial\Omega\}\leqslant$

$\frac{1}{N}$,又作函数列 $\varphi_N \in C^{2,\alpha}(\bar{\Omega})$,使得 $|\varphi_N - \varphi|_{0;\Omega} \leqslant \frac{1}{N}$. 考虑 Dirichlet 问题

$$\begin{cases} -a^{ij}D_{ij}u_N + b^i D_i u_N + cu_N = f, \text{在 } \Omega_N \text{ 内}, \\ u_N = \varphi_N, \text{在 } \partial\Omega_N \text{ 上}. \end{cases} \tag{7.4}$$

由引理 7.1,存在 $u_N \in C^{2,\alpha}(\bar{\Omega}_N)$ 适合(7.4),对于任意 $\Omega' \subset\subset \Omega$,由 Schauder 内估计,当 N 充分大时

$$|u_N|_{2,\alpha;\Omega'} \leqslant C\{|f|_{\alpha;\Omega} + |u_N|_{0;\Omega_N}\} \leqslant C\left\{|f|_{\alpha;\Omega} + |\varphi|_{0;\Omega} + \frac{1}{N}\right\},$$

其中 C 不依赖于 N,第二个不等式是由定理 6.2 得到的. 由 Ascoli-Arzelà 定理,$\{u_N\}$ 在 $C^2(\bar{\Omega}')$ 中存在收敛的子序列. 应用通常的对角线序列法,可选取 $\{u_N\}$ 的子序列 $\{u_{N_k}\}$ 与函数 $u \in C^{2,\alpha}(\Omega)$,使得对于任意 $\Omega' \subset\subset \Omega$,当 $k \to \infty$ 时 u_{N_k} 在 $C^2(\bar{\Omega}')$ 中收敛于 u. 在(7.4)的方程中按上述子序列取极限,立即知道 u 在 Ω 内满足方程(7.1). 余下的问题是证明 $u \in C(\bar{\Omega})$ 且满足边条件(7.2). 为此我们将采用闸函数的方法. 对于 $x_0 \in \partial\Omega$,设 $B_\rho(y)$ 是定义 7.1 所述的外球,在 x_0 点的闸函数是指满足如下性质的函数 $\omega(x)$:

(1) $\omega(x_0) = 0$, $\omega(x) > 0$ 当 $x \in \bar{\Omega} \setminus \{x_0\}$ 时.

(2) $\omega \in C^2(\bar{\Omega})$, $L\omega > 0$.

据此我们构造闸函数

$$\omega(x) = e^{-\beta\rho^2} - e^{-\beta|x-y|^2}, \tag{7.5}$$

其中 β 待定. 由(7.5)所给出的函数满足性质(1)是显然的. 现计算(注意 $c \geqslant 0$)

$$\begin{aligned} L\omega &\geqslant [4a^{ij}\beta^2(x_i - y_i)(x_j - y_j) - 2a^{ij}\delta_{ij}\beta + 2\beta b^i(x_i - y_i)]e^{-\beta|x-y|^2} \\ &\geqslant [4\lambda\beta^2\rho^2 - 2n\Lambda\beta - 2\beta\lambda\Lambda_\alpha\rho]e^{-\beta(d+\rho)^2}, \end{aligned}$$

其中 $d = \operatorname{diam}\Omega$. 取 β 充分大,则有

$$L\omega \geqslant \theta > 0, \tag{7.6}$$

其中 θ 是某一正常数. 对于任意给定的 $\varepsilon > 0$,存在 x_0 的邻域 $\mathcal{N}(x_0)$ 使得

$$|\varphi(x) - \varphi(x_0)| < \varepsilon, \text{当 } x \in \mathcal{N}(x_0) \cap \Omega \text{ 时}.$$

由于 $\omega(x)$ 在 $\Omega \setminus \mathcal{N}(x_0)$ 有正下界,取 C 充分大(依赖于 ε),可使得

$$C\omega(x) + \varphi(x_0) + \varepsilon > \varphi(x) > -C\omega(x) + \varphi(x_0) - \varepsilon, x \in \bar{\Omega}.$$

当 N 充分大时,我们也有

$$C\omega(x) + \varphi(x_0) + \varepsilon \geqslant \varphi_N(x) \geqslant -C\omega(x) + \varphi(x_0) - \varepsilon, x \in \bar{\Omega}.$$

由(7.6),当 C 充分大时我们有

$$L(C\omega(x) + \varphi(x_0) + \varepsilon) \geqslant Lu_N \geqslant L(-C\omega(x) + \varphi(x_0) - \varepsilon), x \in \Omega_N.$$

应用弱极值原理,则有

$$C\omega(x)+\varphi(x_0)+\varepsilon \geqslant u_N(x) \geqslant -C\omega(x)+\varphi(x_0)-\varepsilon, x \in \Omega_N.$$

令 $N \to \infty$,得到

$$C\omega(x)+\varphi(x_0)+\varepsilon \geqslant u(x) \geqslant -C\omega(x)+\varphi(x_0)-\varepsilon, x \in \Omega.$$

令 $x \to x_0$ 之后得

$$\varphi(x_0)+\varepsilon \geqslant \varlimsup_{x \to x_0} u(x) \geqslant \varliminf_{x \to x_0} u(x) \geqslant \varphi(x_0)-\varepsilon.$$

由 ε 的任意性,则有

$$\lim_{x \to x_0} u(x)=\varphi(x_0).$$

由于 $x_0 \in \partial\Omega$ 的任意性,知道 $u(x)$可以连续延拓到$\partial\Omega$ 且满足(7.2).

以上定理的证明方法是十分重要的,关于 Schauder 内估计的应用以及利用闸函数证明解满足边界条件的技巧都具有一定的普遍意义.

定理 7.3 设$\partial\Omega$ 属于$C^{2,\alpha}(0<\alpha<1)$,方程(7.1)的系数满足(4.4)与(4.5),$c \geqslant 0, f \in C^{\alpha}(\bar{\Omega}), \varphi \in C^{2,\alpha}(\bar{\Omega})$,则问题(7.1),(7.2)存在唯一的解 $u \in C^{2,\alpha}(\bar{\Omega})$.

证明 不妨设 $\varphi=0$. 由于$\partial\Omega$ 属于$C^{2,\alpha}$,Ω 必具有外球性质,因此问题(7.1),(7.2)存在解 $u \in C^{2,\alpha}(\Omega) \cap C(\bar{\Omega})$. 现在我们只须证明 u 在$\partial\Omega$ 的每一点的邻域内属于$C^{2,\alpha}$. 设 $x_0 \in \partial\Omega$, ψ 是第一章定义 5.1 给出的映射,但此时 $\psi \in C^{2,\alpha}(\bar{V})$, $\psi^{-1} \in C^{2,\alpha}(\bar{B}_1)$. 我们现在不妨设 $u \in C^{2,\alpha}(B_1^+) \cap C(\bar{B}_1^+)$且在 B_1^+ 上满足方程(7.1). 然后证明 $u \in C^{2,\alpha}\left(\bar{B}_{\frac{1}{2}}^+\right)$. 适当磨光$\partial B_1^+$ 的角点,我们不妨认为∂B_1^+ 充分光滑. 作函数列 $\varphi_N \in C^{2,\alpha}(\bar{B}_1^+)$使得 $\varphi_N|_{\partial B_1^+ \setminus \partial B_1}=0$ 且

$$|\varphi_N-u|_{0;B_1^+} \to 0, \text{当 } N \to \infty \text{ 时}.$$

考虑边值问题

$$\begin{cases} -a^{ij}D_{ij}u_N+b^iD_iu_N+cu_N=f, \text{在 } B_1^+ \text{ 内}, \\ u_N|_{\partial B_1^+}=\varphi_N, \text{在 } \partial B_1^+ \text{ 上}. \end{cases} \tag{7.7}$$

由定理 7.1,上述问题存在解 $u_N \in C^{2,\alpha}(\bar{B}_1^+)$. 根据 Schauder 内估计与极值原理不难证明$\{u_N\}$存在子序列$\{u_{N_k}\}$,使得 u_{N_k} 在B_1^+ 上一致收敛于某函数 $\tilde{u}$,(且对于任意 $\Omega' \subset\subset B_1^+$, $\{\tilde{u}_{N_k}\}$在$C^2(\bar{\Omega}')$中收敛于 $\tilde{u}$),在(7.7)中令 $N_k \to \infty$,则有

$$-a^{ij}D_{ij}\tilde{u}+b^iD_i\tilde{u}+c\tilde{u}=f, \text{在 } B_1^+ \text{ 内},$$

$$\tilde{u}=u, \text{在 } \partial B_1^+ \text{ 上}.$$

因此在 B_1^+ 上 $\tilde{u} \equiv u$. 对问题(7.7)应用引理 5.2,则有

$$[D^2u_N]_{\alpha;B_{\frac{1}{2}}^+} \leqslant C\left\{|f|_{\alpha;B_1^+}+|u_N|_{0;B_1^+}\right\} \leqslant C\left\{|f|_{\alpha;B_1^+}+|\varphi_N|_{0;B_1^+}\right\},$$

其中 C 与N 无关. 令 $N \to \infty$,则有

$$[D^2u]_{\alpha;B^+_{\frac{1}{2}}} \leqslant C\left\{ |f|_{\alpha;B^+_1} + |u|_{0;B^+_1} \right\}$$

即 $u \in C^{2,\alpha}\left(\overline{B}^+_{\frac{1}{2}}\right)$. 定理证毕.

附注 定理7.3的证明事实上还给出了如下结论:设方程(7.1)的系数满足(4.4)与(4.5),$c \geqslant 0$,$f \in C^{\alpha}(\overline{\Omega})$,$\Omega$ 满足外球条件,其部分边界 S 属于 $C^{2,\alpha}$,边值 $\varphi \in C(\overline{\Omega}) \cap C^{2,\alpha}(\Omega \cup S)$,则 Dirichlet 问题(7.1),(7.2)存在解 $u \in C^{2,\alpha}(\Omega) \cap C(\overline{\Omega})$,且对于任意 $\Omega' \subset\subset \Omega \cup S$,$u \in C^{2,\alpha}(\overline{\Omega}')$.

第三章　L^p　理　论

本章将给出具有连续首项系数的二阶椭圆型方程内部的与全局的 L^p 估计. 利用这一估计,我们证明 Dirichlet 问题 $W^{2,p}$ 解的存在性. 这些结果不管对于非线性椭圆型方程还是对于抛物型方程的研究都是十分重要的.

这里关于首项系数连续性的假定是实质性的,将本节结果应用于非线性方程时这一点是需要特别注意的.

§1　Marcinkiewicz 内插定理

定义 1.1　设 $f \in L^1(\Omega)$, $t \geqslant 0$,记集合

$$A_t(f) = \{x \in \Omega \mid |f(x)| > t\}. \tag{1.1}$$

函数

$$\lambda_f(t) = |A_t(f)| = \operatorname{meas}\{x \in \Omega \mid |f(x)| > t\} \tag{1.2}$$

称为 f 的分布函数.

引理 1.1　设 $f \in L^p(\Omega)$ $(1 \leqslant p < \infty)$,则

$$\int_\Omega |f|^p dx = p\int_0^\infty t^{p-1} |A_t(f)| dt. \tag{1.3}$$

证明　由 Fubini 定理

$$\int_\Omega |f|^p dx = \int_\Omega dx \int_0^{|f(x)|} pt^{p-1} dt = \int_\Omega dx \int_0^\infty pt^{p-1} x_{A_t} dt$$

$$= p\int_0^\infty t^{p-1} \int_\Omega x_{A_t} dx dt,$$

其中 x_{A_t} 表示集合 $A_t(f)$ 上的特征函数. 由此立得(1.3).

定义 1.2　(Marcinkiewicz 空间). 对于 $p \geqslant 1$,可测函数称为属于弱 L^p 空间(记为 $L_w^p(\Omega)$),如果

$$\| f \|_{L_w^p(\Omega)} = \inf\{A \mid \lambda_f(t) \leqslant t^{-p} A^p, \forall t > 0\} < \infty. \tag{1.4}$$

这里需要注意 $\|\cdot\|_{L_w^p(\Omega)}$ 不是范数. 此外 $L_w^\infty(\Omega) = L^\infty(\Omega)$,事实上由于 $\| f \|_\infty = \inf\{t \mid \lambda_f(t) = 0\}$,因此当 $t \geqslant \| f \|_\infty$ 时 $\lambda_f(t) = 0$,当 $t < \| f \|_\infty$ 时 $\lambda_f(t) > 0$,由定义(1.4)则有 $\| f \|_{L_w^\infty} = \| f \|_{L^\infty}$.

此外可以证明

$$L^p(\Omega) \subsetneqq L_w^p(\Omega) \subset L^q(\Omega), \forall\, q < p, q \geqslant 1. \tag{1.5}$$

事实上对于 $f \in L^p(\Omega)$

$$t^p \operatorname{meas} A_t(f) \leqslant \int_{A_t} |f(x)|^p dx \leqslant \int_\Omega |f(x)|^p dx.$$

由(1.4)

$$\|f\|_{L_w^p} \leqslant \|f\|_{L^p}.$$

又如果 $f \in L_w^p(\Omega)$，由引理 1.1(1.3)

$$\begin{aligned}\int_\Omega |f|^q dx &= q\int_0^\infty t^{q-1}|A_t(f)|dt \\ &\leqslant q\int_0^1 t^{q-1}|A_t(f)|dt + \int_1^\infty q t^{q-1}|A_t(f)|dt \\ &\leqslant q|\Omega| + \|f\|_{L_w^p}^p q\int_1^\infty t^{q-1-p}dt < \infty.\end{aligned}$$

定义 1.3　称 T 为 $L^p(\Omega) \to L^q(\Omega)$ 的拟线性映射，如果存在 $Q>0$ 使得

$$|T(f+g)(x)| \leqslant Q(|Tf(x)| + |Tg(x)|),$$
$$\forall\, f, g \in L^p(\Omega), \text{a.e.}\ \Omega. \tag{1.6}$$

拟线性映射 T 称为强(p,q)型的，如果存在 $C>0$ 使得

$$\|Tf\|_{L^q(\Omega)} \leqslant C\|f\|_{L^p(\Omega)}, \quad \forall\, f \in L^p(\Omega).$$

记

$$\|T\|_{(p,q)} = \sup_{\substack{f \in L^p(\Omega) \\ f \neq 0}} \|Tf\|_{L^q} / \|f\|_{L^p}.$$

T 称为弱(p,q)型的，如果

$$\|Tf\|_{L_w^q(\Omega)} \leqslant C\|f\|_{L^p(\Omega)}, \quad \forall\, f \in L^p(\Omega).$$

由(1.8)知道对于 $1 \leqslant p, q \leqslant \infty$，如果 T 是强(p,q)型的，则必为弱(p,q)型的.

定理 1.2　(Marcinkiewicz 内插定理). 设 $1 \leqslant p < q \leqslant \infty$，拟线性映射 T 既是弱(p,p)型的，又是弱(q,q)型的，即

$$\|Tf\|_{L_w^p} \leqslant B_p\|f\|_{L^p}, \quad \forall\, f \in L^p(\Omega), \tag{1.7}$$

$$\|Tf\|_{L_w^q} \leqslant B_q\|f\|_{L^q}, \quad \forall\, f \in L^q(\Omega). \tag{1.8}$$

则对于任意 $r: p<r<q$，T 是强(r,r)型的，且

$$\|T\|_{(r,r)} \leqslant CB_p^\theta B_q^{1-\theta},$$

其中 C 只依赖于 r, p, q 与(1.6)中的 Q，$\theta = \dfrac{p(q-r)}{r(q-p)}$.

证明　设 $f \in L^r(\Omega)$，将 f 分解为 $f = f_1 + f_2$，其中

$$f_2(x)=\begin{cases}0, & \text{当}\ |f(x)|>\gamma s\ \text{时},\\ f(x), & \text{当}\ |f(x)|\leqslant s\ \text{时},\end{cases}$$

其中 γ 是待定常数，$s\geqslant 0$，容易检验 $f_2\in L^q(\Omega)$，$f_1\in L^p(\Omega)$. 由于 T 是拟线性映射，因此

$$\operatorname{meas}\{x\in\Omega\mid |Tf(x)|>s\}\leqslant \operatorname{meas}\left\{x\in\Omega\mid |Tf_1(x)|>\frac{s}{2Q}\right\}+\operatorname{meas}\left\{x\in\Omega\mid |Tf_2(x)|>\frac{s}{2Q}\right\}. \tag{1.9}$$

如果 $q<\infty$，由(1.7)，(1.8)与(1.9)我们有

$$\lambda_{Tf}(s)\leqslant\frac{(2QB_p)^p\|f_1\|_p^p}{s^p}+\frac{(2QB_q)^q\|f_2\|_q^q}{s^q}.$$

又由引理 1.1

$$\begin{aligned}\int_\Omega|Tf|^r dx&=\int_0^\infty rs^{r-1}\lambda_{Tf}(s)ds\\&\leqslant(2QB_p)^p\int_0^\infty rs^{r-p-1}ds\int_{|f|>\gamma s}|f|^p dx\\&\quad+(2QB_q)^q r\int_0^\infty s^{r-q-1}ds\int_{|f|\leqslant\gamma s}|f|^q dx\\&=(2QB_p)^p r\int_\Omega|f|^p dx\int_0^{|f|/\gamma}s^{r-p-1}ds\\&\quad+(2QB_q)^q r\int_\Omega|f|^q dx\int_{|f|/\gamma}^\infty\frac{1}{s^{q-r+1}}ds\\&=\left[\frac{(2QB_p)^p r}{r-p}\gamma^{p-r}+\frac{(2QB_q)^q r}{q-r}\gamma^{q-r}\right]\int_\Omega|f|^r dx.\end{aligned}$$

取 $\gamma=(B_p^pB_q^{-q})^{1/(q-p)}$，则

$$\|T\|_{(r,r)}\leqslant CB_p^\theta B_q^{1-\theta},$$

其中 C 仅依赖于 p,q,r 与 Q.

如果 $q=\infty$，可取 γ 充分大，使(1.9)右端第二项为零. 事实上，由(1.8)，$\|Tf_2\|_\infty\leqslant B_\infty\|f_2\|_\infty\leqslant B_\infty\gamma s$，选取 $\gamma=\dfrac{1}{2QB_\infty}$，即有上述事实. 然后类似于当 $q<\infty$ 时的推导，可得

$$\|T\|_{(r,r)}\leqslant C\,B_p^{\frac{p}{r}}\,B_\infty^{\frac{r-p}{r}}.$$

定理证毕.

§2　分解引理

引理 2.1　设 $f\geqslant 0, f\in L^1(\mathbb{R}^n)$，则对于任意固定的 $\alpha>0$，存在两个集合 F 与 Ω 使得：

(i) $\mathbb{R}^n = F\cup\Omega, F\cap\Omega=\varnothing$，

(ii) $f(x)\leqslant\alpha$，a.e. F，

(iii) $\Omega=\bigcup_{k=1}^{\infty}Q_k$，$\{Q_k\}$是两两不重叠且边平行于坐标轴的立方体，满足如下估计

$$\alpha < ⨍_{Q_k} f(x)dx \leqslant 2^n\alpha \qquad (k=1,2,\cdots), \tag{2.1}$$

其中

$$⨍_{Q_k} fdx = \frac{1}{|Q_k|}\int_{Q_k} fdx.$$

证明　分解$\mathbb{R}^n$成等立方体网，其边长如此之大，使得对于任意这样的立方体 Q'都有

$$⨍_{Q'} fdx \leqslant \alpha.$$

这是一定可以做到的，因为 $\int_{\mathbb{R}^n} f(x)dx$ 有限. 将每一 Q' 又等分成 2^n 个新的立方体 Q''，此时可能出现两种情况：

情况 1.　　$$⨍_{Q''} fdx \leqslant \alpha,$$

情况 2.　　$$⨍_{Q''} fdx > \alpha.$$

当第二种情况成立时，我们选择这样的 Q'' 为引理叙述中的立方体 Q_k 之一，对于此立方体，(3)显然成立，因为

$$\alpha < ⨍_{Q''} fdx \leqslant \frac{1}{2^{-n}|Q'|}⨍_{Q'} fdx \leqslant 2^n\alpha.$$

如果第一种情况出现，则继续剖分，直至情况 2 出现为止，然后定义 Ω 为上述步骤中使情况 2 成立的所有立方体 Q_k 的并集，而令 $F=\mathbb{R}^n\setminus\Omega$. 这样，断言(i)，(iii)显然成立. 现在证明断言(ii). 对于任意 $x\in F$，必存在这样的立方体列$\{\widetilde{Q}_l\}_{l=1}^{\infty}$，使得

$$x\in\widetilde{Q}_l, |\widetilde{Q}_l|\to 0, \text{当 } l\to\infty \text{ 时}$$

且对于每一个 $\widetilde{Q}_l$ 第一种情况成立. 由于 f 可积，因此

$$f(x) = \lim_{l\to\infty}\frac{1}{|\widetilde{Q}_l|}\int_{\widetilde{Q}l} f(y)dy, \text{a.e. } F.$$

由此知道

$$f(x) \leqslant \alpha, \text{a.e.} F.$$

引理证毕.

由引理直接可得到

$$|\Omega| = \frac{1}{\alpha} \| f \|_{L^1(\mathbf{R}^n)}.$$

事实上,由(2.1)知

$$|\Omega| = \sum_{k=1}^{\infty} |Q_k| < \sum_{k=1}^{\infty} \frac{1}{\alpha} \int_{Q_k} f dx \leqslant \frac{1}{\alpha} \| f \|_{L^1(\mathbf{R}^n)}.$$

上面的分解引理是属于 Calderón 与 Zygmund 的,它对于奇异积分算子的研究是十分重要的,而且已成为测度论证的基本方法(参看第六章§2).

§3　位势方程的估计

人们熟知,Laplace 方程的基本解为

$$\Gamma(x) = \frac{1}{n(n-2)\omega_n} \frac{1}{|x|^{n-2}} \quad (n > 2), \tag{3.1}$$

$$\Gamma(x) = \frac{1}{2\pi} \ln|x| \, (n = 2).$$

对于 $f \in C_0^\infty(\mathbb{R}^n)$,考虑以 f 为密度的 Newton 位势

$$w(x) = \int_{\mathbf{R}_n} \Gamma(x - \xi) f(\xi) d\xi. \tag{3.2}$$

引理 3.1　设 $f \in C_0^\infty(\mathbb{R}^n)$,则 Newton 位势 $w \in C^\infty(\mathbb{R}^n)$且满足

$$-\Delta w = f, \forall x \in \mathbb{R}^n. \tag{3.3}$$

证明　将(3.2)写成

$$w(x) = \int_{\mathbf{R}_n} \Gamma(\xi) f(x - \xi) d\xi,$$

不难看出 $w \in C^\infty(\mathbb{R}^n)$. 应用分部积分公式

$$\begin{aligned} \Delta w(x) &= \int_{\mathbf{R}_n} \Gamma(\xi) \Delta f(x - \xi) d\xi = -\int_{\mathbf{R}_n} \frac{\partial}{\partial \xi_i} \Gamma(\xi) \frac{\partial}{\partial \xi_i} f(x - \xi) d\xi \\ &= -\lim_{\varepsilon \to 0^+} \int_{|\xi| \geqslant \varepsilon} D_i \Gamma(\xi) \frac{\partial}{\partial \xi_i} f(x - \xi) d\xi. \end{aligned}$$

再一次分部积分后得

$$\Delta w(x) = \lim_{\varepsilon \to 0} \int_{|\xi| = \varepsilon} D_i \Gamma(\xi) f(x - \xi) \frac{\xi_i}{|\xi|} dS.$$

上面我们用到了 $\Delta \Gamma(\xi) = 0$(当$|\xi| \neq 0$ 时). 由 $\Gamma(\xi)$的表达式(3.1),不难计算上

述极限得到等式(3.3).

现在将(3.2)写成 $w=Nf$,其中 N 是 $C_0^\infty(\mathbb{R}^n)$至 $C^\infty(\mathbb{R}^n)$的线性映射.对于固定的 $ij(1\leqslant i,j\leqslant n)$定义

$$Tf = D_{ij}Nf, \tag{3.4}$$

其中 D_{ij}表示微分算子$\frac{\partial^2}{\partial x_i \partial x_j}$,$T$ 也是由 $C_0^\infty(\mathbb{R}^n)$至 $C^\infty(\mathbb{R}^n)$的线性映射.

引理 3.2 T 是$L^2(\mathbb{R}^n)$至 $L^2(\mathbb{R}^n)$的有界线性算子,且

$$\| T \|_{(2,2)} \leqslant 1. \tag{3.5}$$

证明 先设 $f\in C_0^\infty(\mathbb{R}^n)$,由(3.3),对于任意球 $B_R=B_R(0)$,

$$\int_{B_R} f^2 dx = \int_{B_R} (\Delta w)^2 = \sum_{ij} \int_{B_R} D_{ii} w D_{jj} w dx.$$

对上式右端两次分部积分后得

$$\int_{B_R} f^2 dx = \int_{B_R} \sum_{ij} (D_{ij} w)^2 dx + \int_{\partial B_R} \sum_{ij} D_i w \left(D_{jj} w \frac{x_i}{R} - D_{ij} w \frac{x_j}{R} \right) ds. \tag{3.6}$$

现假设 f 的支集 $\operatorname{spt} f \subset B_{R_0}$,对于 $R>2R_0$,当 $x\in\partial B_R$ 时

$$|D_i w| \leqslant \int_{B_{R_0}} |D_i \Gamma(x-\xi)| \, |f(\xi)| \, d\xi \leqslant \frac{C}{R^{n-1}},$$

$$|D^2 \omega| \leqslant \int_{B_{R_0}} |D^2 \Gamma(x-\xi)| \, |f(\xi)| \, d\xi \leqslant \frac{C}{R^n}.$$

因此在(3.6)中令 $R\to\infty$,则得到

$$\int_{\mathbf{R}_n} \sum_{i,j} (D_{ij} w)^2 dx = \int_{\mathbf{R}_n} f^2 dx. \tag{3.7}$$

此等式蕴含着

$$\| Tf \|_{L^2} \leqslant \| f \|_{L^2}, \quad \forall f \in C_0^\infty(\mathbb{R}^n).$$

由于 $C_0^\infty(\mathbb{R}^n)$在 $L^2(\mathbb{R}^n)$中稠密,T 可唯一拓展为$L^2(\mathbb{R}^n)$至其本身的有界线性算子,即 T 是强(2.2)型的.

引理 3.3 对于基本解 $\Gamma(x)$,有以下估计

$$J \triangleq \sup_{\substack{\xi\neq 0 \\ 1\leqslant i,j\leqslant n}} \int_{|x|\geqslant 2|\xi|} |D_{ij}\Gamma(x-\xi) - D_{ij}\Gamma(x)| \, dx < \infty, \tag{3.8}$$

其中 J 只依赖于 n.

证明 利用中值公式

$$\int_{|x|\geqslant 2|\xi|} |D_{ij}\Gamma(x-\xi) - D_{ij}\Gamma(x)| \, dx$$

$$\leqslant \int_{|x|\geqslant 2|\xi|} \sum_{k=1}^n |D_{ijk}\Gamma(x-\lambda\xi)| \, |\xi_k| dx,$$

其中 $0<\lambda<1$,注意到 $\Gamma(x)$ 的表达式与 $|x-\lambda\xi|\geqslant\frac{1}{2}|x|$(当 $|x|\geqslant 2|\xi|$ 时),则

$$\begin{aligned}&\int_{|x|\geqslant 2|\xi|}|D_{ij}\Gamma(x-\xi)-D_{ij}\Gamma(x)|dx\\ \leqslant&\int_{|x|\geqslant 2|\xi|}\frac{C}{|x-\lambda\xi|^{n+1}}|\xi|dx\\ \leqslant&C\int_{|x|\geqslant 2|\xi|}\frac{|\xi|}{|x|^{n+1}}dx\leqslant C.\end{aligned}$$

引理 3.4 T 是弱(1,1)型.

证明 先设 $f\in C_0^\infty(\mathbb{R}^n)$. 将分解引理应用于 $|f(x)|$,则存在 F 与 Ω 使得

$$\mathbb{R}^n=F\cup\Omega,F\cap\Omega=\varnothing,$$

$$|f(x)|\leqslant\alpha,\text{a.e.}F,$$

$$Q=\bigcup_{k=1}^\infty Q_k,|\Omega|=\sum_{k=1}^\infty|Q_k|\leqslant\frac{1}{\alpha}\|f\|_{L^1},$$

$$⨍_{Q_k}|f|dx\leqslant 2^n\alpha.$$

现在定义

$$g(x)=\begin{cases}f(x),x\in F,\\ ⨍_{Q_k}f(\xi)d\xi,x\in Q_k,\quad(k=1,2,\cdots).\end{cases}\tag{3.9}$$

$b(x)=f(x)-g(x)$,容易看出 g 与 b 具有以下性质

$$|g(x)|\leqslant 2^n\alpha,\qquad\text{a.e.}\mathbb{R}^n,\tag{3.10}$$

$$\|g\|_{L^1}\leqslant\|f\|_{L^1},\|b\|_{L^1}\leqslant 2\|f\|_{L^1},\tag{3.11}$$

$$b(x)=0,\text{当 }x\in F\text{ 时},⨍_{Q_k}b(x)dx=0\quad(k=1,2,\cdots).\tag{3.12}$$

注意到 $f\in C_0^\infty(\mathbb{R}^n)$ 与(3.10),(3.11),g 与 b 均属于 $L^2(\mathbb{R}^n)$,则 $Tf=Tg+Tb$,且对于任意 $\alpha>0$

$$\lambda_{Tf}(\alpha)\leqslant\lambda_{Tg}\left(\frac{\alpha}{2}\right)+\lambda_{Tb}\left(\frac{\alpha}{2}\right).\tag{3.13}$$

由引理 3.2,T 为强(2,2)型的,也必为弱(2,2)型的,又注意到(3.10),(3.11),我们有

$$\lambda_{Tg}\left(\frac{\alpha}{2}\right)\leqslant\frac{4}{\alpha^2}\|g\|_{L^2}^2\leqslant\frac{4}{\alpha^2}\|g\|_{L^\infty}\|g\|_{L^1}\leqslant\frac{2^{n+2}}{\alpha}\|f\|_{L^1}.\tag{3.14}$$

接着估计 $\lambda_{Tb}\left(\frac{\alpha}{2}\right)$,将 Q_k 边长放大 $2\sqrt{n}$ 倍所得到的同心立方体记为 Q_k^*. 令

$$\Omega^*=\bigcup_{k=1}^\infty Q_k^*,F^*=\mathbb{R}^n\setminus\Omega^*,\tag{3.15}$$

显然有

$$|\Omega^*| \leqslant (2\sqrt{n})^n |\Omega| \leqslant \frac{(2\sqrt{n})^n}{\alpha} \| f \|_{L^1}. \tag{3.16}$$

又记

$$b_k(x) = b(x)\chi_{Q_k} = \begin{cases} b(x), & x \in Q_k, \\ 0, & \text{其它}. \end{cases}$$

由(3.12)

$$\int_{Q_k} b_k(x)dx = 0.$$

现在取 $b_k^l \in C_0^\infty(Q_k)(l=1,2,\cdots)$使得

$$\| b_k^l - b_k \|_{L^2} \to 0, \text{当 } l \to \infty \text{ 时}.$$

$$\int_{Q_k} b_k^l(x)dx = 0. \tag{3.17}$$

根据算子 T 的定义,当 $x \in (Q_k^*)^c = \mathbb{R}^n \setminus Q_k^*$ 时

$$\begin{aligned} Tb_k^l(x) &= D_{ij}\int_{Q_k} \Gamma(x-\xi) b_k^l(\xi)d\xi \\ &= \int_{Q_k} [D_{ij}\Gamma(x-\xi) - D_{ij}\Gamma(x-x^k)] b_k^l(\xi)d\xi, \end{aligned}$$

其中 x^k 表示 Q_k 的中心.上式已利用了(3.17).在$(Q_k^*)^c$ 上关于 x 积分,应用引理3.3,则有

$$\begin{aligned} \int_{(Q_k^*)^c} |Tb_k^l(x)| dx &\leqslant \sup_{\xi \in Q_k} \int_{(Q_k^*)^c} |D_{ij}\Gamma(x-\xi) \\ &\qquad - D_{ij}\Gamma(x-x^k)| dx \cdot \int_{Q_k} |b_k^l(\xi)| d\xi \\ &\leqslant J \int_{Q_k} |b_k^l(\xi)| d\xi. \end{aligned}$$

由于当 $l \to \infty$ 时 b_k^l 与 Tb_k^l 在 $L^2(\mathbb{R}^n)$分别收敛于 b_k 与 Tb_k,因此利用 Fatou 定理,在上式令 $l \to \infty$ 可得

$$\int_{(Q_k^*)^c} |Tb_k(x)| dx \leqslant J \int_{Q_k} |b_k(\xi)| d\xi = J \int_{Q_k} |b(\xi)| d\xi.$$

于是

$$\int_{F^*} |Tb(x)| dx \leqslant \sum_{k=1}^{\infty} \int_{(Q_k^*)^c} |Tb_k(x)| dx \leqslant J \| b \|_{L^1} \leqslant 2J \| f \|_{L^1},$$

由此得到

$$\text{meas}\left\{ x \in F^* \,\middle|\, |Tb(x)| > \frac{\alpha}{2} \right\} \leqslant \frac{4}{\alpha} J \| f \|_{L^1}.$$

利用(3.16),我们有

$$\lambda_{Tb}\left(\frac{\alpha}{2}\right)\leqslant |\Omega^*| + \text{meas}\left\{x\in F^* \,\Big|\, |Tb(x)| > \frac{\alpha}{2}\right\}$$

$$\leqslant [4J + (2\sqrt{n})^n]\frac{\|f\|_{L^1}}{\alpha}. \tag{3.18}$$

将估计(3.14),(3.18)代入(3.13)得到

$$\lambda_{Tf}(\alpha)\leqslant [2^{n+2} + 4J + (2\sqrt{n})^n]\frac{\|f\|_{L^1}}{\alpha}, \forall f\in C_0^\infty(\mathbb{R}^n). \tag{3.19}$$

同样利用 $C_0^\infty(\mathbb{R}^n)$在 $L^1(\mathbb{R}^n)$的稠密性可以知道上式对于任意 $f\in L^1(\mathbb{R}^n)$也成立.(3.19)说明 T 是弱(1,1)型的.

定理 3.5 对于$1<p<\infty$,T 是强(p,p)型的.

证明 由引理 3.2 与引理 3.4 我们知道 T 是强(2,2)型的且为弱(1,1)型的,由 Marcinkiewicz 内插定理,对于$1<p\leqslant 2$,T 是强(p,p)型的.

现在设$2<p<\infty$,记 $p'=\dfrac{p}{p-1}$,对于任意 $f,h\in C_0^\infty(\mathbb{R}^n)$

$$\begin{aligned}\int_{\mathbf{R}^n} Tf(x)h(x)dx &= \int_{\mathbf{R}^n} h(x)D_{ij}\left[\int_{\mathbf{R}^n}\Gamma(x-\xi)f(\xi)d\xi\right]dx\\ &= \int_{\mathbf{R}^n} D_{ij}h(x)dx\int_{\mathbf{R}^n}\Gamma(x-\xi)f(\xi)d\xi\\ &= \int_{\mathbf{R}^n} f(\xi)d\xi\int_{\mathbf{R}^n}\Gamma(x-\xi)D_{ij}h(x)dx\\ &= \int_{\mathbf{R}^n} f(\xi)D_{ij}\left[\int_{\mathbf{R}^n}\Gamma(\xi-x)h(x)dx\right]d\xi\\ &\leqslant \|f\|_{L^p}\|Th\|_{L^{p'}}.\end{aligned}$$

注意,此时$1<p'<2$,由前面已证的事实

$$\int_{\mathbf{R}^n} Tf(x)h(x)dx\leqslant C\|f\|_{L^p}\|h\|_{L^{p'}}, \forall f,h\in C_0^\infty(\mathbb{R}^n).$$

因此

$$\|Tf\|_{L^p}\leqslant C\|f\|_{L^p}, \forall f\in C_0^\infty(\mathbb{R}^n),$$

这说明 T 是强(p,p)型的.

上面的方法基本上是属于 Caldéron-Zygmund 的,针对位势积分的简化证明是 Trudinger 给出的.

定理 3.6 设 $u\in W_0^{2,p}(B_R)$且满足

$$-\Delta u = f.$$

则对于$1<p<\infty$,存在常数 C 使得

$$\|D^2u\|_{L^p(B_R)}\leqslant C\|f\|_{L^p(B_R)},$$

其中 C 仅依赖于 n,p.

证明　不妨设 $u\in C_0^\infty(\mathbb{R}^n)$,由引理 3.1

$$u(x)=\int_{\mathbf{R}^n}\Gamma(x-\xi)(-\Delta u(\xi))d\xi=\int_{\mathbf{R}^n}\Gamma(x-\xi)f(\xi)d\xi.$$

由定理 3.5 立即有所要的结果.

§4　$W^{2,p}$ 内估计

考虑方程与边界条件

$$Lu=-a^{ij}D_{ij}u+b^iD_iu+cu=f,\quad \text{在 }\Omega\text{ 内},\tag{4.1}$$

$$u=0,\quad \text{在 }\partial\Omega\text{ 上}.\tag{4.2}$$

设方程(4.1)的系数满足:

存在 $\lambda>0$ 使得

$$a_{ij}\xi_i\xi_j\geqslant\lambda|\xi|^2,\forall x\in\Omega,\xi\in\mathbb{R}^n,\tag{4.3}$$

$$\sum_{i,j}\|a^{ij}\|_{L^\infty(\Omega)}+\sum_i\|b^i\|_{L^\infty(\Omega)}+\|c\|_{L^\infty(\Omega)}\leqslant\Lambda,\tag{4.4}$$

$$a^{ij}\in C(\bar{\Omega})\quad(i,j=1,2,\cdots,n).\tag{4.5}$$

这里的估计方法与 Schauder 内估计的方法相仿.

引理 4.1　设方程(4.1)的系数满足(4.3)—(4.5). 则存在仅依赖于 n,p, Λ/λ 与 a^{ij} 的连续模的正数 $R_0\leqslant1$,使得对于任意 $0<R\leqslant R_0$,如果 $B_R\subset\Omega$, $u\in W_0^{2,p}(B_R)$, $1<p<\infty$ 且在 B_R 上几乎处处满足方程(4.1),则

$$\|D^2u\|_{L^p(B_R)}\leqslant C\left\{\frac{1}{\lambda}\|f\|_{L^p(B_R)}+R^{-2}\|u\|_{L^p(B_R)}\right\},\tag{4.6}$$

其中 C 依赖于 $n,p,\Lambda/\lambda$.

证明　不妨设 $\lambda=1$. 设 B_R 的球心为 x_0. 用凝固法将方程(4.1)写成

$$-a^{ij}(x_0)D_{ij}u=\bar{f},\tag{4.7}$$

其中

$$\bar{f}=f+(a^{ij}(x)-a^{ij}(x_0))D_{ij}u-b^iD_iu-cu.$$

关于常系数椭圆型方程(4.7)有类似于定理 3.6 的结果,因此

$$\|D^2u\|_{L^p}\leqslant C\|\bar{f}\|_{L^p},\tag{4.8}$$

其中 C 只依赖于 n,p 与 Λ/λ, $\lambda=1$. 记 a^{ij} 的连续模为

$$\omega(R)=\sup_{\substack{|x-y|\leqslant R\\1\leqslant i,j\leqslant n}}|a^{ij}(x)-a^{ij}(y)|.\tag{4.9}$$

由假定(4.5)当 $R\to0$ 时, $\omega(R)\to0$. 由(4.8)可得

$$\|D^2u\|_{L^p}\leqslant C\{\|f\|_{L^p}+\omega(R)\|D^2u\|_{L^p}+\|u\|_{W^{1,p}}\}.$$

取 $R_0>0$,使得当 $0<R\leqslant R_0$ 时,$C\omega(R)\leqslant\frac{1}{2}$,则当 $0<R\leqslant R_0$ 时,

$$\| D^2u \|_{L^p} \leqslant C\{ \| f \|_{L^p} + \| u \|_{W^{1,p}}\}.$$

又应用 Sobolev 空间的内插不等式可得所要的结果.

定理 4.2 设方程(4.1)的系数满足(4.3)—(4.5),又设 $u\in W^{2,p}_{\text{loc}}(\Omega)$在 Ω 上几乎处处满足方程(4.1),则对于任意 $\Omega'\subset\subset\Omega$,有

$$\| u \|_{W^{2,p}(\Omega')} \leqslant C\left\{\frac{1}{\lambda}\| f \|_{L^p(\Omega)} + \| u \|_{L^p(\Omega)}\right\},$$

其中 C 依赖于 $n,p,\Lambda/\lambda,\text{dist}\{\Omega',\partial\Omega\}$以及 a^{ij}的连续模.

证明 不妨设 $\lambda=1$. 设 R_0 是引理 4.1 确定的常数,记 $\bar{R}_0=\min\left\{R_0,\frac{1}{2}\text{dist}\{\Omega',\partial\Omega\}\right\}$. 对于$\frac{\bar{R}_0}{2}\leqslant\rho<R\leqslant\bar{R}_0$ 与 $x_0\in\Omega'$,作 $B_R(x_0)$的截断函数,使得

$$\zeta(x)=1,当\ x\in B_\rho(x_0),\ |D^k\zeta|\leqslant\frac{C}{(R-\rho)^k}\qquad(k=1,2).$$

令 $v=\zeta u$,v 满足方程

$$-a^{ij}D_{ij}v+b^iD_iv+cv=\tilde{f},$$

其中

$$\tilde{f}=\zeta f+(-a^{ij}D_{ij}\zeta+b^iD_i\zeta)u-2a^{ij}D_i\zeta D_ju.$$

应用引理 4.1,则有

$$\begin{aligned}\| D^2v \|_{L^p(B_R(x_0))} &\leqslant C\left[\| \tilde{f} \|_{L^p(B_R(x_0))}+\frac{1}{R^2}\| v \|_{L^p(B_R(x_0))}\right]\\ &\leqslant C\left[\| f \|_{L^p(B_R(x_0))}+\frac{1}{(R-\rho)}\| Du \|_{L^p(B_R(x_0))}\right.\\ &\qquad\left.+\frac{1}{(R-\rho)^2}\| u \|_{L^p(B_R(x_0))}\right].\end{aligned}$$

简记 $B_R=B_R(x_0)$,并应用内插不等式,有

$$\| D^2u \|_{L^p(B_\rho)} \leqslant C\left[\varepsilon\| D^2u \|_{L^p(B_R)}+\| f \|_{L^p(B_R)}+\frac{1}{(R-\rho)^2}\| u \|_{L^p(B_R)}\right].$$

根据第二章引理 4.1,对于$\frac{\bar{R}_0}{2}\leqslant\rho<R\leqslant\bar{R}_0$,

$$\| D^2u \|_{L^p(B_\rho)} \leqslant C\left[\| f \|_{L^p(B_R)}+\frac{1}{(R-\rho)^2}\| u \|_{L^p(B_R)}\right].$$

取 $R=\bar{R}_0,\rho=\frac{1}{2}\bar{R}_0$,然后利用有限覆盖定理立即有定理的结论.

§5 $W^{2,p}$全局估计

由于 $W^{2,p}$估计在方法上与 Schauder 估计基本类似,因此我们将不给出详细证明,只概述其主要步骤.

引理 5.1 设 $u \in W^{2,p}(B_R^+) \cap W_0^{1,p}(B_R^+)$,其中 $B_R^+ = B_R(0) \cap \{x_n > 0\}$, u 在 $\partial B_R^+ \cap \{x_n > 0\}$ 附近为零,又满足方程

$$-\Delta u = f, \text{a.e. } B_R^+, \tag{5.1}$$

则

$$\| D^2 u \|_{L^p(B_R^+)} \leqslant C \| f \|_{L^p(B_R^+)}, \tag{5.2}$$

其中 C 只依赖于 n, p.

证明 令

$$\tilde{u} = \begin{cases} u(x', x_n), & \text{当 } x_n \geqslant 0 \text{ 时}, \\ -u(x', -x_n), & \text{当 } x_n < 0 \text{ 时}, \end{cases}$$

则 $\tilde{u} \in W_0^{2,p}(B_R)$且在 B_R 上几乎处处满足

$$-\Delta \tilde{u} = \tilde{f}.$$

应用定理 3.6,有

$$\| D^2 \tilde{u} \|_{L^p(B_R)} \leqslant C \| \tilde{f} \|_{L^p(B_R)} \leqslant 2C \| f \|_{L^p(B_R^+)},$$

由此立得(5.2).

引理 5.2 设方程(4.1)的系数满足(4.3)—(4.5)Ω 包含部分平边界 S, $\Omega \subset \mathbb{R}_+^n$, $S \subset \partial B_+^n$,则存在仅依赖于 $n, p, \Lambda/\lambda$ 与 a^{ij}的连续模的正数 R_0 与 C,使对于任意 $0 < R \leqslant R_0$ 与球心位于 S 上的半球 $B_R^+ \subset \Omega$,如果 $u \in W^{2,p}(B_R^+) \cap W_0^{1,p}(B_R^+)$,在$\partial B_R^+ \cap \{x_n > 0\}$附近为零且在 B_R^+ 上几乎处处满足方程(4.1),则

$$\| D^2 u \|_{L^p(B_R^+)} \leqslant C \left\{ \frac{1}{\lambda} \| f \|_{L^p(B_R^+)} + R^{-2} \| u \|_{L^p(B_R^+)} \right\}. \tag{5.3}$$

引理 5.3 在引理 5.2 的假定下如果 $u \in W^{2,p}(\Omega)$,在 S 上 $u = 0$ 且在 Ω 内几乎处处满足方程(4.1),则对于任意 $\Omega' \subset\subset \Omega \cup S$,我们有

$$\| u \|_{W^{2,p}(\Omega')} \leqslant C \left\{ \frac{1}{\lambda} \| f \|_{L^p(\Omega)} + \| u \|_{L^p(\Omega)} \right\}, \tag{5.4}$$

其中 C 依赖于 $n, p, \Lambda/\lambda, \mathrm{dist}\{\Omega', \partial\Omega \setminus S\}$ 以及 a^{ij}的连续模.

最后我们可得到 $W^{2,p}$全局估计.

定理 5.4 设$\partial\Omega$ 属于 $C^{1,1}$,方程(4.1)的系数满足(4.3)—(4.5). 如果 $u \in W^{2,p}(\Omega) \cap W_0^{1,p}(\Omega)$且在 Ω 内几乎处处满足方程(4.1),则

$$\| u \|_{W^{2,p}(\Omega)} \leqslant C\left\{ \frac{1}{\lambda} \| f \|_{L^p(\Omega)} + \| u \|_{L^p(\Omega)} \right\}, \tag{5.5}$$

其中 C 依赖于 $n, p, \Lambda/\lambda, \Omega$ 以及 a^{ij} 的连续模.

这里我们必须强调, $W^{2,p}$ 估计依赖于 a^{ij} 的连续模,因此在应用时必须特别小心.

附注　考虑非齐次边值条件

$$u = \varphi, 在\ \partial\Omega\ 上, \tag{5.6}$$

其中 $\varphi \in W^{2,p}(\Omega)$. 如果 $u \in W^{2,p}(\Omega)$, $u - \varphi \in W_0^{1,p}(\Omega)$ 且几乎处处满足方程(4.1),则称 u 是 Dirichlet 问题(4.1),(5.6)的解(或称为强解). 如果记

$$\| \varphi \|_{W^{2-\frac{1}{p},p}(\partial\Omega)} = \inf\{ \| \Phi \|_{W^{2,p}(\Omega)} \mid \Phi \in W^{2,p}(\Omega),\quad \Phi - \varphi \in W_0^{1,p}(\Omega) \},$$

则当 $u \in W^{2,p}(\Omega)$ 是问题(4.1),(5.6)的强解时,我们有估计

$$\| u \|_{W^{2,p}(\Omega)} \leqslant C\{ \| f \|_{L^p(\Omega)} + \| \varphi \|_{W^{2-\frac{1}{p},p}(\partial\Omega)} + \| u \|_{L^p(\Omega)} \}.$$

§6　$W^{2,p}$解的存在性

我们首先需要强解的极值原理,它基于法映射的概念,由 Aleksandrov 首先证明. 由于需要较长的篇幅,我们在第六章专门讨论它. 这里先叙述适合于目前应用的结果.

定理 6.1　设方程(4.1)满足条件(4.3),(4.4),且 $c \geqslant 0$. 如果 $u \in C(\bar{\Omega}) \cap W_{\text{loc}}^{2,n}(\Omega)$ 满足方程(4.1)(a.e. Ω),则

$$\sup_{\Omega} |u| \leqslant \sup_{\partial\Omega} |u| + C\frac{1}{\lambda} \| f \|_{L^n(\Omega)}, \tag{6.1}$$

其中 C 只依赖于 $n, \Lambda/\lambda$ 与 $\operatorname{diam}\Omega$.

利用这一结论,我们可得到 Dirichlet 问题(4.1),(5.6)在 $W^{2,p}(\Omega)$($p \geqslant n$)的可解性.

引理 6.2　设 $\partial\Omega$ 属于 $C^{2,\alpha}$($\alpha > 0$),方程(4.1)的系数满足(4.3)—(4.5)且 $c \geqslant 0$. 又设 $S \subset \partial\Omega$ 相对于 $\partial\Omega$ 是开的, $\varphi \in C(\bar{\Omega})$,且在 S 上 $\varphi = 0$, $f \in L^p(\Omega)$($p \geqslant n$),则存在 $u \in W_{\text{loc}}^{2,p}(\Omega) \cap C(\bar{\Omega})$ 满足(4.1)与(5.6)且对于任意 $\Omega' \subset\subset \Omega \cup S$,有 $u \in W^{2,p}(\Omega')$.

证明　第一步:先设 $S = \partial\Omega$. 考虑近似序列 $a_N^{ij}, b_N^i, c_N, f_N \in C^\alpha(\bar{\Omega})$ 使得

$$\begin{aligned} &f_N \to f(L^p(\Omega)), a_N^{ij} \to a^{ij}(C(\bar{\Omega})), \\ &b_N^i \xrightarrow{w*} b^i, c_N \xrightarrow{w*} c(L^\infty(\Omega)) \end{aligned} \tag{6.2}$$

且 a_N^{ij}, b_N^i, c_N 满足(4.3)—(4.5), a_N^{ij} 关于 N 有一致连续模. 上面 $\xrightarrow{w*}$ 表示弱 * 收

敛.考虑近似问题

$$\begin{cases} -a_N^{ij}D_{ij}u_N + b_N^i D_i u_N + cu_N = f_N, & \text{在 } \Omega \text{ 内}, \\ u_N = 0, & \text{在 } \partial\Omega \text{ 上}. \end{cases} \tag{6.3}$$

由第二章§7知道(6.3)必存在解 $u_N \in C^{2,\alpha}(\bar{\Omega})$,因而必有 $u_N \in W^{2,p}(\Omega) \cap W_0^{1,p}(\Omega)$,由 $W^{2,p}$ 估计与(6.1),有

$$\| u_N \|_{W^{2,p}(\Omega)} \leqslant C \frac{1}{\lambda} \| f_N \|_{L^p(\Omega)},$$

其中 C 与 N 无关.由 $W^{2,p}(\Omega)$ 有界集的弱紧致性,$\{u_N\}$ 必存在子序列弱收敛于 $u \in W^{2,p}(\Omega)$,容易验证 $u \in W^{2,p}(\Omega) \cap W_0^{1,p}(\Omega)$ 且几乎处处满足方程(4.1).

第二步:设 S 是 $\partial\Omega$ 的真子集,构造函数列 $\varphi_N \in C^2(\bar{\Omega})$ 且在 S 上 $\varphi_N = 0$ 使得 $\varphi_N \to \varphi(C(\bar{\Omega}))$.考虑方程(4.1)与边条件

$$u|\partial\Omega = \varphi_N. \tag{6.4}$$

由第一步的结论知道(4.1)与(6.4)存在解 $u_N \in W^{2,p}(\Omega)$ 且 $u_N - \varphi_N \in W_0^{1,p}(\Omega)$.由 $W^{2,p}$ 边界估计的局部结果(引理5.3)

$$\| u_N \|_{W^{2,p}(\Omega')} \leqslant C(\| f \|_{L^p(\Omega)} + \| u_N \|_{L^p(\Omega)}), \tag{6.5}$$

其中 $\Omega' \subset\subset \Omega \cup S$,$C$ 与 N 无关.由估计(6.1),对于任意 N, N',

$$\sup | u_N - u_{N'} | \leqslant \sup | \varphi_N - \varphi_{N'} |.$$

因此 u_N 一致收敛到某一函数 $u \in C(\bar{\Omega})$,又由 $W^{2,p}$ 内部估计与对角线序列法,$\{u_N\}$ 可抽子序列在 $W_{\text{loc}}^{2,p}(\Omega)$ 意义下弱收敛到 u,因此 $u \in W_{\text{loc}}^{2,p}(\Omega) \cap C(\bar{\Omega})$,引理的结论由(6.5)可得到.

现在考虑椭圆算子类

$$\mathscr{L} = \{ L \mid L = -a^{ij}D_{ij} + b^i D_i + c \text{ 满足(4.3)—(4.5)}, c \geqslant 0 \}, \tag{6.6}$$

其中(4.5)改成: $\sup\limits_{|x-y| \leqslant R} |a^{ij}(x) - a^{ij}(y)| \leqslant \omega(R)(1 \leqslant i, j \leqslant n)$,当 $R \to 0^+$ 时,$\omega(R) \to 0$.

定理 6.3　如果对于任意 $L \in \mathscr{L}$,$\partial\Omega \in C^{1,1}$,Dirichlet 问题(4.1),(4.2)属于 $W^{2,p}(\Omega)(1 < p < \infty)$ 的解都是唯一的.则对于任意有界区域 Ω,$\partial\Omega \in C^{1,1}$,问题(4.1),(4.2)的解 $u \in W^{2,p}(\Omega)$ 必有估计

$$\| u \|_{W^{2,p}(\Omega)} \leqslant \frac{C}{\lambda} \| f \|_{L^p(\Omega)}, \tag{6.7}$$

其中 C 只依赖于 $n, p, \Lambda/\lambda, \Omega$ 以及 $\omega(R)$.

进一步可证:如果 $f \in L^p(\Omega)(1 < p < \infty)$,则 Dirichlet 问题(4.1),(4.2)必存在解 $u \in W^{2,p}(\Omega) \cap W_0^{1,p}(\Omega)$.

证明　不妨设 $\lambda = 1$.如果(6.7)不成立,对于任意整数 N,必存在 $L_N =$

$-a_N^{ij}D_{ij}+b_N^iD_i+c_N\in\mathscr{L},f_N\in L^p,u_N\in W^{2,p}(\Omega)\cap W_0^{1,p}(\Omega)$使得$L_Nu_N=f_N$，$\|u_N\|_{L^p(\Omega)}=1$，但是

$$\|u_N\|_{W^{2,p}(\Omega)}\geqslant N\|f_N\|_{L^p(\Omega)}.$$

由全局$W^{2,p}$估计，我们有

$$\begin{aligned}\|u_N\|_{W^{2,p}(\Omega)}&\leqslant C\{\|f_N\|_{L^p(\Omega)}+\|u_N\|_{L^p(\Omega)}\}\\&\leqslant\frac{C}{N}\|u_N\|_{W^{2,p}(\Omega)}+C,\end{aligned}$$

其中C与N无关，当$N\geqslant 2C$时，则有

$$\|u_N\|_{W^{2,p}(\Omega)}\leqslant C.$$

因此存在u_N的子序列在$W^{2,p}(\Omega)$中弱收敛于某函数$u\in W^{2,p}(\Omega)$，同样a_N^{ij},b_N^i，c_N与f_N也有子序列满足(6.2)，由此不难验证$u\in W^{2,p}(\Omega)\cap W_0^{1,p}(\Omega)$且满足$Lu=0,\|u\|_{L^p}=1$，但由定理关于唯一性的假定，上面事实是矛盾的. 于是(6.7)得证.

其次证明$W^{2,p}$解的存在性. 同引理6.2证明的第一步一样，考虑近似问题(6.3)，由于$\partial\Omega$属于$C^{1,1}$，必具有外球性质，因此由第二章定理7.2，问题(6.3)存在解$u_N\in C^{2,\alpha}(\Omega)\cap C(\bar{\Omega})$. 我们需要证明$u_N\in W^{2,p}(\Omega)$，那时可用$W^{2,p}$全局估计，定理的结论垂手可得. 为此只需证明$u_N$在每一边界点附近属于$W^{2,p}$. 设$x_0\in\partial\Omega$. 由假定$\partial\Omega\in C^{1,1}$，设$V$与$\psi$是第一章定义5.1中的$x_0$的邻域与映射. 我们可以磨光$\partial B_1^+$的角点，因此不妨设$\partial B_1^+$充分光滑. 令$y=\psi(x)$，记$\tilde{u}_N(y)=u_N\circ\psi^{-1}(y)$，则$\tilde{u}_N$满足方程

$$-\tilde{a}_N^{rs}D_{rs}\tilde{u}_N+\tilde{b}_N^rD_r\tilde{u}_N+\tilde{c}_N\tilde{u}_N=\tilde{f}_N,$$

其中

$$\tilde{a}_N^{rs}=a_N^{ij}\frac{\partial y_r}{\partial x_i}\frac{\partial y_s}{\partial x_j},\tilde{b}_N^r=a_N^{ij}\frac{\partial^2y_r}{\partial x_i\partial x_j}+b_N^i\frac{\partial y_r}{\partial x_i},$$
$$\tilde{c}_N=c_N\circ\psi^{-1},\quad\tilde{f}_N=f_N\circ\psi^{-1}.$$

对于$q=\max\{n,p\},\tilde{f}_N\in L^q(B_1^+)$，由定理6.1，引理6.2，$\tilde{u}_N\in W^{2,q}\left(B_{\frac{1}{2}}^+\right)$，变换回变量$x$，则$u_N$在$x_0$附近属于$W^{2,q}$，因而属于$W^{2,p}$，这就是我们所需要的. 定理证毕.

虽然定理6.3已经得到了$W^{2,p}$解存在性的结果，但它是在唯一性的前提下证明的. 当$p\geqslant n$时，由于有定理6.1，可解性问题已彻底解决了，但当$p<n$时，我们不得不证明$W^{2,p}$解的唯一性.

定理6.4 设$\Omega\in C^{1,1},L\in\mathscr{L}$，则对于$1<p<\infty$，问题(4.1)，(4.2)属于$W^{2,p}(\Omega)\cap W_0^{1,p}(\Omega)$的解是唯一的.

证明 第一步:证明存在 $\sigma>0$ 使得

$$Lu+\sigma u=0 \tag{6.8}$$

在 $W^{2,p}(\Omega)\cap W_0^{1,p}(\Omega)$ 中只有零解. 不妨设 $\lambda=1$. 用扩充变量的方法,考虑 $n+1$ 维空间 $\mathbb{R}^{n+1}$,其上的点记为 $(x_1,\cdots,x_n,t)$,并记

$$\widetilde{\Omega}=\Omega\times(-1,1)\subset\mathbb{R}^{n+1}.$$

在 $\widetilde{\Omega}$ 上考虑算子

$$\widetilde{L}=L-D_{tt}$$

容易验证:如果 u 是方程(6.8)的解,则 $v(x,t)=[\cos\sigma^{\frac{1}{2}}t]u(x)$ 满足

$$\widetilde{L}v=0.$$

现在记 $\widetilde{\Omega}'=\Omega\times\left(-\frac{1}{2},\frac{1}{2}\right)$,由引理 5.3,

$$\|v\|_{W^{2,p}(\widetilde{\Omega}')}\leqslant C\|v\|_{L^p(\widetilde{\Omega})}\leqslant C\|u\|_{L^p(\Omega)},$$

其中 C 只与 $n,p,\Lambda/\lambda,\Omega$ 以及 a^{ij} 的连续模有关,与 σ 无关. 特别地

$$\|D_{tt}v\|_{L^p(\Omega')}\leqslant C\|u\|_{L^p(\Omega)},$$

即

$$\sigma\|u\|_{L^p(\Omega)}\left(\int_{-\frac{1}{2}}^{\frac{1}{2}}|\cos\sigma^{\frac{1}{2}}t|^p dt\right)^{\frac{1}{p}}\leqslant C\|u\|_{L^p(\Omega)}.$$

在上面的积分中作变量替换 $\tau=\sigma^{\frac{1}{2}t}$,并取 $\sigma\geqslant 1$,则有

$$\sigma^{1-\frac{1}{2p}}\|u\|_{L^p(\Omega)}\left[\int_{-\frac{1}{2}}^{\frac{1}{2}}|\cos\tau|^p d\tau\right]^{\frac{1}{p}}\leqslant C\|u\|_{L^p(\Omega)}.$$

取 σ 充分大(只依赖于 $n,p,\Lambda/\lambda,\Omega$ 以及 a^{ij} 的连续模),则必有 $u=0$. 类似于定理 6.3 的推理,考虑椭圆算子类 $\widetilde{\mathscr{L}}=\{L+\sigma\,|\,L\in\mathscr{L}\}$,如果 $f\in L^p(\Omega)$,则 Dirichlet 问题

$$\begin{cases}Lu+\sigma u=f,\text{a.e.}\,\Omega,\\ u\in W^{2,p}(\Omega)\cap W_0^{1,p}(\Omega)\end{cases}$$

必存在解.

第二步:设 $u\in W^{2,p}(\Omega)\cap W_0^{1,p}(\Omega)$ $(p<n)$ 满足 $Lu=0$. 现证 $u=0$. 首先由 Sobolev 定理,u 至少属于 $L^q(\Omega)$,其中 $\frac{1}{q}=\frac{1}{p}-\frac{1}{n}$. 现在设 σ 为第一步所确定的数,u 满足

$$Lu+\sigma u=f,$$

其中 $f=\sigma u\in L^q(\Omega)$. 由第一步所得的结果知道,$u$ 必属于 $W^{2,q}(\Omega)$,如果 q 仍小于 n,继续上述步骤,可得 $u\in W^{2,q_2}$,其中 $\frac{1}{q_2}=\frac{1}{q}-\frac{1}{n}=\frac{1}{p}-\frac{2}{n}$,经有限步之后,必有 $u\in W^{2,n}(\Omega)$,应用定理 6.1,则 $u=0$.

第四章　De Giorgi-Nash 估计

无论是 Schauder 估计还是 $W^{2,p}$ 估计，至少都要求椭圆型方程的首项系数是连续的，这就使得它们往往不能直接应用于非线性方程. 1957 年 De Giorgi 得到了有界可测系数的散度型椭圆型方程解的 Hölder 模估计，1958 年 Nash 对于抛物型方程独立地得到了类似的估计，这些对于拟线性椭圆型与抛物型方程的研究无疑是一重大突破. 1960 年 Moser 又给出了这一估计的新的简化的证明，并得到了解的 Harnack 不等式，他的方法已成为研究弱解正则性的经典方法之一.

§1　弱解的局部性质

这一节将讨论以下散度型方程

$$-D_j(a^{ij}D_iu)+b^iD_iu+cu=0, \tag{1.1}$$

其系数满足：

存在 $\Lambda\geqslant\lambda>0$，使得

$$\lambda|\xi|^2\leqslant a^{ij}\xi_i\xi_j\leqslant\Lambda|\xi|^2,\ \forall\, x\in\Omega,\xi\in\mathbb{R}^n, \tag{1.2}$$

$$\sum_{i,j}\|a^{ij}\|_{L^\infty(\Omega)}+\sum_i\|b^i\|_{L^\infty(\Omega)}+\|c\|_{L^\infty(\Omega)}\leqslant\Lambda. \tag{1.3}$$

为了计算简便，线索清晰，我们只讨论

$$-D_j(a^{ij}(x)D_iu)=0, \tag{1.1$'$}$$

在定理的证明中也只讨论 $n\geqslant3$ 的情况，但是讨论的方法对方程(1.1)或 $n=2$ 是完全适用的.

引理 1.1　设 $\Phi(s)\in C_{\mathrm{loc}}^{0,1}(\mathbb{R})$ 且为凸函数.

(1) 如果 u 是方程(1.1)′的弱下解，$\Phi'(s)\geqslant0$，则 $v=\Phi(u)$ 也是方程(1.1)′的弱下解.

(2) 如果 u 是方程(1.1)′的弱上解，$\Phi'(s)\leqslant0$，则 $v=\Phi(u)$ 是方程(1.1)′的弱下解.

证明　这里只证明(1)，先设 $\Phi\in C_{\mathrm{loc}}^2(\mathbb{R})$，由假设 $\Phi'(s)\geqslant0$，u 是方程(1.1)′的弱下解，$v=\Phi(u)$. 对于任意 $\varphi\in C_0^\infty(\Omega)$，$\varphi\geqslant0$，

$$\begin{aligned}\int_\Omega a^{ij}D_ivD_j\varphi dx&=\int_\Omega\Phi'(u)a^{ij}D_iuD_j\varphi dx\\&=\int_\Omega a^{ij}D_iuD_j(\Phi'(u)\varphi)dx-\int_\Omega a^{ij}D_iuD_ju\Phi''(u)\varphi dx\leqslant0.\end{aligned}$$

这说明 v 是方程(1.1)′的弱下解.

对于一般凸函数 $\Phi(s)$,取其磨光函数 $\Phi_\tau(s)$,我们仍然有 $\Phi'_\tau(s)\geqslant 0$,$\Phi_\tau(s)$ 是凸函数,由上面所证,$v_\tau=\Phi_\tau(u)(\tau>0)$是方程(1.1)′的弱下解,即

$$0\geqslant\int_\Omega a^{ij}D_iv_\tau D_j\varphi dx=\int_\Omega\Phi'_\tau(u)a^{ij}D_iuD_j\varphi dx.$$

由控制收敛定理,令 $\tau\to 0^+$,得到

$$0\geqslant\int_\Omega a^{ij}D_ivD_j\varphi dx.$$

引理得证.

作为一个特例,如果 u 是方程(1.1)′的弱下解,则 u^+ 也是方程(1.1)′的弱下解.

引理 1.2 (局部极值原理). 设 $v\in W^{1,2}(B_R)$是方程(1.1)′的有界弱下解,条件(1.2)成立.则对于任意 $p>0,0<\theta<1$,我们有

$$\operatorname*{ess\,sup}_{B_{\theta R}}v\leqslant C\left(⨍_{B_R}(v^+)^pdx\right)^{\frac{1}{p}},\tag{1.4}$$

其中 C 仅依赖于 $n,\Lambda/\lambda,p$ 与$(1-\theta)^{-1}$,

$$⨍_{B_R}(v^+)^pdx=\frac{1}{|B_R|}\int_{B_R}(v^+)^pdx.$$

证明 先设 $p\geqslant 2$,v 是(1.1)′的弱下解,由引理 1.1,v^+ 也是(1.1)′的弱下解,因此不妨设 $v\geqslant 0$,v 满足

$$\int_{B_R}a^{ij}D_ivD_j\varphi dx\leqslant 0,\ \forall\,\varphi\in W_0^{1,2}(B_R),\varphi\geqslant 0.$$

设 $\zeta\in C_0^\infty(B_R)$,取 $\varphi=\zeta^2v^{p-1}$,则有

$$\int_{B_R}a^{ij}D_ivD_j(\zeta^2v^{p-1})dx\leqslant 0,$$

由此可得

$$(p-1)\int_{B_R}(a^{ij}D_ivD_jv)v^{p-2}\zeta^2dx\leqslant -2\int_{B_R}a^{ij}v^{p-1}\zeta D_ivD_j\zeta dx.$$

应用 Cauchy 不等式

$$(p-1)^2\int_{B_R}\zeta^2v^{p-2}|Dv|^2dx\leqslant C\int_{B_R}|D\zeta|^2v^pdx,$$

其中 C 只依赖于 $n,\Lambda/\lambda$.注意到 $v^{p-2}|Dv|^2=\frac{4}{p^2}|D(v^{\frac{p}{2}})|^2$,我们有

$$\int_{B_R}\zeta^2|Dv^{\frac{p}{2}}|^2dx\leqslant C\int_{B_R}|D\zeta|^2v^pdx,$$

由此不难得到

$$\int_{B_R} |D(\zeta v^{\frac{p}{2}})|^2 dx \leqslant C\int_{B_R} |D\zeta|^2 v^p dx.$$

应用 Sobolev 嵌入定理

$$\left(\int_{B_R} (\zeta v^{\frac{p}{2}})^{2^*} dx\right)^{\frac{2}{2^*}} \leqslant C\int_{B_R} |D\zeta|^2 v^p dx, \tag{1.5}$$

上式中 $2^* = \frac{2n}{n-2}$，C 只依赖于 n，Λ/λ，不依赖于 p. 现在定义

$$R_k = R\left(\theta + \frac{1-\theta}{2^k}\right) \quad (k = 0,1,2,\cdots), \tag{1.6}$$

其中 θ 是(0,1)中任意数. 取 $\zeta_k \in C_0^\infty(B_{R_k})$，$0 \leqslant \zeta_k \leqslant 1$ 且在 $B_{R_{k+1}}$ 上 $\zeta_k(x) = 1$，

$$|D\zeta_k| \leqslant \frac{2}{R_k - R_{k+1}} = \frac{2^{k+1}}{(1-\theta)R}.$$

在(1.5)中分别取 B_R，ζ 为 B_{R_k}，ζ_k，则有

$$\left(\int_{B_{R_{k+1}}} v^{\frac{np}{n-2}} dx\right)^{\frac{n-2}{n}} \leqslant \frac{C4^k}{(1-\theta)^2 R^2}\int_{B_{R_k}} v^p dx. \tag{1.7}$$

记 $p_k = p\left(\frac{n}{n-2}\right)^k (k = 0,1,2,\cdots)$，在(1.7)中取 $p = p_k$ 并开 p_k 次方，则有

$$\| v \|_{L^{pk+1}(B_{R_{k+1}})} \leqslant \left[\frac{C4^k}{(1-\theta)^2 R^2}\right]^{\frac{1}{pk}} \| v \|_{L^{pk}(B_{R_k})},$$

迭代之后得到

$$\| v \|_{L^{pk+1}(B_{R_{k+1}})} \leqslant \left[\frac{C}{(1-\theta)^2 R^2}\right]^{\sum \frac{1}{pk}} 4^{\sum \frac{k}{pk}} \| v \|_{L^p(B_R)}.$$

注意到 $\sum \frac{k}{p_k}$ 收敛，$\sum\limits_{k=0}^{\infty} \frac{1}{p_k} = \frac{n}{2p}$，可得

$$\| v \|_{L^{pk+1}(B_{\theta R})} \leqslant \frac{C}{[(1-\theta)R]^{\frac{n}{p}}} \| v \|_{L^p(B_R)}.$$

令 $k \to \infty$，得到

$$\operatorname*{ess\,sup}_{B_{\theta R}} v \leqslant \frac{C}{[(1-\theta)R]^{n/p}} \| v \|_{L^p(B)_R}, \tag{1.8}$$

这样当 $p \geqslant 2$，引理得证. 现假定 $0 < p < 2$，在(1.8)中取 $p = 2$，它可写成

$$\sup_{B_{\theta R}} v \leqslant \frac{C}{[(1-\theta)R]^{n/2}} (\sup_{B_R} v)^{1-\frac{p}{2}} \left(\int_{B_R} v^p dx\right)^{\frac{1}{2}}.$$

应用 Young 不等式

$$\sup_{B_{\theta R}} v \leqslant \frac{1}{2} \sup_{B_R} v + \frac{C}{[(1-\theta)R]^{n/p}} \| v \|_{L^p(B_R)}.$$

记 $\varphi(s)=\sup\limits_{B_R} v$，在上式中取 $s=\theta R, t=R$，则有

$$\varphi(s)\leqslant\frac{1}{2}\varphi(t)+\frac{C}{(t-s)^{n/p}}\|v\|_{L^p(B_R)},\ \forall 0<s<t\leqslant R.$$

由第二章引理 4.1，则有

$$\varphi(\theta R)\leqslant\frac{C}{[(1-\theta)R]^{n/p}}\|v\|_{L^p(B_R)}.$$

上式即为所求.

上面引理的证明方法称为 Moser 迭代，它与 De Giorgi 迭代一起成为先验估计的重要方法.

附注. 事实上，引理中关于弱解有界性的假定是可以去掉的，详见[GT，第八章].

引理 1.3 （弱 Harnack 不等式）. 设 v 是方程(1.1)′在 $B_{\sigma R}(\sigma>1)$ 上的有界非负弱上解，条件(1.2)在 $B_{\sigma R}$ 上成立，则存在 $p_0>0, C>0$ 使得

$$\operatorname*{ess\,inf}_{B_{\theta R}} v\geqslant\frac{1}{C}\left(⨍_{B_R} v^{p_0}dx\right)^{\frac{1}{p_0}},\ \forall 0<\theta<1, \tag{1.9}$$

其中 p_0, C 只依赖于 $n, \Lambda/\lambda, (\sigma-1)^{-1}, (1-\theta)^{-1}$,

$$⨍_{B_R} u dx=\frac{1}{|B_R|}\int_{B_R} u dx.$$

证明 不妨设 $v\geqslant\varepsilon>0$，否则以 $v+\varepsilon$ 代替 v. 也不妨设 $R=1$，由引理(1.1)(2)，v^{-1} 是(1.1)′的有界非负弱下解，又由引理 1.2，

$$\operatorname*{ess\,sup}_{B_\theta} v^{-p}\leqslant C\int_{B_1} v^{-p}dx.$$

于是

$$\begin{aligned}\operatorname*{ess\,inf}_{B_\theta} v&\geqslant C^{-\frac{1}{p}}\left(\int_{B_1} v^{-p}dx\right)^{-\frac{1}{p}}\\&=C^{-1/p}\left[\int_{B_1} v^{-p}dx\int_{B_1} v^{p}dx\right]^{-1/p}\left[\int_{B_1} v^{p}dx\right]^{1/p}.\end{aligned}$$

由此可以看出为证明(1.9)，只须证明存在 $p>0$ 使得

$$\int_{B_1} v^{-p}dx\int_{B_1} v^{p}dx\leqslant C. \tag{1.10}$$

令 $w=\ln v-\beta$，β 待定，我们将建立估计(对某 $p>0$)

$$\int_{B_1} e^{p|w|}dx\leqslant C, \tag{1.11}$$

这蕴含着

$$\int_{B_1} e^{p(\beta-\ln v)}dx \leqslant C \text{ 与} \int_{B_1} e^{p(\ln v-\beta)}dx \leqslant C,$$

两式相乘,则有(1.10).现在问题归结为估计(1.11).

由假定 v 是方程(1.1)′在 B_σ 上的弱上解,对于任意 $\varphi\in W_0^{1,2}(\Omega)$,$\varphi\geqslant 0$,取检验函数为 $v^{-1}\varphi$,则有

$$\int_{B_\sigma} a^{ij}D_iv D_j(v^{-1}\varphi)dx \geqslant 0.$$

简单计算后可得

$$\int_{B_\sigma} a^{ij}D_iwD_j\varphi dx - \int_{B_\sigma}(a^{ij}D_iwD_jw)\varphi dx \geqslant 0,$$

$$\forall\, \varphi \in W_0^{1,2}(\Omega),\ \varphi\geqslant 0. \tag{1.12}$$

记 $\bar\sigma=\dfrac{1+\sigma}{2}$,设 $\zeta\in C_0^\infty(B_\sigma)$,在 $B_{\bar\sigma}$ 上 $\zeta=1$.在(1.12)中取 $\varphi=\zeta^2$,并应用 Cauchy 不等式,则有

$$\int_{B_\sigma}\zeta^2 a^{ij}D_iwD_jwdx \leqslant 8\int_{B_\sigma} a^{ij}D_i\zeta D_j\zeta dx.$$

利用椭圆型条件(1.2),我们得到

$$\int_{B_{\bar\sigma}} |Dw|^2 dx \leqslant C, \tag{1.13}$$

其中 C 只依赖于 n,Λ/λ 与 $(\sigma-1)^{-1}$.如果取 $\beta=\int_{B_{\bar\sigma}}\ln v dx$,由 Poincarè 不等式,则有

$$\int_{B_{\bar\sigma}} |w|^2dx \leqslant C. \tag{1.14}$$

接着我们要估计 $\|w\|_{L^q(B_1)}$,其中 q 为任意 $\geqslant 2$ 整数.虽然计算较繁,但基本思路是 Moser 迭代.在(1.12)中取检验函数 $\varphi=\zeta^2|w|^{2q}(q\geqslant 1)$,其中 $\zeta\in C_0^\infty(B_{\bar\sigma})$,则

$$\int_{B_\sigma}\zeta^2|w|^{2q}a^{ij}D_iwD_jw \leqslant 2q\int_{B_\sigma}\zeta^2|w|^{2q-1}a^{ij}D_iwD_j|w|dx$$
$$+\int_{B_\sigma}2\zeta|w|^{2q}a^{ij}D_iwD_j\zeta dx. \tag{1.15}$$

利用 Young 不等式

$$2q|w|^{2q-1} \leqslant \frac{2q-1}{2q}w^{2q} + (2q)^{2q-1},$$

于是由(1.15)可得

$$\frac{1}{2q}\int_{B_\sigma}\zeta^2 a^{ij}|w|^{2q}D_iwD_jw \leqslant (2q)^{2q-1}\int_{B_\sigma}a^{ij}D_iwD_jwdx$$

$$+\frac{1}{4q}\int_{B_\sigma}\zeta^2|w|^{2q}a^{ij}D_iwD_jwdx+4q\int_{B_\sigma}a^{ij}|w|^{2q}D_i\zeta D_j\zeta dx,$$

整理之后并应用正定性条件(1.2)与估计(1.13),我们得到

$$\lambda\int_{B_\sigma}\zeta^2|w|^{2q}|Dw|^2dx\leqslant C\Lambda(2q)^{2q}+16\Lambda q^2\int_{B_\sigma}|w|^{2q}|D\zeta|^2dx,\qquad(1.16)$$

其中 C 与 q 无关.对于 $\delta\geqslant1,\tau>0,\delta+\tau\leqslant\bar\sigma$ 取 $\zeta(x)$ 为关于 B_δ 与 $B_{\delta+\tau}$ 的截断函数,即

$$\zeta\in C_0^\infty(B_{\delta+\tau}),0\leqslant\zeta\leqslant1,$$

$$\zeta=1\text{ 当 }x\in B_\delta,|D\zeta|\leqslant\frac{2}{\tau},$$

注意到(应用 Cauchy 不等式与 Young 不等式)

$$\begin{aligned}|D(\zeta^2|w|^{2q})|&\leqslant2q\zeta^2|w|^{2q-1}|D|w||+2\zeta|D\zeta||w|^{2q}\\&\leqslant\zeta^2|w|^{2q}|Dw|^2+q^2\zeta^2|w|^{2q-2}+4\tau^{-1}|w|^{2q}\\&\leqslant\zeta^2|w|^{2q}|Dw|^2+\zeta^2|w|^{2q}+\zeta^2q^{2q}+4\tau^{-1}|w|^{2q},\end{aligned}$$

则由(1.16)可得

$$\int_{B_{\bar\sigma}}|D(\zeta^2|w|^{2q})|dx\leqslant C(2q)^{2q}+C\tau^{-2}q^2\int_{B_{\delta+\tau}}|w|^{2q}dx,$$

其中 C 只依赖于 $n,\Lambda/\lambda$ 与 $(\bar\sigma-1)^{-1}$.记 $\kappa=\dfrac{n}{n-1}$,利用 Sobolev 嵌入定理,则有

$$\left(\int_{B_\delta}|w|^{2q\kappa}dx\right)^{\frac{1}{\kappa}}\leqslant C(2q)^{2q}+C\tau^{-2}q^2\int_{B_{\delta+\tau}}|w|^{2q}dx.\qquad(1.17)$$

取

$$q_i=\kappa^{i-1},\delta_0=\bar\sigma,\delta_i=\delta_{i-1}-\frac{\bar\sigma-1}{2^i}\quad(i=1,2,\cdots),$$

则(1.17)给出了

$$\left(\int_{B_{\delta_i}}|w|^{2\kappa^i}dx\right)^{\frac{1}{\kappa}}\leqslant C(\kappa)^{2(i-1)\kappa^{i-1}}+C(4\kappa)^i\int_{B_{\delta_{i-1}}}|w|^{2\kappa^{i-1}}dx,$$

两边同时开 κ^{i-1} 方之后并记

$$I_j=\left(\int_{B_{\delta_j}}|w|^{2\kappa^j}\right)^{\frac{1}{2\kappa^j}},$$

得

$$I_i\leqslant C^{\frac{1}{\kappa^{i-1}}}\kappa^{i-1}+C^{\frac{1}{\kappa^{i-1}}}(4\kappa)^{\frac{i}{\kappa^{i-1}}}I_{i-1}\quad(i=1,2,\cdots),$$

迭代之后得到

$$I_j \leqslant C\sum_{i=1}^{j}\kappa^{i-1}+C^{\sum\frac{1}{\kappa^{i-1}}}(4\kappa)^{\sum\frac{i}{\kappa^{i-1}}}I_0 \quad (j=1,2,\cdots),$$

注意到 $\sum_{1}^{j}\kappa^{i-1}\leqslant C\kappa^j$，则有

$$I_j \leqslant C\kappa^j + CI_0 \quad (j=1,2,\cdots).$$

对于任意整数 $q\geqslant 2$，存在 j 使得 $2\kappa^{j-1}\leqslant q\leqslant 2\kappa^j$，应用 Hölder 不等式与估计(1.14)，

$$\| w \|_{L^q(B_1)} \leqslant CI_j \leqslant C_q + CI_0 \leqslant \widetilde{C}q, q\geqslant 2.$$

注意到 $q^q\leqslant e^q q!$，

$$\int_{B_1}|w|^q dx \leqslant \widetilde{C}^q q^q \leqslant (\widetilde{C}e)^q q!, q\geqslant 2.$$

取 $p=(2\widetilde{C}e)^{-1}$，则

$$\int_{B_1}\frac{(p|w|)^q}{q!}dx\leqslant 2^{-q}, q\geqslant 2,$$

关于 q 求和后得到

$$\int_{B_1}e^{p|w|}dx\leqslant C.$$

这就是所要的.

定理 1.4 (Harnack 不等式). 设 u 是方程(1.1)′在 B_R 上的非负有界弱解，条件(1.2)在 B_R 上成立. 则对于任意 $0<\theta<1$，我们有

$$\operatorname*{ess\,sup}_{B_{\theta R}} u \leqslant C\operatorname*{ess\,inf}_{B_{\theta R}} u, \tag{1.18}$$

其中 C 只依赖于 $n,\Lambda/\lambda$ 与 $(1-\theta)^{-1}$.

证明 取 $R_1=\frac{1+\theta}{2}R$，由引理 1.2

$$\operatorname*{ess\,sup}_{B_{\theta R}} u \leqslant C\left[\fint_{B_{R_1}}|u|^{p_0}dx\right]^{\frac{1}{p_0}},$$

其中 p_0 是由引理 1.3 所确定的数. 又由引理 1.3，

$$\operatorname*{ess\,inf}_{B_{\theta R}} u \geqslant C^{-1}\left[\fint_{B_{R_1}}|u|^{p_0}dx\right]^{\frac{1}{p_0}},$$

联结上两不等式，立得(1.18).

§2 内部 Hölder 连续性

下面的辅助性引理是我们在证明 Hölder 连续性时经常要用到的.

引理 2.1　设 $\omega(R)$是定义于$[0,R_0]$上的非减非负函数. 如果存在$0<\theta,\eta<1,0<\alpha\leqslant 1,K\geqslant 0$ 使得

$$\omega(\theta R)\leqslant \eta\omega(R)+KR^{\alpha},\forall 0<R\leqslant R_0, \tag{2.1}$$

则存在$0<\gamma\leqslant\alpha,C>0$,使得

$$\omega(R)\leqslant C\left(\frac{R}{R_0}\right)^{\gamma}[\omega(R_0)+KR_0^{\alpha}], \tag{2.2}$$

其中 γ,C 仅依赖于θ,η,α.

证明　设 $\widetilde{R}_0\in(\theta R_0,R_0]$,令 $R_s=\theta^s\widetilde{R}_0(s=1,2,\cdots)$,由假定(2.1),我们有

$$\omega(R_{s+1})\leqslant \eta\omega(R_s)+KR_s^{\alpha}\qquad (s=0,1,2,\cdots). \tag{2.3}$$

不妨设 $\theta^{-\alpha}\eta>1$,否则可适当地使 η 接近于1. 利用(2.3)迭代,我们得到

$$\omega(R_s)\leqslant \eta^s\omega(\widetilde{R}_0)+\sum_{m=0}^{s}K\eta^m R_{s-m-1}^{\alpha}\leqslant \eta^s\omega(R_0)+K\widetilde{R}_0^{\alpha}\theta^{\alpha(s-1)}\sum_{m=0}^{s-1}\eta^m\theta^{-\alpha m}$$

$$\leqslant \eta^s\omega(R_0)+K\widetilde{R}_0^{\alpha}\theta^{\alpha(s-1)}\frac{(\theta^{-\alpha}\eta)^s}{\theta^{-\alpha}\eta-1}\leqslant \eta^s[\omega(R_0)+CKR_0^{\alpha}],$$

其中 C 只依赖于θ,η,α. 由于 $s=\log_{\theta}\dfrac{R_s}{\widetilde{R}_0}$,因此

$$\omega(R_s)\leqslant\left(\frac{R_s}{\widetilde{R}_0}\right)^{\log_{\theta}\eta}[CR_0^{\alpha}K+\omega(R_0)].$$

取 $\gamma=\dfrac{\ln\eta}{\ln\theta}$,则有

$$\omega(R_s)\leqslant C\left(\frac{R_s}{R_0}\right)^{\gamma}[\omega(R_0)+KR_0^{\alpha}].$$

当 $\widetilde{R}_0$ 跑遍$(\theta R_0,R_0)$时,$R_s(s=0,1,2,\cdots)$跑遍$[0,R_0]$,引理得证.

定理 2.2　设方程(1.1)′满足条件(1.2),u 是方程(1.1)′的有界弱解,则存在 $C\geqslant 0,0<\gamma<1$ 使得对于任意 $B_R(x)\subset\Omega$,都有

$$\operatorname{ess}\operatorname*{osc}_{B_R(x)}u\leqslant C\left(\frac{R}{d_x}\right)^{\gamma}\operatorname{ess}\operatorname*{osc}_{B_{d_x}(x)}u, \tag{2.4}$$

其中 $d_x=\operatorname{dist}\{x,\partial\Omega\}$,$C$ 与γ 只依赖于$n,\Lambda/\lambda$,$\operatorname{ess}\operatorname*{osc}_{A}u=\operatorname{ess}\sup_{A}u-\operatorname{ess}\inf_{A}u$.

证明　记 $M(R)=\operatorname{ess}\sup\limits_{B_R(x_0)}u,m(R)=\operatorname{ess}\inf\limits_{B_R(x_0)}u,\omega(R)=M(R)-m(R)$,其中$0<R\leqslant d_{x_0}$. 现在令 $v=u-m(R)$,则 v 是(1.1)′在$B_R(x_0)$上的有界非负弱解,由定理1.4,对于任意$0<\theta<1$,有

$$C\operatorname{ess}\inf_{B_{\theta R}}v\geqslant\operatorname{ess}\sup_{B_{\theta R}}v,$$

即

$$C(m(\theta R)-m(R))\geqslant(M(\theta R)-m(R)).$$

于是

$$\omega(\theta R)=M(\theta R)-m(\theta R)\leqslant M(\theta R)-\left[m(R)+\frac{1}{C}(M(\theta R)-m(\theta R))\right]$$

$$\leqslant\left(1-\frac{1}{C}\right)M(\theta R)-m(R)\left(1-\frac{1}{C}\right)\leqslant\left(1-\frac{1}{C}\right)\omega(R).$$

由引理 2.1 立即有所要的结果.

形式为(2.4)的估计实际上就蕴含着 u 的内部 Hölder 连续性.

推论 在定理 2.2 的条件下,u 在 Ω 内连续(指几乎处处等于某一在 Ω 内连续的函数),且存在 $C>0$ 与 $0<\gamma<1$,使得对于任意的 $x,y\in\Omega$,都有

$$|u(x)-u(y)|\leqslant C\left(\frac{|x-y|}{d_{x_y}}\right)^{\gamma}\|u\|_{L^{\infty}(\Omega)},\tag{2.5}$$

其中 $d_{xy}=\min\{d_x,d_y\}$,C 与 γ 只依赖于 n 与 Λ/λ.

证明 首先证明 u 在 Ω 内连续,对于任意 $x\in\Omega$,$0<\delta\leqslant d_x$,定义

$$u_{\delta}(x)=\frac{1}{|B_{\delta}|}\int_{B_{\delta}(x)}u(z)dz$$

对于任意 $\delta,\bar{\delta}:0<\delta\leqslant\bar{\delta}\leqslant d_x$,应用估计(2.4),我们有

$$|u_{\delta}(x)-u_{\bar{\delta}}(x)|\leqslant\frac{1}{|B_{\bar{\delta}}|}\int_{B_{\bar{\delta}}(x)}|u(z)-u_{\delta}(x)|dx$$

$$\leqslant \operatorname*{ess\,osc}_{B_{\bar{\delta}}(x)}u\leqslant C\left(\frac{\bar{\delta}}{d_x}\right)^{\gamma}\|u\|_{L^{\infty}(\Omega)}.$$

因此当 $\delta\to0$ 时,$u_{\delta}(x)$按点收敛于某一函数 $\tilde{u}(x)$,而且这种收敛在 Ω 的任意紧子区域上是一致的,对于固定的 $\delta>0$,$u_{\delta}(x)$在$\{x\in\Omega\,|\,d_x>\delta\}$上是连续的,因此 $\tilde{u}(x)$在 Ω 内连续,由 Lebesgue 微分定理,当 $\delta\to0$ 时,$u_{\delta}(x)\to u(x)$(a.e. Ω),因此 $u(x)=\tilde{u}(x)$(a.e. Ω),这样我们不妨认为 $u(x)$本身在 Ω 内连续.

现在证明估计(2.5).如果$|x-y|\geqslant\frac{1}{2}d_{xy}$,显然

$$|u(x)-u(y)|\leqslant2\|u\|_{L^{\infty}}\left(\frac{2|x-y|}{d_{xy}}\right)^{\gamma}.$$

如果$|x-y|\leqslant\frac{1}{2}d_{xy}$,不妨设 $d_{xy}=d_x$,由估计(2.4)

$$|u(x)-u(y)|\leqslant\operatorname*{osc}_{B_{2|x-y|}(x)}u\leqslant C\left(\frac{|x-y|}{d_x}\right)^{\gamma}\|u\|_{L^{\infty}(\Omega)}.$$

推论得证.

我们现在将考虑非齐次方程

$$-D_j(a^{ij}D_iu)+b^iD_iu+cu=f+D_if^i.\tag{2.6}$$

同样为了简便,我们只考虑

$$- D_j(a^{ij}D_iu) = f + D_i f^i. \tag{2.6$'$}$$

定理 2.3　设 u 是方程(2.6)′的弱解,方程(2.6)′的系数满足(1.2),对于某个 $q>n$,$f\in L^q_*(\Omega)$,$f^i\in L^q(\Omega)$,其中 $q_*=\dfrac{nq}{n+q}$,则存在 $C>0$ 与 $0<\gamma<1$ 使得对于任意 $B_R(x)\subset\Omega$ 都有

$$\operatorname{ess}\operatorname*{osc}_{B_R(x)} u \leqslant C\left(\frac{R}{d_x}\right)^{\gamma}\left[\operatorname{ess}\operatorname*{osc}_{B_{d_x}(x)} u + d_x^{\gamma}\left(\| f\|_{L^q_*(\Omega)} + \sum_i \| f^i\|_{L^q(\Omega)}\right)\right], \tag{2.7}$$

其中 C 与 γ 只依赖于 n 与 Λ/λ 与 diam Ω.

证明　对于 $B_R=B_R(x_0)\subset\Omega$,考虑如下的 Dirichlet 问题

$$\begin{cases} - D_j(a^{ij}D_iv) = f + D_i f^i, & \text{在 } B_R \text{ 内},\\ v = 0, & \text{在 } \partial B_R \text{ 上}\end{cases}$$

的弱解.由第一章知道,这样的弱解 $v\in W_0^{1,2}(B_R)$是存在的,而且由弱解的极值原理

$$\| v\|_{L^\infty(\Omega)} \leqslant CF_0|B_R(x_0)|^{\frac{1}{n}-\frac{1}{q}} \leqslant CR^{1-\frac{n}{q}}F_0, \tag{2.8}$$

其中 $F_0=\| f\|_{L^{q*}}+\sum\limits_i \| f^i\|_{L^q}$. 现在令 $w=u-v$,则 w 是方程

$$- D_j(a^{ij}D_iw) = 0$$

的弱解.如果用 $\omega_u(R)$,$\omega_w(R)$,$\omega_v(R)$分别记 u,w,v 在 $B_R(x_0)$的振幅,由定理 2.2,对于 $0<\theta<1$,

$$\omega_w(\theta R) \leqslant \left(1-\frac{1}{C}\right)\omega_w(R), 0<R\leqslant d_{x_0}. \tag{2.9}$$

对于 $0<\theta<1$,由(2.9)与(2.8)

$$\begin{aligned}\omega_u(\theta R) &\leqslant \omega_w(\theta R) + \omega_v(\theta R) \leqslant \left(1-\frac{1}{C}\right)\omega_w(R) + \omega_v(\theta R)\\ &\leqslant \left(1-\frac{1}{C}\right)\omega_u(R) + 4\| v\|_{L^\infty(B_R)}\\ &\leqslant \left(1-\frac{1}{C}\right)\omega_u(R) + CF_0R^{1-\frac{n}{q}}.\end{aligned}$$

应用引理 2.1,立即知道存在 $C>0$ 与 $0<\gamma<1$ 使得

$$\omega_u(R) \leqslant C\left(\frac{R}{R_0}\right)^{\gamma}(\omega_u(R_0) + F_0R_0^{\gamma}).$$

定理得证.

§3　全局 Hölder 连续性

为了得到边界附近的 Hölder 模估计,需要对区域 Ω 的边界附加一定的条件.

定义 3.1 我们称 Ω 具有一致外锥性质,如果存在某一高为 h 的锥 V_h,使得对于任意 $x_0\in\partial\Omega$,都有以 x_0 为顶的全等于 V_h 的锥在Ω 之外.

设 $x_0\in\partial\Omega$,记

$$u_M^+=\begin{cases}\max\{u,M\}, & 当\ x\in B_R(x_0)\cap\Omega\ 时,\\ M, & 当\ x\in B_R(x_0)\setminus\Omega\ 时,\end{cases}\tag{3.1}$$

$$u_m^-=\begin{cases}\min\{u,m\}, & 当\ x\in B_R(x_0)\cap\Omega\ 时,\\ m, & 当\ x\in B_R(x_0)\setminus\Omega\ 时,\end{cases}\tag{3.2}$$

引理 3.1 设 v 是方程(1.1)′的有界弱下解,$x_0\in\partial\Omega$,记 $M=\sup\limits_{\partial\Omega\cap B_R(x_0)}v^+$,则对于任意 $p>0,0<\theta<1$,

$$\sup_{B_{\theta R}(x_0)}v_M^+\leqslant C\left[⨍_{B_R(x_0)}(v_M^+)^p dx\right]^{\frac{1}{p}},\tag{3.3}$$

其中 C 只依赖于 $n,\Lambda/\lambda,p$ 与 $(1-\theta)^{-1}$.

证明 取检验函数 $\varphi=\zeta^2[v^{p-1}-M^{p-1}]_+$,其中 ζ 是 $B_R(x_0)$的截断函数,容易看出 $\varphi\in W_0^{1,2}(\Omega)$且 $\varphi\geqslant 0$. 证明的其它部分完全类似于引理 1.2.

引理 3.2 设 v 是方程(1.1)′的有界非负弱上解,Ω 具有一致外锥性质,(a^{ij})满足(1.2),$x_0\in\partial\Omega$,记 $m=\inf\limits_{B_R(x_0)\cap\partial\Omega}v$,则存在 $p_0>0$ 使得对于任意 $0<\theta<1$

$$\inf_{B_{\theta R}(x_0)}v_m^-\geqslant C^{-1}\left[⨍_{B_R(x_0)}(v_m^-)^{p_0}dx\right]^{\frac{1}{p_0}},\ \forall\,0<R\leqslant h,\tag{3.4}$$

其中 h 是外锥性质中的锥高,p_0,C 依赖于 $n,\Lambda/n,(1-\theta)^{-1}$与 h.

证明 由引理 1.1,v_m^- 是(1.1)′的弱上解,$(v_m^-)^{-p}$是(1.1)′的弱下解. 经规范化,不妨设 x_0 是坐标原点,$R=1$,由引理 3.1

$$\begin{aligned}\inf_{B_\theta}v_m^-&\geqslant C^{-1}\left[\int_{B_1}(v_m^-)^p dx\right]^{-\frac{1}{p}}\\ &=\frac{1}{C}\left[\int_{B_1}(v_m^-)^{-p}dx\int_{B_1}(v_m^-)^p dx\right]^{-\frac{1}{p}}\times\left[\int_{B_1}(v_m^-)^p dx\right]^{\frac{1}{p}}.\end{aligned}$$

同样,只须证明对某 $p>0$

$$\int_{B_1}e^{p|w|}dx\leqslant C,$$

其中 $w=\ln v_m^--\beta$,此时取 $\beta=\ln m$,则 w 在$B_1\setminus\Omega$ 上为 0,由于 Ω 具有一致外锥性质,因此 $B_1\setminus\Omega$ 包含一全等于 $V_h\cap B_1$ 的外锥,由 Poincarè 不等式

$$\int_{B_1}w^2\leqslant C\int_{B_1}|Dw|^2dx.$$

证明的其余部分与引理 1.2 类似.

定理 3.3 设 Ω 具有一致外锥性质,方程(1.1)′满足条件(1.2). 又设 u 是方程(1.1)′的弱解,且$[u]_{\varepsilon_1,\partial\Omega}<\infty$,其中 $\varepsilon_1>0$. 则对于任意 $x_0\in\partial\Omega$,$0<R\leqslant h$ 存在常数$C>0$,$0<\gamma\leqslant\varepsilon_1$,使得

$$\operatorname*{osc}_{\Omega\cap B_R(x_0)} u \leqslant C\left(\frac{R}{h}\right)^{\gamma}\left(\operatorname*{osc}_{B_h(x_0)\cap\Omega} u + h^{\gamma}[u]_{\varepsilon_1;\partial\Omega}\right), \tag{3.5}$$

其中 C 与 γ 依赖于 n,Λ/λ 与外锥的立体角.

证明 记 $\Omega_R=\Omega\cap B_R(x_0)$,$\partial\Omega_R=\partial\Omega\cap B_R(x_0)$,

$$M(R)=\sup_{\Omega_R}u,\ m(R)=\inf_{\Omega_R}u,\ \omega(R)=M(R)-m(R),$$

$$M_0(R)=\sup_{\partial\Omega_R}u,\ m_0(R)=\inf_{\partial\Omega_R}u.$$

当 $m\geqslant 0$ 时对于如(3.2)定义的 v_m^- 应用Ω 的外锥性质,我们有

$$\left(\fint_{B_R(x_0)}(v_m^-)^{p_0}dx\right)^{\frac{1}{p_0}}\geqslant m\left[\frac{|V_h\cap B_R(x_0)|}{|B_R(x_0)|}\right]^{\frac{1}{p_0}}=C^{-1}m.$$

因此将引理 3.2 应用于函数 $v=M(R)-u$ 与$v=u-m(R)$,我们得到

$$M(R)-M(\theta R)\geqslant\frac{1}{C}[M(R)-M_0(R)],$$

$$m(\theta R)-m(R)\geqslant\frac{1}{C}[m_0(R)-m(R)].$$

两式相加得到

$$\omega(R)-\omega(\theta R)\geqslant\frac{1}{C}[\omega(R)-\operatorname*{osc}_{\partial\Omega_R}u].$$

因此对于 $0<R\leqslant h$,

$$\omega(\theta R)\leqslant\left(1-\frac{1}{C}\right)\omega(R)+\frac{1}{C}[u]_{\varepsilon_1,\partial\Omega_h}R^{\varepsilon_1}.$$

现在应用引理 2.1 立即有所要的估计.

接着我们考虑非齐次方程

$$-D_j(a^{ij}D_iu)=f+D_if^i. \tag{3.6}$$

定理 3.4 设 Ω 具有一致外锥性质,方程(3.6)满足条件(1.2),对于某 $q>n$,$f\in L^q_*(\Omega)$,$f^i\in L^q(\Omega)$,其中 $q_*=\dfrac{nq}{n+q}$,又设 u 是方程(3.6)的弱解且对于某 $\varepsilon_1>0$,$[u]_{\varepsilon_1,\partial\Omega}<\infty$,则存在 $C>0$,$0<\gamma<\varepsilon_1$,使得对于任意 $0<R\leqslant h$,任意的 $x_0\in\partial\Omega$ 都有

$$\operatorname*{osc}_{\Omega\cap B_R(x_0)} u\leqslant C\left(\frac{R}{h}\right)^{\gamma}\left[\operatorname*{osc}_{B_h(x_0)\cap\Omega}u+[u]_{\varepsilon_1;\partial\Omega}+\|f\|_{L^{q*}}+\sum_{i=1}^{n}\|f^i\|_{L^q}\right], \tag{3.7}$$

其中 C 与 γ 只依赖于 $n,\dfrac{\Lambda}{\lambda},q$ 与外锥的立体角.

此定理的证明完全类似于定理 2.3.

定理 3.5 在定理 3.4 的条件下,存在 $C>0,0<\gamma<1$,使得对于任意 $x,y\in\Omega$

$$|u(x)-u(y)|\leqslant C|x-y|^{\gamma}\Big(|u|_{0;\Omega}+[u]_{\varepsilon_1;\partial\Omega}+\|f\|_{L^{q*}}+\sum\|f^i\|_{L^q}\Big),\tag{3.8}$$

其中 C 与 γ 只依赖于 $n,\Lambda/\lambda,\varepsilon_1,q$ 与 Ω.

证明 不妨设 $d_{xy}=d_x$,为书写简单记 $\delta=d_x$,由定理 3.4,我们可得到以下内估计(类似于定理 2.2 的推论)

$$|u(x)-u(y)|\leqslant C|x-y|^{\gamma}(\delta^{-\gamma}\operatorname*{osc}_{B_\delta(x)}u+F_0),\tag{3.9}$$

其中 $F_0=\|f\|_{L^{q*}}+\sum\|f^i\|_{L^q}$. 由 d_x 的定义必存在 $x_0\in\partial\Omega$ 使得 $|x-x_0|=\delta$,如果 $2\delta\geqslant h$(外锥的高),在(3.9)中以 $h/2$ 代进 δ 即为所要的估计. 现设 $2\delta\leqslant h$,显然

$$\delta^{-\gamma}\operatorname*{osc}_{B_\delta(x)}u\leqslant\delta^{-\gamma}\operatorname*{osc}_{B_{2\delta}(x_0)\cap\Omega}u.\tag{3.10}$$

由定理 3.4

$$\delta^{-\gamma}\operatorname*{osc}_{B_{2\delta}(x_0)\cap\Omega}u\leqslant Ch^{-\gamma}\Big[\operatorname*{osc}_{B_h(x_0)\cap\Omega}u+[u]_{\varepsilon_1,\partial\Omega}+F_0\Big].\tag{3.11}$$

联结不等式(3.9),(3.10)与(3.11)立即得到(3.8).

第五章 散度型拟线性方程

本章将研究如下散度型方程

$$-D_i[a_i(x,u,Du)]+b(x,u,Du)=0.$$

这类方程有相当广泛的实际背景,例如求泛函

$$F[u]=\int_\Omega f(x,u,Du)dx$$

极小的变分问题,其 Euler 方程就是特殊类型的散度型方程.

这里我们主要研究上述散度型方程的 Dirichlet 问题的可解性.方法是十分典型的,利用 Leray-Schauder 不动点定理把可解性问题归结为解的先验估计.这样,能否在较弱的条件下得到所必须的先验估计是问题的关键.在本章中我们将尽可能利用散度型结构这一特点,给出一些特殊的先验估计方法,同第七章的非散度型方程相比,我们将会看到这样的方法对系数的光滑性要求可比 Bernstein 估计低.

§1 弱解的有界性

考虑散度型方程

$$-D_i[a_i(x,u,Du)]+b(x,u,Du)=0. \tag{1.1}$$

假定方程(1.1)满足以下结构条件:对于任意$(x,z,\eta)\in\Omega\times\mathbb{R}\times\mathbb{R}^n$,

$$a_i(x,z,\eta)_{\eta i}\geqslant|\eta|^2-g^2(x), \tag{1.2}$$

$$|a_i(x,z,\eta)|\leqslant\Lambda[|\eta|+g(x)], \tag{1.3}$$

$$|b(x,z,\eta)|\leqslant\Lambda[|\eta|^2+f(x)], \tag{1.4}$$

其中 $f,g\geqslant0$ 且 $f,g\in L^1(\Omega)$.为简单起见,设 a_i,b 关于自变量是连续的.

定义 1.1 函数 $u\in W^{1,2}_{\mathrm{loc}}(\Omega)$称为方程(1.1)的弱解,如果对于任意 $\varphi\in C^1_0(\Omega)$,都有

$$Q[u,\varphi]\triangleq\int_\Omega a_i(x,u,Du)D_i\varphi dx+\int_\Omega b(x,u,Du)\varphi dx=0. \tag{1.5}$$

函数 $u\in W^{1,2}_{\mathrm{loc}}(\Omega)$称为方程(1.1)的弱下解(上解),如果

$$Q[u,\varphi]\leqslant0(\geqslant0)\ \forall\,\varphi\in C^1_0(\Omega),\varphi\geqslant0. \tag{1.6}$$

由结构条件(1.3),(1.4),等式(1.5)的积分是有意义的.

为了得到弱解的 L^∞模估计,我们还需要以下结构条件

$$- b(x,z,\eta)\operatorname{sign} z \leqslant \Lambda[|\eta| + f(x)],$$
$$\forall (x,z,\eta) \in \Omega \times \mathbb{R} \times \mathbb{R}^n. \tag{1.7}$$

定理 1.1 设方程(1.1)满足结构条件(1.2),(1.3),(1.4),(1.7),且对于某 $q>n$, $F_0 \triangleq \|g\|_{L^q} + \|f\|_{L^{q_*}} < \infty$ 其中 $q_* = \dfrac{nq}{n+q}$. 又设 $u \in W^{1,2}(\Omega)$ 是方程(1.1)的弱下解,则有

$$\operatorname{ess}\sup_{\Omega} u \leqslant \sup_{\partial\Omega} u^+ + CF_0,$$

其中 C 只依赖于 n, Λ 与 $\operatorname{diam}\Omega$.

证明 可设 $\sup\limits_{\partial\Omega} u^+ < \infty$,对于 $k \geqslant \sup\limits_{\partial\Omega} u^+$,在(1.6)中取检验函数 $\varphi = (u-k)^+$,并记 $v = (u-k)^+$, $A(k) = \{x \in \Omega \mid u(x) > k\}$,由(1.6)与结构条件(1.2)与(1.7)可得

$$\begin{aligned}\int_\Omega |Dv|^2 dx &\leqslant \int_{A(k)} g^2 dx + \Lambda \int_{A(k)} (|Dv| + f) v dx \\ &\leqslant \frac{1}{4}\int_\Omega |Dv|^2 dx + C\int_\Omega |v|^2 dx + \|g\|_{L^q}^2 |A(k)|^{1-\frac{2}{q}} \\ &\quad + C\|v\|_{L^{2^*}} \|f\|_{L^{q_*}} |A(k)|^{\frac{1}{2}-\frac{1}{q}},\end{aligned}$$

其中 $2^* = \dfrac{2n}{n-2}$. 这里我们仍然只讨论 $n \geqslant 3$ 的情况. 应用 Sobolev 嵌入定理与 Cauchy 不等式,

$$\int_\Omega |Dv|^2 dx \leqslant C\int_\Omega v^2 dx + C[\|g\|_{L^q}^2 + \|f\|_{L^{q_*}}^2] |A(k)|^{\frac{1}{2}-\frac{1}{q}}.$$

这个估计类似于第一章(4.14). 这样,类似于(4.18),我们得到

$$\operatorname{ess}\sup_\Omega u \leqslant \sup_{\partial\Omega} u^+ + C\|u\|_{L^2(\Omega)} + CF_0 |\Omega|^{\frac{1}{n}-\frac{1}{q}}.$$

接着继续用第一章定理 4.2 的第二步所给出的方法便可去掉上面估计式右边的项 $C\|u\|_{L^2(\Omega)}$.

附注 1 如果已知弱下解 $u \in C(\bar{\Omega}) \cap C^1(\Omega)$,则弱下解定义中的积分等式无需用到结构条件(1.3),(1.4). 因此在上述定理中只假定结构条件(1.2),(1.7),定理仍成立.

附注 2 设 $u \in C(\bar{\Omega}) \cap C^1(\Omega)$,结构条件(1.2),(1.7)改成:对于任意 $k>0$

$$a_i(x,z,\eta)\eta_i \geqslant |\eta|^2 - [\mu(z-k)^+]^2 - g^2, \tag{1.2$'$}$$
$$- b(x,z,\eta)\operatorname{sign} z \leqslant \Lambda[|\eta| + \mu(z-k)^+ + f]. \tag{1.8}$$

则定理仍然成立.

附注 3 如果结构条件(1.2)改为

$$a_i(x,z,\eta)\eta_i \geqslant |\eta|^\tau - g^\tau,$$

其中 $\tau>1$，其它结构条件、弱解的定义作相应的改动，那么也有类似的定理成立.

以上附注请读者作为练习证明之.

§2 有界弱解的 Hölder 模

估计的方法类似于第四章§1，但是这里所讨论的是相应于非齐次方程的情况，此外在结构条件(1.3)，(1.4)中我们可以看到 b 关于 $|\eta|$ 的增长阶比 $|a_i|$ 高一阶，这种增长阶条件称为自然结构条件，因为不符合这种增长阶条件就存在相应的 Dirichlet 问题无古典解的反例.

定理 2.1 设方程(1.1)满足结构条件(1.2)，(1.3)与(1.4)，$u\in W^{1,2}(B_R)$ 是方程(1.1)在 B_R 上的有界弱解，对于某 $q>n$，设

$$F_0 = R^{1-\frac{n}{q}}\|g\|_{L^q} + R^{2-\frac{2n}{q}}\|f+g^2\|_{L^{\frac{q}{2}}} < \infty, \tag{2.1}$$

则对于任意 $p>0, 0<\theta<1$，

$$\operatorname*{ess\,sup}_{B_{\theta R}}\tilde{u} \leqslant C\left[⨍_{B_R}\tilde{u}^p dx\right]^{\frac{1}{p}}, \tag{2.2}$$

其中 $\tilde{u}=u^+ + F_0$，C 只依赖于 $n,\Lambda,q,p,(1-\theta)^{-1}$ 与 $\|u\|_{L^\infty}$.

证明 先设 $0<R\leqslant 1, p\geqslant 2$. 取检验函数

$$\varphi = \zeta^2\tilde{u}^{2p-1}e^{\Lambda u}, \tag{2.3}$$

其中 $\zeta(x)$ 是 B_R 上的截断函数，由(1.6)与结构条件(1.4)

$$\int_{B_R} a_i(x,u,Du)D_i(\zeta^2\tilde{u}^{2p-1}e^{\Lambda u})dx \leqslant \Lambda\int_{B_R}(|Du|^2+f)\zeta^2\tilde{u}^{2p-1}e^{\Lambda u}dx. \tag{2.4}$$

然后利用结构条件(1.2)，(1.3)，

$$\begin{aligned}(2p-1)\int_{B_R}\zeta^2\tilde{u}^{2p-2}e^{\Lambda u}|Du|^2 dx \leqslant &(2p-1)\int_{B_R}\zeta^2\tilde{u}^{2p-2}e^{\Lambda u}|g|^2 dx\\ &+\Lambda\int_{B_R}(g^2+f)\zeta^2\tilde{u}^{2p-1}e^{\Lambda u}dx\\ &+2\Lambda\int_{B_R}(|Du|+g)\zeta|D\zeta|\tilde{u}^{2p-1}e^{\Lambda u}dx.\end{aligned}$$

注意到 $\tilde{u}\geqslant F_0$ 与假设 $\|u\|_{L^\infty}<\infty$，则有

$$\begin{aligned}(2p-1)\int_{B_R}\zeta^2\tilde{u}^{2p-2}|Du|^2 dx \leqslant &Cp\int_{B_R}\left[\frac{g^2}{F_0^2}+\frac{g^2+f}{F_0}\right]\zeta^2\tilde{u}^{2p}dx\\ &+(2p-1)\varepsilon\int_{B_R}\zeta^2\tilde{u}^{2p-2}|Du|^2 dx\end{aligned}$$

$$+\frac{C_\varepsilon}{(2p-1)}\int_{B_R}|D\zeta|^2\tilde{u}^{2p}dx,$$

其中 C 只与 $n,\Lambda,\|u\|_\infty$ 有关. 记 $v=\tilde{u}^p$，取 $\varepsilon=\frac{1}{2}$，则

$$\frac{1}{p}\int_{B_R}\zeta^2|Dv|^2dx\leqslant Cp\int_{B_R}h(x)\zeta^2\tilde{u}^{2p}dx+\frac{C}{p}\int_{B_R}|D\zeta|^2v^2dx,\qquad(2.5)$$

其中

$$h(x)=\frac{g^2+f}{F_0}+\frac{g^2}{F_0^2},\quad \|h\|_{L^{\frac{q}{2}}}\leqslant 2.$$

应用 Hölder 不等式与 Sobolev 不等式

$$\begin{aligned}\int_{B_R}h\zeta^2\tilde{u}^{2p}dx&\leqslant\|h\|_{L^{\frac{q}{2}}}\|\zeta^2v^2\|_{L^{\frac{q}{q-2}}}\\&\leqslant\varepsilon\|\zeta v\|_{L^{2^*}}^2+C\varepsilon^{-\frac{n}{q-n}}\|\zeta v\|_{L^2}^2\\&\leqslant C\varepsilon\|D(\zeta v)\|_{L^2}^2+C\varepsilon^{-\frac{n}{q-n}}\|\zeta v\|_{L^2}^2.\end{aligned}\qquad(2.6)$$

取 $\varepsilon=\frac{1}{2C}p^{-2}$，将(2.6)代入(2.5)，则得

$$\int_{B_R}|D(\zeta v)|^2dx\leqslant C\left(p^{\frac{2n}{q-n}+2}+\|\nabla\zeta\|_{L^\infty}^2\right)\int_{B_R}v^2dx.$$

下面如同第四章定理 1.2，利用标准的 Moser 迭代可得所要的估计.

定理 2.2　设方程(1.1)满足结构条件(1.2)，(1.3)，(1.4)，$u\in W^{1,2}(B_{\sigma R})$ $(\sigma>1)$是方程(1.1)在 $B_{\sigma R}$ 上的有界非负弱上解，对于某 $q>n$，(2.1)成立，则存在 $p_0>0$，使得对于任意 $0<\theta<1$

$$\operatorname*{ess\,inf}_{B_{\theta R}}\tilde{u}\geqslant C^{-1}\left[⨍_{B_R}|\tilde{u}|^pdx\right]^{\frac{1}{p}},\qquad(2.7)$$

其中 $\tilde{u}=u+F_0$，C 只依赖于 $n,\Lambda,q,(1-\theta)^{-1},(\sigma-1)^{-1}$ 与 $\|u\|_{L^\infty}$.

证明　不妨设 $F_0>0$，否则以 $F_0+\varepsilon$ 代替 F_0. 又设 $R=1$，ζ 是 B_1 上的截断函数. 取检验函数 $\varphi=\zeta^2\tilde{u}^{-(2p+1)}e^{-\Lambda u}$，由弱上解的定义与(1.4)

$$\begin{aligned}&\int_{B_1}a_i(x,u,Du)D_i[\zeta^2\tilde{u}^{-(2p+1)}e^{-\Lambda u}]\\&\geqslant-\Lambda\int_{B_1}(|Du|^2+f)\zeta^2\tilde{u}^{-(2p+1)}e^{-\Lambda u}dx.\end{aligned}$$

然后通过与定理 2.1 类似的计算可得对于任意 $p>0$，

$$\operatorname*{ess\,sup}_{B_\theta}\tilde{u}^{-1}\leqslant C\left[\int_{B_1}\tilde{u}^{-p}dx\right]^{\frac{1}{p}},$$

即

$$\operatorname*{ess\,inf}_{B_\theta}\tilde{u}\geqslant\frac{1}{C}\left[\int_{B_1}\tilde{u}^{-p}dx\right]^{-\frac{1}{p}}$$

$$\geqslant\frac{1}{C}\left[\int_{B_1}\tilde{u}^{-p}dx\cdot\int_{B_1}\tilde{u}^{p}dx\right]^{-\frac{1}{p}}\left[\int\tilde{u}^{p}dx\right]^{\frac{1}{p}}$$

与第四章定理 1.3 相同,为证定理,只须证明存在 $p_0>0$,使得

$$\int e^{p_0|w|}dx\leqslant C,$$

其中 $w=\beta-\ln\tilde{u}$,现在取检验函数 $\varphi=\zeta^2\tilde{u}^{-1}e^{-\Lambda u}$,则可得

$$\int_{B_\sigma}\zeta^2|Dw|^2dx\leqslant C\int_{B_\sigma}[g^2\tilde{u}^{-2}+(g^2+f)\tilde{u}^{-1}]dx+C\int_{B_\sigma}|D\zeta|^2dx$$

$$\leqslant C\int_{B_\sigma}h(x)dx+C\int_{B_\sigma}|D\zeta|^2dx\leqslant C.$$

类似于第四章定理 1.3,取 $\beta=⨍_{B\bar{\sigma}}\ln\tilde{u}dx\left(\bar{\sigma}=\dfrac{1+\sigma}{2}\right)$,仿照该定理证明的步骤,可得本定理的结论.

由定理 2.1 与定理 2.2 可以得到方程带有非齐次项的 Harnack 不等式.

定理 2.3 在定理 2.1 的条件下,设 u 是方程(1.1)在 B_R 上的有界非负弱解,则对于任意 $0<\theta<1$,

$$\operatorname*{ess\,sup}_{B_{\theta R}}u\leqslant C[\operatorname*{ess\,inf}_{B_{\theta R}}u+F_0],\tag{2.8}$$

其中 F_0 定义于(2.1),C 依赖于 $n,\Lambda,q,(1-\theta)^{-1}$与 $\|u\|_{L^\infty}$.

然后利用第四章引理 2.1 可得到方程(1.1)的有界弱解的内部 Hölder 连续性与局部 Hölder 模估计.

定理 2.4 设方程(1.1)在 Ω 上满足结构条件(1.2)(1.3),(1.4)且对于某 $q>n$

$$\widetilde{F}_0=\|g\|_{L^q}+\|f\|_{L^{q/2}}<\infty.\tag{2.9}$$

如果 u 是方程(1.1)在 Ω 上的有界弱解,则存在 $C\geqslant0,0<\gamma<1$,使得对于任意 $B_R(x)\subset\Omega$ 都有

$$\operatorname*{ess\,osc}_{B_R(x)}u\leqslant C\left(\frac{R}{d_x}\right)^\gamma[\operatorname*{ess\,osc}_{B_{d_x}(x)}u+\widetilde{F}_0],\tag{2.10}$$

其中 C,γ 依赖于 $n,\Lambda,q,\mathrm{diam}\Omega$ 与 $\|u\|_{L^\infty}$.

类似于第四章引理 3.2,我们可得到边界附近的弱 Harnack 不等式.

定理 2.5 设 Ω 具有一致外锥性质,方程(1.1)满足结构条件(1.2),(1.3)与(1.4),u 是方程(1.1)在 Ω 上的有界非负弱上解,设 $x_0\in\partial\Omega$,$m=\inf\limits_{B_R(x_0)\cap\partial\Omega}u$,则存

在 $p>0$ 使得对于任意 $0<\theta<1,0<R\leqslant h$(锥高),

$$\inf_{B_{\theta_R}(x_0)} u_m^- \geqslant \frac{1}{C}\left[⨍_{B_R(x_0)}(u_m^-)^p dx\right]^{\frac{1}{p}} - CF_0,$$

其中 C 只依赖于 $n,\Lambda,q,\Omega,(1-\theta)^{-1}$ 与 $\|u\|_{L^\infty}$.

最后得到全局 Hölder 模估计(参看第四章定理 3.5).

定理 2.6 在定理 2.4 的条件下,又设 Ω 具有一致外锥性质,存在 $\varepsilon_1>0$ 使得 $[u]_{\varepsilon_1,\partial\Omega}<\infty$,则存在 $C>0$ 与 $0<\gamma<1$ 使得

$$|u(x)-u(y)|\leqslant C|x-y|^\gamma(|u|_{0;\Omega}+[u]_{\varepsilon_1,\partial\Omega}+\widetilde{F}_0),$$

其中 γ,C 只依赖于 n,Λ,q,Ω 与 $\|u\|_{L^\infty}$.

§3 梯 度 估 计

为了得到微商估计,我们将假定更强的结构条件,这里主要是一致椭圆型条件.对于任意 $(x,z,\eta)\in\Omega\times[-M,M]\times\mathbb{R}^n$,设方程(1.1)满足:

$$\frac{\partial a_i}{\partial\eta_j}(x,z,\eta)\xi_i\xi_j\geqslant|\xi|^2,\quad\forall\xi\in\mathbb{R}^n, \tag{3.1}$$

$$\left|\frac{\partial a_i}{\partial\eta_j}\right|\leqslant\Lambda, \tag{3.2}$$

$$\sum_i(1+|\eta|)\frac{\partial a_i}{\partial z}+\sum_{i,j}\left|\frac{\partial a_i}{\partial x_j}\right|+|b|\leqslant\Lambda(1+|\eta|^2). \tag{3.3}$$

所谓一致椭圆型条件,是指矩阵$\left(\frac{\partial a_i}{\partial\eta_j}\right)$的最大特征值与最小特征值之比以一常数为界.结构条件(3.1),(3.2)就是这种类型的条件.

对于散度型方程解的一阶微商的边界估计至今还未见有独特的技巧,一般都是先将方程写成非散度型,然后构造闸函数.由于它主要属于非散度型方程的技巧,我们把它的证明放到第七章,这里只叙述它的结果.

定理 3.1 设 Ω 满足一致外球条件(参看第二章定义 7.1),方程(1.1)满足结构条件(3.1),(3.2),(3.3),如果 $u\in C^2(\Omega)\cap C^1(\overline{\Omega})$是方程(1.1)在 Ω 上的有界解,且 $\|u\|_{L^\infty(\Omega)}\leqslant M$,则

$$\sup_{\partial\Omega}|Du|\leqslant C,$$

其中 C 仅依赖于 n,Λ,M 以及 Ω.

本节着重讨论 Du 的全局估计.

定理 3.2 设 $u\in C^2(\Omega)\cap C^1(\overline{\Omega})$是方程(1.1)的解,$\|u\|_{L^\infty}\leqslant M$,$[u]_{\alpha;\Omega}<\infty(\alpha>0)$,方程(1.1)满足结构条件(3.1)—(3.3),则

$$\sup_{\Omega}|Du| \leqslant C[1+\sup_{\partial\Omega}|Du|],$$

其中 C 依赖于 n, Λ, M 与 $[u]_{\alpha;\Omega}$.

证明 由于 u 满足方程

$$-D_i[a_i(x,u,Du)]+b(x,u,Du)=0,$$

对方程求广义微商 D_k 后得

$$D_i\left[\frac{\partial a_i}{\partial \eta_j}D_{jk}u\right]+D_j f^i_k=0 \quad (\text{在}\ \mathscr{D}'(\Omega)\ \text{意下}), \tag{3.4}$$

其中

$$f^i_k=\frac{\partial a_i}{\partial x_k}+\frac{\partial a_i}{\partial u}D_k u-b\delta_{ik}.$$

由结构条件(3.3),

$$|f^i_k|\leqslant \Lambda(1+|Du|^2).$$

方程(3.4)蕴含着

$$\int_\Omega\left\{\frac{\partial a_i}{\partial \eta_j}D_{ik}uD_i\varphi+f^i_k D_i\varphi\right\}=0, \quad \forall\varphi\in W_0^{1,2}(\Omega). \tag{3.5}$$

令 $v=|Du|^2$,如果 v 在某点 $x_0\in\bar{\Omega}$ 达到最大值即 $N\triangleq\sqrt{v(x_0)}=\sup\limits_{\Omega}|Du|$,当 $x_0\in\partial\Omega$ 时则定理显然成立.现设 $x_0\in\Omega$,也不妨设 $N>1$,取 $\zeta(x)$ 为 $B_R(x_0)$ 上的截断函数,其中 $R=N^{-1}$. $\zeta(x)$ 满足

$$\zeta\in C_0^\infty(B_R(x_0)),\ \zeta(x_0)=1,\ |D\zeta|\leqslant\frac{2}{R}=2N.$$

在(3.5)中取试验函数为 $\zeta^2(D_k u)\varphi$,其中 $\varphi\in C_0^\infty(\Omega)$, $\varphi\geqslant 0$,则有

$$\int_\Omega\zeta^2\varphi\frac{\partial a_i}{\partial \eta_j}D_{ik}uD_{jk}u\,dx+\int_\Omega f^i_k D_{ik}u\cdot\varphi\zeta^2 dx$$

$$+\int_\Omega\left[\frac{1}{2}\frac{\partial a_i}{\partial \eta_j}D_j v+f^i_k D_k u\right][2\zeta\varphi D_i\zeta+\zeta^2 D_i\varphi]dx=0.$$

利用结构条件(3.1)并令 $w=\zeta^2 v$,则有

$$\int_\Omega\zeta^2\varphi|D^2u|^2dx+\int_\Omega\left[\zeta^2\varphi f^i_k D_{ik}u+\left(\frac{\partial a_i}{\partial \eta_j}D_j v+2f^i_k D_k u\right)\zeta D_i\zeta\right]\varphi dx$$

$$+\int_\Omega\left[\frac{1}{2}\frac{\partial a_i}{\partial \eta_j}D_j w-\zeta\frac{\partial a_i}{\partial \eta_j}vD_j\zeta+\zeta^2 f^i_k D_k u\right]D_i\varphi dx\leqslant 0.$$

应用 Cauchy 不等式,可得

$$\int_\Omega\left(\frac{\partial a_i}{\partial \eta_j}D_j w-2\zeta\frac{\partial a_i}{\partial \eta_j}vD_j\zeta+2\zeta^2 f^i_k D_k u\right)D_i\varphi dx$$

$$-C\int_\Omega[\zeta^2|f^i_k|^2+|D\zeta|^2(1+|Du|^2)+|f^i_k(D_k u)\zeta D_i\zeta|]\varphi\leqslant 0,$$

$$\forall \varphi \in C_0^\infty(\Omega), \varphi \geqslant 0. \tag{3.6}$$

上面不等式说明 w 是某线性方程在 $B_R(x_0) \cap \Omega$ 上的弱下解,由弱解的极值原理(第一章定理 4.2)与(3.2),(3.3),对于某 $q > n$(注意 $N = R^{-1} = \sup\limits_\Omega |Du|$)

$$\begin{aligned}\sup_{\Omega \cap B_R(x_0)} w &\leqslant \sup_{\partial\Omega \cap B_R(x_0)} w + CR^{1-\frac{n}{p}}\Big(\| N^2(1 + |Du|^2) \|_{L^{q_*}} \\ &\quad + \| N(1 + |Du|^2) \|_{L^q} \Big) \\ &\leqslant \sup_{\partial\Omega \cap B_R(x_0)} w + C\Big(1 + N^{1+\frac{n}{q}} \| |Du|^2 \|_{L^{q_*}} \\ &\quad + N^{\frac{n}{q}} \| |Du|^2 \|_{L^q} \Big).\end{aligned} \tag{3.7}$$

现在需估计 $\| Du \|_{L^2(B_R(x_0))}$. 取 $\zeta(x)$ 是 $B_{2R}(x_0)$ 上的截断函数,在 $B_R(x_0)$ 上 $\zeta(x) = 1$,将方程(1.1)乘以检验函数 $\zeta^2(u(x) - u(x_0))$,分部积分后得到

$$\begin{aligned}&\int_{\Omega_{2R}} a_i(x, u, Du) \zeta^2 D_i u dx + 2\int_{\Omega_{2R}} a_i(u - u(x_0)) \zeta D_i \zeta dx \\ &+ \int_{\Omega_{2R}} b\zeta^2(u - u(x_0)) dx \\ &+ \int_{\partial\Omega_{2R}} a_i(x, u, Du) \zeta^2(u - u(x_0)) \cos(v, x_i) ds = 0,\end{aligned}$$

其中 $\Omega_{2R} = B_{2R}(x_0) \cap \Omega$. 利用结构条件(3.1)—(3.3)并注意到

$$\eta_i a_i(x, z, \eta) \geqslant |\eta|^2 + \eta_i a_i(x, u, 0),$$

$$|u(x) - u(x_0)| \leqslant [u]_{\alpha;\Omega}[2R]^\alpha, \forall x \in \Omega_{2R},$$

我们有

$$\int_{\Omega_{2R}} \zeta^2 |Du|^2 dx \leqslant CR^{n-1+\alpha} N + CR^{n+\alpha} N^2 \leqslant CN^{2-\alpha-n}.$$

上面我们用到 $R = N^{-1}$. 于是

$$\| |Du|^2 \|_{L^q(\Omega_R)} \leqslant N^{\frac{2q-2}{q}} \| Du \|_{L^2(\Omega_R)}^{\frac{2}{q}} \leqslant CN^{2-\frac{n+\alpha}{q}},$$

$$\| |Du|^2 \|_{L^{q_*}(\Omega_R)} \leqslant N^{2-\frac{n+\alpha}{q_*}},$$

代入(3.7),得到

$$N^2 = w(x_0) \leqslant \sup_{\Omega_R} w \leqslant \sup_{\partial\Omega \cap B_R(x_0)} w + C(1 + N^{2-\frac{\alpha}{q_*}} + N^{2-\frac{\alpha}{q}}).$$

由此立即得到

$$\sup_\Omega |Du| \leqslant N \leqslant C \sup_{\partial\Omega} w + C.$$

这就是所要证明的.

§4 梯度的 Hölder 模估计

在前一节我们已经看到,如果 $u\in C^2(\Omega)$(事实上只需属于 $W^{2,2}(\Omega)$),则 D_ku 是方程(3.4)的弱解,又由于我们已得到梯度 Du 的 L^∞ 模估计,因此$\dfrac{\partial a_i}{\partial \eta_j}$与${f^i}_k$都属于$L^\infty(\Omega)$,应用有界可测系数的线性椭圆型方程的 De Giorgi-Nash 估计,我们有

定理 4.1 设方程(1.1)满足结构条件(3.1),(3.2),(3.3),如果 $u\in C^2(\Omega)$ 是方程(1.1)在 Ω 上的解,且 $\|u\|_{L^\infty}\leqslant M$, $\|Du\|_{L^\infty}\leqslant M_1$,则对于任意 $\Omega'\subset\subset\Omega$,存在 $C>0, 0<\alpha<1$ 使得

$$[Du]_{\alpha;\Omega'}\leqslant C, \tag{4.1}$$

其中 α 与 C 依赖于 n,Λ,M 与 M_1, C 还依赖于 $\mathrm{dist}\{\Omega',\partial\Omega\}$.

为了得到全局估计,我们需要用 Morrey 关于 Hölder 连续性的定理,由于这个定理的证明放在本书的第二部分更为系统与协调,这里只叙述定理的结论.

定理 4.2 (Morrey 定理). 设 $u\in W^{1,p}(\Omega)$, $p>1$,且存在 $K>0, 0<\alpha<1$ 使得对于任意球 B_R 都有

$$\int_{\Omega_R}|Du|^p dx\leqslant KR^{n-p+\alpha p}, \Omega_R=\Omega\cap B_R. \tag{4.2}$$

又设存在常数 $A>0$ 使得 $|\Omega_R|\geqslant AR^n$,则 $u\in C^\alpha(\bar{\Omega})$ 且

$$\operatorname*{osc}_{\Omega_R} u\leqslant CKR^\alpha,$$

其中 C 依赖于 n,α,p 与 A.

这个定理提供了以估计积分(4.2)代替估计 Hölder 模的方法,积分估计的形式是符合散度型方程的特点的.

定理 4.3 设方程(1.1)满足结构条件(3.1)—(3.3), $\partial\Omega$ 属于 $C^{1,1}$,又设 $u\in C^2(\Omega)\cap C^1(\bar{\Omega})$ 是方程(1.1)的解,且 $\|u\|_{L^\infty}\leqslant M$, $\|Du\|_{L^\infty}\leqslant M_1$,在 $\partial\Omega$ 上 $u=g$,其中 $g\in C^2(\bar{\Omega})$,则有估计

$$[Du]_{\alpha;\Omega}\leqslant C, \tag{4.3}$$

其中 $C>0, 0<\alpha<1$ 依赖于 $n,\Lambda,M,M_1,\Omega;|g|_{2,\Omega}$.

证明 不妨设 $g=0$. 设 $x_0\in\partial\Omega$, V 与 ψ 是第一章定义 5.1 所给出的邻域与映射. 令 $y=\psi(x)$, $v(y)=u\circ\psi^{-1}(y)$. 则 v 满足方程

$$-D_i(\bar{a}^i(y,v,Dv))+\bar{b}(y,v,Dv)=0, \tag{4.4}$$

其中

$$\bar{a}^i = a_r \frac{\partial y_i}{\partial x_r}, \qquad \bar{b} = a_r \frac{\partial}{\partial y_i}\left(\frac{\partial y_i}{\partial x_r}\right) + b.$$

令 $w = D_k v$，类似于(3.3)，w 在 B_1^+ 上满足方程

$$-D_i\left(\frac{\partial \bar{a}^i}{\partial \eta_j} D_j w\right) + D_i \bar{f}_k^i = 0 \quad (k = 1,2,\cdots,n-1) \quad (\mathscr{D}'(B_1^+)), \tag{4.5}$$

其中$\left(\frac{\partial \bar{a}^i}{\partial \eta_j}\right)$是正定的，$\frac{\partial \bar{a}^i}{\partial \eta_j}$与$\bar{f}_k^i$ 都有界. 此外

$$w = D_k v = 0 \quad (k = 1,2,\cdots,n-1), \text{在 } y_n = 0 \text{ 上} \tag{4.6}$$

由线性方程的边界估计，存在 $C>0$ 与 $\alpha \in (0,1)$，使得

$$[w]_{\alpha;B_{\frac{1}{2}}^+} = [D_k v]_{\alpha;B_{\frac{1}{2}}^+} \leqslant C \qquad (k = 1,2,\cdots,n-1), \tag{4.7}$$

其中 C,α 只依赖定理叙述中所述的量. 余下只需估计 $D_n v$. 设 $y_0 \in B_{\frac{1}{2}}^+$. 对于 $R \leqslant \frac{1}{6}$，考虑球 $B_{2R} = B_{2R}(y_0)$，取 B_{2R}上的截断函数ζ，检验函数 $\varphi = \zeta^2(w(y) - l)$，当 $B_{2R} \subset B_1^+$ 时取 $l = w(y_0)$，当 $B_{2R} \cap \partial \mathbb{R}_+^n$非空时取 $l = 0$，由方程(4.5)得到

$$\begin{aligned}
&\int_{B_1^+} \zeta^2 \frac{\partial \bar{a}^i}{\partial \eta_j} D_i w D_j w dy + \int_{B_1^+} 2\zeta(w-l) \frac{\partial \bar{a}^i}{\partial \eta_j} D_i \zeta D_j w dy \\
&= \int_{B_1^+} \bar{f}_k^i [\zeta^2 D_i w + 2\zeta(w-l) D_i \zeta] dy \\
&\quad (k = 1,2,\cdots,n-1).
\end{aligned}$$

利用椭圆型条件与 Cauchy 不等式，我们得到

$$\int_{B_1^+} \zeta^2 |Dw|^2 dy \leqslant C\left(R^n + \int_{B_1^+} |D\zeta|^2 (w-l)^2 dy\right),$$

取 ζ 使得当$y \in B_R(y_0)$时 $\zeta = 1$. 注意到(4.7)我们有

$$\begin{aligned}
\int_{B_1^+ \cap B_R(y_0)} |Dw|^2 dy &\leqslant C(R^n + R^{n-2} \sup_{B_{2R}} |w - l|^2) \\
&\leqslant CR^{n-2+2\alpha},
\end{aligned}$$

即

$$\sum_{i+j<2n} \int_{B_1^+ \cap B_R(y_0)} |D_{ij} v|^2 dy \leqslant CR^{n-2+2\alpha}. \tag{4.8}$$

由方程(4.4)

$$D_{nn} v = \left(\frac{\partial \bar{a}^n}{\partial \eta_n}\right)^{-1} \left[-\sum_{i+j<2n} \frac{\partial \bar{a}^i}{\partial \eta_j} D_{ij} v - \frac{\partial \bar{a}^i}{\partial y_i} - \frac{\partial \bar{a}^i}{\partial z} D_i v + \bar{b} \right], \tag{4.9}$$

由(4.8)与(4.9)可得

$$\int_{B_1^+ \cap B_R(y_0)} |D_{nn} v|^2 dy \leqslant CR^{n-2+2\alpha}, \tag{4.10}$$

由 Morrey 定理(定理 4.2),(4.8)与(4.10)蕴含着

$$[Dv]_{\alpha;B^+_{\frac{1}{2}}} \leqslant C,$$

变换回原变量 x 并用有限覆盖定理立即可得到$[Du]_{\alpha;\Omega}$的全局估计.

§5 Dirichlet 问题的可解性

本世纪以来人们了解到通过一些拓扑不动点定理可以把可解性问题归结为对解建立某些先验估计,Leray-Schauder 不动点定理是最常用的不动点定理之一,这里只叙述定理的结论,其证明可参看[GT]第十一章.

Leray-Schauder 定理 设 X 是 Banach 空间,$T(x,\sigma)$是由 $X\times[0,1]$到 X 的一个映射,如果 T 满足

(1) T 是紧映射,

(2) $T(x,0)=0, \forall x\in X$,

(3) 存在常数 $M>0$ 使得

$$\| x_0 \|_X \leqslant M, \forall x_0 \in \{x \in X \mid \exists \sigma \in [0,1], x = T(x,\sigma)\},$$

则 $T(\cdot,1)$有一个不动点,即存在 $x_0\in X$ 使得 $T(x_0,1)=x_0$.

现在考虑 Dirichlet 问题

$$-D_i(a_i(x,u,Du)) + b(x,u,Du) = 0, \text{在 } \Omega \text{ 内}, \tag{5.1}$$

$$u = \varphi, \text{在 } \partial\Omega \text{ 上}. \tag{5.2}$$

我们再把方程(5.1)的结构条件叙述如下:对于任意$(x,z,\eta)\in\Omega\times\mathbb{R}\times\mathbb{R}^n$

$$\frac{\partial a_i}{\partial \eta_j}\xi_i\xi_j \geqslant |\xi|^2, \forall \xi \in \mathbb{R}^n, \tag{5.3}$$

$$|a_i(x,z,0)| \leqslant g(x) \quad (i = 1,2,\cdots,n), \tag{5.4}$$

$$(1+|\eta|^2)\left|\frac{\partial a_i}{\partial \eta_j}\right| + (1+|\eta|)\left(\left|\frac{\partial a_i}{\partial z}\right| + |a_i|\right) + \left|\frac{\partial a_i}{\partial x_j}\right| + |b| \leqslant \mu(|z|)(1+|\eta|^2) \quad (i,j = 1,2,\cdots,n), \tag{5.5}$$

其中 $g\in L^q(\Omega)(q>n)$,$\mu(s)$是$[0,\infty)$上的单调递增函数.上面的条件仍属自然结构条件,它包含两个内容:(1) b 关于$|\eta|$的增长次数比 a_i 高出一阶$\left(\text{或比}\frac{\partial a_i}{\partial \eta_j}\text{的增长次数高二阶}\right)$;(2) a_i 与b 关于$|\eta|$的增长阶性质与多项式类似.

定理 5.1 设$\partial\Omega$ 属于$C^{2,\alpha}$,方程(5.1)的系数满足结构条件(5.3),(5.4),(5.5)与(1.7),$a_i\in C^{1,\alpha}(\bar{\Omega}\times\mathbb{R}\times\mathbb{R}^n)$,$b\in C^{0,\alpha}(\bar{\Omega}\times\mathbb{R}\times\mathbb{R}^n)$,$\varphi\in C^{2,\alpha}(\bar{\Omega})$,其

中 $0<\alpha<1$,则 Dirichlet 问题(5.1),(5.2)存在解 $u\in C^{2,\alpha}(\bar{\Omega})$.

证明 我们将应用 Leray-Schauder 不动点定理,先取 Banach 空间 $C^{1,\alpha}(\bar{\Omega})$为定理叙述中的 X,对于任意 $v\in C^{1,\alpha}(\bar{\Omega})$,对于 $0\leqslant\sigma\leqslant1$,解以下 Dirichlet 问题

$$\begin{cases} -\left[\sigma\dfrac{\partial a_i}{\partial\eta_j}(x,v,Dv)D_{ij}u+(1-\sigma)\Delta u\right] \\ \qquad +\sigma\left[\dfrac{\partial a_i}{\partial x_i}+\dfrac{\partial a_i}{\partial z}\eta_i+b\right]_{(x,z,\eta)=(x,v,Dv)}=0,\text{在 }\Omega\text{ 内}. \\ u=\sigma\varphi,\text{在 }\partial\Omega\text{ 上}, \end{cases}\tag{5.6}$$

注意到上述关于 u 的线性方程的系数属于 $C^{\alpha^2}(\bar{\Omega})$,由 Schauder 理论,(5.6)存在解 $u\in C^{2,\alpha^2}(\bar{\Omega})\subset C^{1,\alpha}(\bar{\Omega})$. 这样 $u=T(v,\sigma)$定义了由 $C^{1,\alpha}(\bar{\Omega})\times[0,1]$到 $C^{1,\alpha}(\bar{\Omega})$的映射,我们将证明它满足 Leray-Schauder 定理的三个条件:

(1) 设 K 是$C^{1,\alpha}(\bar{\Omega})$的有界集,由 Schauder 估计 TK 为C^{2,α^2}的有界集,由 Ascoli-Arzelà 定理,它在 $C^{1,\alpha}(\bar{\Omega})$中准紧. 其次证明 T 是连续的,设当 $m\to\infty$时,$v_m\to v(C^{1,\alpha}(\bar{\Omega}))$,$\sigma_m\to\sigma$,记 $u_m=T(v_m,\sigma_m)$,要证 $u_m\to u=T(v,\sigma)$. 事实上,由前面推理知道$\{u_m\}$在 $C^2(\bar{\Omega})$中准紧. 设$\{u_{m_k}\}$是$\{u_m\}$在 $C^2(\bar{\Omega})$的任一收敛子序列,它收敛于 $\tilde{u}$,容易验证 $\tilde{u}$ 也是问题(5.6)的解,由线性方程的极值原理 $\tilde{u}\equiv u$,这样$\{u_m\}$本身也必在 $C^2(\bar{\Omega})$收敛到 $u=T(v,\sigma)$. 这就证明了 T 是紧映射.

(2) $T(v,0)=0$ 是显然的.

(3) 设对于某 $\sigma\in[0,1]$,$u=T(u,\sigma)$,由映射的定义,u 必满足方程与边界条件

$$\begin{cases} -D_i(\sigma a_i(x,u,Du)+(1-\sigma)D_iu)+\sigma b(x,u,Du)=0,\text{在 }\Omega\text{ 内}, \\ u=\sigma\varphi,\text{在 }\partial\Omega\text{ 上}. \end{cases}\tag{5.7}$$

由定理关于结构条件的假定与前几节给出的先验估计,存在常数 $M>0$,$0<\gamma<1$ 使得

$$|u|_{1,\gamma;\Omega}\leqslant M.\tag{5.8}$$

将(5.7)的方程写成非散度型

$$-\left[\sigma\frac{\partial a_i}{\partial\eta_j}D_{ij}u+(1-\sigma)\Delta u\right]+\sigma\left[\frac{\partial a_i}{\partial x_i}+\frac{\partial a_i}{\partial z}D_iu+b\right]=0,\tag{5.9}$$

由估计(5.8),方程(5.9)的系数属于 $C^{\alpha\gamma}(\bar{\Omega})$,由 Schauder 理论,则 $u\in C^{2,\alpha\gamma}(\bar{\Omega})$ 且存在不依赖 σ 与 u 的常数 C 使得

$$|u|_{2,\alpha\gamma}\leqslant C,\tag{5.10}$$

这就蕴含着

$$|u|_{1,\alpha;\Omega}\leqslant M.$$

这就是 Leray-Schauder 定理第三个条件所要求的.

应用 Leray-Schauder 定理，$T(\cdot,1)$有不动点，它恰好是问题(5.1)，(5.2)的解，由前面的论证，解 $u\in C^{2,\alpha\gamma}(\bar{\Omega})$，这时方程(5.9)($\sigma=1$)的系数属于 $C^{\alpha}(\bar{\Omega})$，再一次应用 Schauder 理论必有 $u\in C^{2,\alpha}(\bar{\Omega})$. 定理证毕.

由定理的证明过程我们可以看出：适当地构造映射 T，Leray-Schauder 定理的条件(2)是显然满足的，应用线性方程的 Schauder 理论条件(1)也不难证明，这样可解性的问题经 Leray-Schauder 定理就归结为拟线性方程解的先验估计(即条件(3)). 上面的证明还有一点需要特别注意：当我们已经得到解的基本先验估计(5.8)之后，应当如何利用 Schauder 理论不断抬高解的正则性，这种方法在偏微研究中是常用的方法，需要熟练掌握.

第六章 Krylov-Safonov 估计

在前一章中我们已经看到 De Giorgi-Nash 估计在散度型拟线性方程的研究中所起的关键性作用.后来人们希望对于非散度型的一般方程能得到类似的估计,这在研究完全非线性方程时是必不可缺的.经过二十多年的努力,Krylov-Safonov 终于在 1980 年得到这类估计,随后 Trudinger 给出了一个简化的证明.无论哪一个证明都基于 Aleksandrov 极值原理.

§1 Aleksandrov 极值原理

我们首先引入法映射的概念,它是梯度映射的推广.

定义 1.1 设 $u\in C(\Omega)$,其中 Ω 是$\mathbb{R}^n$ 的有界开区域,对于 $y\in\Omega$,记集合

$$\chi(y)=\{p\in\mathbb{R}^n\,|\,u(x)\leqslant u(y)+p\cdot(x-y),\forall x\in\Omega\}. \tag{1.1}$$

χ 定义了由 Ω 至$\mathbb{R}^n$ 的子集类的一个映射,我们称之为由 u 所确定的法映射.

法映射有明显的几何意义,我们知道 u 在$\mathbb{R}^{n+1}$ 的下方图为集合

$$\{(x,z)\in\mathbb{R}^n\times\mathbb{R}\,|\,x\in\Omega,-\infty<z<u(x)\},$$

如果 $p\in\chi(y)$,则超平面 $z=u(y)+p\cdot(x-y)$是 u 的下方图在点$(y,u(y))$的承托平面.$\chi(y)$就是由通过点$(y,u(y))$的所有承托平面的相应的 p 组成的集合,$(-p,1)$是相应承托平面的法向量.

定义 1.2 设 $u\in C(\Omega)$,记集合

$$\begin{aligned}\Gamma_u&=\{y\in\Omega\,|\,\chi(y)\neq\varnothing\}\\&=\{y\in\Omega\,|\,\exists p\in\mathbb{R}^n,u(x)\leqslant u(y)+p\cdot(x-y),\forall x\in\Omega\}.\end{aligned} \tag{1.2}$$

我们称 Γ_u 是函数 u 的接触集.

我们考虑 u 的下方图的凸包,以此凸包为下方图的函数记为 $\hat{u}(x)$.我们称 $\hat{u}$ 为u 的上凸包.它是一个上凸函数(或称凹函数),Γ_u 实际上是 $z=\hat{u}(x)$与 $z=u(x)$两张曲面的接触点在坐标平面 $z=0$ 上的投影所组成的集合,这也是“接触集”这一名称的来源.

如果 $u\in C^1(\Omega)$, $y\in\Gamma_u$,易知 $\chi(y)=\{Du(y)\}$;如果 $u\in C^2(\Omega)$,则 $-D^2u(y)\geqslant0$(即 u 的 Hesse 矩阵负半定).事实上考虑函数

$$w(x)=u(y)+p\cdot(x-y)-u(x),x\in\Omega, \tag{1.3}$$

由法映射定义 $w(x)$在 y 点达到最小值,由此知道 $Dw(y)=0,D^2w(y)\geqslant0$,这就

蕴含着上述结果.我们还可以有更一般的结论:

引理 1.1　设 $u\in W_{\rm loc}^{2,1}(\Omega)\cap C(\Omega)$,则

$$\chi(y)=\{Du(y)\},\ -D^2u(y)\geqslant 0,\text{a.e. } y\in\Gamma_u. \tag{1.4}$$

证明　同样考虑(1.3)的函数 $w(x)$,对于任意固定方向 $\xi\in\mathbb{R}^n$, $|\xi|=1$,我们有:当 $h\to 0$ 时

$$\frac{w(y+h\xi)-w(y)}{h}\to\frac{\partial w}{\partial\xi}, \tag{1.5}$$

$$\frac{w(y+h\xi)+w(y-h\xi)-2w(y)}{h^2}\to\frac{\partial^2 w}{\partial\xi^2}. \tag{1.6}$$

上述收敛是在 $L_{\rm loc}^1(\Omega)$的意义下.如果抽取子序列可认为上述极限是在 Ω 上几乎处处成立,当 $y\in\Gamma_u$ 时,$w(x)$在 y 点达到最小值,在(1.5)中取 $h\to 0^+$ 与 $h\to 0^-$ 可得

$$\frac{\partial w}{\partial\xi}=0,\text{a.e. } y\in\Gamma_u,$$

取 ξ 为坐标方向,则有

$$\chi(y)=\{Du(y)\},\text{a.e. }\Gamma_u.$$

由(1.6),可得

$$-\frac{\partial^2 u}{\partial\xi^2}(y)=\frac{\partial^2 w}{\partial\xi^2}(y)\geqslant 0,\text{a.e. }\Gamma_u,$$

当 ξ 取单位球面上的可列稠密集时

$$-\frac{\partial^2 u}{\partial\xi^2}\geqslant 0,\text{a.e. }\Gamma_u.$$

于是对于任意 $\xi\in\mathbb{R}^n$, $|\xi|=1$,

$$-\frac{\partial^2 u}{\partial\xi^2}\geqslant 0,\text{a.e. }\Gamma_u.$$

这就蕴含着:在 Γ_u 上几乎处处有$(-D^2u)\geqslant 0$,引理得证.

定义 1.3　集合

$$\chi(\Omega)=\chi(\Gamma_u)=\bigcup_{y\in\Omega}\chi(y)$$

称为由 u 所确定的法映射的象集.

例　设 $\Omega=B_d(x_0)$.考虑函数

$$u(x)=\frac{\lambda}{d}(d-|x-x_0|), \tag{1.7}$$

它的图象是以(x_0,λ)为顶,$B_d(x_0)$为底,高为 λ 的锥面,容易看出 $\Gamma_u=\Omega$ 且

$$\chi(y)=\begin{cases}B_{\frac{\lambda}{d}}(0),\text{当 } y=x_0 \text{ 时},\\[2ex] -\dfrac{\lambda}{d}\dfrac{y-x_0}{|y-x_0|},\text{当 } y\neq x_0 \text{ 时}.\end{cases}$$

法映射的象集为

$$\chi(\Omega) = B_{\frac{\lambda}{d}}(0). \tag{1.8}$$

定义 1.4 设 $\Omega\subset\mathbb{R}^n$，$x_0\in\Omega$，在$\mathbb{R}^{n+1}$中以$(x_0,\lambda)$为顶，$\{x\in\Omega, z=0\}$为底作锥面，设 w 是以此锥面为图象的函数，相应的法映射的象集记为

$$\Omega[x_0,\lambda] = \chi_w(\Omega). \tag{1.9}$$

引理 1.2 设 $u\in C(\Omega)$，则：

(1)对于任意 $y\in\Gamma_u$

$$|p|\leqslant\frac{2\sup|u|}{\mathrm{dist}\{y,\partial\Omega\}}, \forall p\in\chi(y). \tag{1.10}$$

(2)法映射将 Ω 的紧子集映为$\mathbb{R}^n$ 的闭集.

证明 对于 $y\in\Gamma_u$，则有

$$u(y)+p\cdot(x-y)\geqslant u(x), \forall x\in\Omega. \tag{1.11}$$

现在由 y 出发，沿着 $-p$ 方向作射线，交$\partial\Omega$ 于x_0，即

$$x_0 = y-\frac{1}{|p|}|x_0-y|p. \tag{1.12}$$

不妨设 u 在$\bar{\Omega}$ 上连续，否则用 Ω 的紧子区域来逼近Ω 即可. 在(1.11)中取 x 为 x_0，则有

$$u(y)-|x_0-y||p|\geqslant u(x),$$

于是

$$|p|\leqslant\frac{2\sup|u|}{|x_0-y|}\leqslant\frac{2\sup|u|}{\mathrm{dist}\{y,\partial\Omega\}}.$$

现证明(2). 设 F 是Ω 的紧子集，$\{p_n\}\subset\chi(F)$且 $p_n\to p_0(n\to\infty)$，要证 $p_0\in\chi(F)$. 由 $p_n\in\chi(F)$，必存在 $y_n\in F$ 使得$p_n\in\chi(y_n)$. 又由法映射的定义，我们有

$$u(y_n)+p_n\cdot(x-y_n)\geqslant u(x), \quad \forall x\in\Omega.$$

由 F 的紧性，存在子序列 $y_{n_k}\to y_0\in F(k\to\infty)$，在上式中令 $n=n_k\to\infty$，易知 $p_0\in\chi(y_0)$.

引理 1.3 (1)设 Ω, A 是$\mathbb{R}^n$ 的开区域. 如果 $\Omega\subset A$，则对于 $x_0\in\Omega$，

$$\Omega[x_0,\lambda]\supset A[x_0,\lambda].$$

(2)设 Ω 的直径为d，则

$$|\Omega[x_0,\lambda]|\geqslant\left(\frac{\lambda}{d}\right)^n\omega_n, \tag{1.13}$$

其中$|\cdot|$表示集合的测度，ω_n 是n 维单位球体积.

证明 (1)是显然的，现证明(2). 易知 $B_d(x_0)\supset\Omega$，记 $A=B_d(x_0)$并注意到(1.8)，我们有

$$|\Omega[x_0,\lambda]| \geqslant |A[x_0,\lambda]| = \left|B_{\frac{\lambda}{d}}(0)\right| = \omega_n\left(\frac{\lambda}{d}\right)^n,$$

其中 $\Omega[x_0,\lambda]$，$A[x_0,\lambda]$ 的可测性是引理 1.2(2)的必然推论.

引理 1.4 设 $u\in C^2(\bar{\Omega})$，$g\in C(\bar{\Omega})$，$g\geqslant 0$，E 是 Γ_u 的可测子集，则有

$$\int_{Du(E)} g(x(p))dp \leqslant \int_E g(x)\det(-D^2u)dx, \tag{1.14}$$

其中 $x(p)=(Du)^{-1}(p)$ 在 $Du(E)$ 上除零测集外有定义且连续.

证明 记 $J(x)=\det(-D^2u)$，$S=\{x\in\Omega \mid J(x)=0\}$. 由附录 II 的 Sard 定理知道 $|Du(S)|=0$.

先假设 E 是开集，$E\setminus S$ 仍为开集，则必存在一串边平行于坐标轴且互不重叠的立方体 $\{C_l\}_{l=1}^{\infty}$，使得 $E\setminus S=\bigcup\limits_{l=1}^{\infty}C_l$，我们又可将 C_l 分得相当小(不妨仍记为 C_l)，使得 $Du: C_l\to Du(C_l)$ 是微分同胚，因此

$$\int_{Du(C_l)} g(x(p))dp = \int_{C_l} g(x)J(x)dx.$$

于是

$$\begin{aligned}\int_{Du(E\setminus S)} g(x(p))dp &\leqslant \sum_l \int_{Du(C_l)} g(x(p))dp \\ &= \sum_l \int_{C_l} g(x)J(x)dx = \int_{E\setminus S} g(x)J(x)dx,\end{aligned}$$

注意到 S 的定义与 $|Du(S)|=0$，则得到(1.14).

现在设 E 是 Γ_u 的可测子集，存在开集 $G\supset E\setminus S$ 使得在 G 上 $J(x)>0$，又由于 $E\setminus S$ 可测，存在开集列 $\{O_l\}_{l=1}^{\infty}$ 使得 $E\setminus S\subset O_l$，$|O_l\setminus(E\setminus S)|\to 0(l\to\infty)$. 利用已证的结果

$$\int_{Du(E)} g(x(p))dp \leqslant \int_{Du(G\cap O_l)} g(x(p))dp \leqslant \int_{G\cap O_l} g(x)J(x)dx.$$

令 $l\to\infty$，则有所要的(1.14).

引理 1.5 设 $u\in C(\bar{\Omega})$，在 $\partial\Omega$ 上 $u\leqslant 0$，$x_0\in\Omega$，$u(x_0)>0$，则

$$\Omega[x_0,u(x_0)]\subset\chi(\Gamma_u^+), \tag{1.15}$$

其中 $\Gamma_u^+=\Gamma_u\cap\{u\geqslant 0\}$.

证明 这个引理从几何直观上是相当明显的，这里我们给予严格的分析证明. 设 $p\in\Omega[x_0,u(x_0)]$，由定义 1.4，

$$u(x_0)+p\cdot(x-x_0)\geqslant 0,\ \forall\, x\in\Omega. \tag{1.16}$$

现在记

$$\lambda_0=\inf\{\lambda \mid \lambda+p\cdot(x-x_0)\geqslant u(x),\ \forall\, x\in\Omega\}.$$

由 u 的连续性,

$$\lambda_0 + p \cdot (x - x_0) \geqslant u(x), \quad \forall x \in \bar{\Omega} \tag{1.17}$$

且必有 $\xi \in \bar{\Omega}$ 使得

$$\lambda_0 + p \cdot (\xi - x_0) = u(\xi). \tag{1.18}$$

考虑两种情况:

(i) $\lambda_0 = u(x_0)$,则(1.17)蕴含着 $x_0 \in \Gamma_u^+, p \in \chi(\Gamma_u^+)$.

(ii) $\lambda_0 > u(x_0)$,则 ξ 必不在$\partial\Omega$ 上,事实上由(1.18)与(1.16)

$$u(\xi) > u(x_0) + p \cdot (\xi - x_0) \geqslant 0.$$

这与边界条件 $u|_{\partial\Omega} \leqslant 0$ 矛盾.将(1.18)减去(1.17)可得

$$u(\xi) + p \cdot (x - \xi) \geqslant u(x), \quad \forall x \in \bar{\Omega},$$

这说明 $\xi \in \Gamma_u^+$ 且 $p \in \chi(\Gamma_u^+)$.

由这个引理我们立即可得到 Aleksandrov 型的估计.

引理 1.6 设 $u \in C^2(\bar{\Omega})$,在$\partial\Omega$ 上 $u \leqslant 0$,则

$$\sup_\Omega u \leqslant \frac{d}{\sqrt[n]{\omega_n}} \left[\int_{\Gamma_u^+} \det(-D^2 u) dx \right]^{\frac{1}{n}}, \tag{1.19}$$

其中 $d = \mathrm{diam}\Omega$.

证明 由(1.15)与(1.13),对于任意 $x_0 \in \Omega, u(x_0) > 0$,

$$|\chi(\Gamma_u^+)| \geqslant |\Omega[x_0, u(x_0)]| \geqslant \omega_n \left[\frac{u(x_0)}{d} \right]^n,$$

其中 $\chi(\Gamma_u^+)$的可测性可由引理 1.2(2)知道.因此

$$u(x_0) \leqslant \frac{d}{\sqrt[n]{\omega_n}} |\chi(\Gamma_u^+)|^{\frac{1}{n}}.$$

应用引理 1.4,

$$|\chi(\Gamma_u^+)| = \int_{\chi(\Gamma_u^+)} dp \leqslant \int_{\Gamma_u^+} \det(-D^2 u) dx.$$

联合以上两个估计立即得到(1.19).

我们可降低关于 u 的光滑性的要求,使它可适用于强解.

定理 1.7 设 $u \in C(\bar{\Omega}) \cap W_{\mathrm{loc}}^{2,n}(\Omega)$,则

$$\sup_\Omega u \leqslant \sup_{\partial\Omega} u + \frac{d}{\sqrt[n]{\omega_n}} \left[\int_{\Gamma_v^+} \det(-D^2 u) dx \right]^{\frac{1}{n}}, \tag{1.20}$$

其中 $v = u - \sup\limits_{\partial\Omega} u$.

证明 由假定,存在$\{u_m\} \subset C^2(\bar{\Omega})$,使得函数列 u_m 在 $W_{\mathrm{loc}}^{2,n}(\Omega)$的意义下收敛于 u,即对于任意 $\Omega' \subset\subset \Omega$,当 $m \to \infty$ 时 u_m 在$W^{2,n}(\Omega')$中收敛于 u.对于任意

$\varepsilon>0$,记 $\Omega_\varepsilon=\{x\in\Omega\mid\operatorname{dist}\{x,\partial\Omega\}>\varepsilon\}$,又记

$$v_\varepsilon = u - \sup_{\Omega\setminus\Omega_\varepsilon} u - \varepsilon, \tag{1.21}$$

$$v_{m,\varepsilon} = u_m - \sup_{\Omega\setminus\Omega_\varepsilon} u_m - \varepsilon. \tag{1.22}$$

将引理 1.6 应用于函数 $v_{m,\varepsilon}$,则有

$$\sup_\Omega v_{m,\varepsilon} \leqslant \frac{d}{\sqrt[n]{\omega_n}}\left[\int_{\Gamma^+_{v_{m,\varepsilon}}}\det(-D^2u_m)dx\right]^{\frac{1}{n}}. \tag{1.23}$$

我们注意到 $\Gamma^+_{v_{m,\varepsilon}}\subset\Omega_\varepsilon$. 现在写

$$\begin{aligned}\int_{\Gamma^+_{v_{m,\varepsilon}}}\det(-D^2u_m)dx &= \int_{\Gamma^+_{v_{m,\varepsilon}}}[\det(-D^2u_m)-\det(-D^2u)]dx\\ &\quad+\int_{\Gamma^+_{v_{m,\varepsilon}}}\det(-D^2u)dx \\ &\triangleq I_{1m}+I_{2m},\end{aligned} \tag{1.24}$$

不难看出 $I_{1m}\to 0$(当 $m\to\infty$ 时). 此外我们可证明

$$\overline{\lim_{m\to\infty}}\,\Gamma^+_{v_{m,\varepsilon}}\subset\Gamma^+_{v_\varepsilon}. \tag{1.25}$$

事实上,如果 $x_0\in\overline{\lim\limits_{m\to\infty}}\,\Gamma^+_{v_{m,\varepsilon}}$,则存在子序列 m_k 使 $x_0\in\Gamma_{v_{m_k,\varepsilon}}$,由引理 1.2(1),

$$|p_k|\leqslant\frac{4\sup|u_m|}{\operatorname{dist}\{x_0,\partial\Omega\}}\leqslant\frac{4}{\varepsilon}\sup|u_m|,\quad\forall\, p_k\in\chi_{v_{m_k,\varepsilon}}(x_0).$$

这样 p_k 存在收敛的子序列,不妨设 $p_k\to p_0$,容易验证 $p_0\in\chi_{v_\varepsilon}(x_0)$,即 $x_0\in\Gamma^+_{v_\varepsilon}$,(1.25)得证. 于是

$$\overline{\lim_{m\to\infty}}\, I_{2m}\leqslant\int_{\Gamma^+_{v_\varepsilon}}\det(-D^2u)dx.$$

在(1.24)中令 $m\to\infty$ 得到

$$\sup_\Omega v_\varepsilon\leqslant\frac{d}{\sqrt[n]{\omega_n}}\left[\int_{\Gamma^+_{v_\varepsilon}}\det(-D^2u)dx\right]^{\frac{1}{n}}. \tag{1.26}$$

在上面取极限过程中应用了 $v_{m,\varepsilon}$ 在 $C(\overline{\Omega}_\varepsilon)$ 上收敛于 v_ε,这是应用 Sobolev 嵌入定理的结果. 注意到 $\Gamma^+_{v_\varepsilon}\subset\Gamma^+_v$ 并在(1.26)的左端令 $\varepsilon\to 0$,则有所要的估计(1.20).

现在我们来讨论椭圆型方程

$$Lu=-a^{ij}D_{ij}u+b^iD_iu+cu=f. \tag{1.27}$$

假设系数满足以下条件:

$$(a^{ij})\geqslant 0,\text{在 }\Omega\text{ 内}, \tag{1.28}$$

$$\sum_i \left\| \frac{b^i}{\mathscr{D}^*} \right\|_{L^n(\Omega)} \leqslant B, \tag{1.29}$$

$$c \geqslant 0, \text{在 } \Omega \text{ 内}, \tag{1.30}$$

其中 $\mathscr{D}^* = [\det(a^{ij})]^{\frac{1}{n}}$.

先考虑如下的特殊方程

$$L_0 u = -a^{ij} D_{ij} u = f. \tag{1.31}$$

定理 1.8 设 $u \in C(\bar{\Omega}) \cap W^{2,n}_{\mathrm{loc}}(\Omega)$,在 Ω 上几乎处处满足 $L_0 u \leqslant f$,系数 a^{ij} 满足条件(1.28),则

$$\sup_\Omega u(x) \leqslant \sup_{\partial\Omega} u(x) + \frac{d}{n\sqrt[n]{\omega_n}} \left\| \frac{f^+}{\mathscr{D}^*} \right\|_{L^n(\Gamma_v^+)}, \tag{1.32}$$

其中 $v = u - \sup\limits_{\partial\Omega} u(x)$.

证明 不妨设不等式(1.32)的右端是有限的. 现在记矩阵 $A = (a^{ij})$, $U = (-D^2 u)$,由引理 1.1,在 Γ_v 上几乎处处有 $U \geqslant 0$,应用算术平均值与几何平均值的不等式,我们有

$$\begin{aligned} -a^{ij} D_{ij} u &= \mathrm{Trace}(AU) \geqslant n[\det AU]^{\frac{1}{n}} \\ &= n\mathscr{D}^* [\det(-D^2 u)]^{\frac{1}{n}}, \text{a.e. } x \in \Gamma_v^+. \end{aligned}$$

因此在 Γ_v^+ 上几乎处处有

$$\det(-D^2 u) \leqslant \frac{1}{n\mathscr{D}^*}[-a^{ij} D_{ij} u] \leqslant \frac{f^+}{n\mathscr{D}^*}.$$

应用定理 1.7 立即有所要的结果.

最后关于方程(1.27)我们得到如下的 Aleksandrov 极值原理:

定理 1.9 设 $u \in C(\bar{\Omega}) \cap W^{2,n}_{\mathrm{loc}}(\Omega)$满足方程 $Lu \leqslant f$ 方程(1.27)的系数满足条件(1.28),(1.29)与(1.30),则

$$\sup_\Omega u \leqslant \sup_{\partial\Omega} u^+ + C \left\| \frac{f^+}{\mathscr{D}^*} \right\|_{L^n(\Gamma_u)}, \tag{1.33}$$

其中 C 只依赖于 n, B 与 $\mathrm{diam}\Omega$.

证明 令 $v = u - \sup\limits_{\partial\Omega} u^+$,由于 $Lu \leqslant f$,则在 Γ_v^+ 上有

$$-a^{ij} D_{ij} v \leqslant -b^i D_i v + f \leqslant |Du|\,|\boldsymbol{b}| + f^+,$$

其中 $\boldsymbol{b}$ 是向量$(b^1, b^2, \cdots, b^n)$. 应用 Young 不等式,可得

$$-a^{ij} D_{ij} v \leqslant [|\boldsymbol{b}|^n + \mu^{-n}(f^+)^n]^{\frac{1}{n}} [|Du|^{\frac{n}{n-1}} + \mu^{\frac{n}{n-1}}]^{\frac{n-1}{n}},$$

其中 μ 是待定正数. 记

$$g(p) = [|p|^{\frac{n}{n-1}} + \mu^{\frac{n}{n-1}}]^{1-n},$$

上式可写成

$$-a^{ij}D_{ij}u\cdot[g(Du)]^{\frac{1}{n}}\leqslant[|\boldsymbol{b}|^n+\mu^{-n}(f^+)^n]^{\frac{1}{n}}. \tag{1.34}$$

先设 $u\in C^2(\bar{\Omega})$，由引理 1.4

$$\int_{\chi(\Gamma_v^+)}g(p)dp\leqslant\int_{\Gamma_v^+}g(Du)\det(-D^2u)dx. \tag{1.35}$$

此外，必存在 $x_0\in\bar{\Omega}$，使得 $v(x_0)=\sup\limits_{\Omega}v(x)\triangleq M$，如果 $x_0\in\partial\Omega$，则 $M=0$. 现在设 $x_0\in\Omega$，由引理 1.3(2)与引理 1.5，

$$B_{\frac{M}{d}}(0)\subset\Omega[x_0,v(x_0)]\subset\chi(\Gamma_v^+).$$

又注意到

$$g(p)\geqslant 2^{2-n}(|p|^n+\mu^n)^{-1},$$

因此我们有

$$\int_{\chi(\Gamma_v^+)}g(p)dp\geqslant\int_{B_{\frac{M}{d}}(0)}2^{2-n}(|p|^n+\mu^n)^{-1}dp$$

$$=2^{2-n}\omega_n\ln\left[1+\left(\frac{M}{\mu d}\right)^n\right].$$

又由(1.35)则有

$$\ln\left[1+\left(\frac{M}{\mu d}\right)^n\right]\leqslant\frac{2^{n-2}}{\omega_n}\int_{\Gamma_v^+}g(Du)\det(-D^2u)dx. \tag{1.36}$$

类似于定理 1.7 的证明方法并注意到 $g(p)$ 的有界性，可知上式对于 $u\in W^{2,n}_{\mathrm{loc}}(\Omega)\cap C(\bar{\Omega})$ 仍成立. 类似于定理 1.8 的证明，由(1.36)与(1.34)

$$\ln\left[1+\left(\frac{M}{\mu d}\right)^n\right]\leqslant\frac{2^{n-2}}{\omega_n}\int_{\Gamma_v^+}g(Du)\left[\frac{-a^{ij}D_{ij}u}{n\mathscr{D}^*}\right]^n du$$

$$\leqslant\frac{2^{n-2}}{\omega_n n^n}\int_{\Gamma_v^+}\left[\left|\frac{\boldsymbol{b}}{\mathscr{D}^*}\right|^n+\frac{1}{\mu^n}\left(\frac{f^+}{\mathscr{D}^*}\right)^n\right]dx.$$

如果 $f^+\not\equiv 0$，则令 $\mu=\left\|\frac{f^+}{\mathscr{D}^*}\right\|_{L^n(\Gamma_v^+)}$，此时有

$$\left(\frac{M}{\mu d}\right)^n\leqslant\exp\left\{\frac{2^{n-2}}{\omega_n n^n}\int_{\Gamma_u^+}\left[\left|\frac{\boldsymbol{b}}{\mathscr{D}^*}\right|^n+1\right]dx\right\}-1,$$

于是

$$M=\sup_{\bar{\Omega}}v(x)\leqslant Cd\left\|\frac{f^+}{\mathscr{D}^*}\right\|_{L^n(\Gamma_v^+)}.$$

如果 $f\equiv 0$，取 $\mu>0$，如同上述运算，然后令 $\mu\to 0$. 定理证毕.

§2 Harnack 不等式与解的 Hölder 模内估计

我们将依照散度型方程的 De Giorgi-Nash 估计的程序,先建立局部极值原理,弱 Harnack 不等式,最后导出 Harnack 不等式.

为计算简便,我们只考虑以下形式的方程

$$Lu = -a^{ij}D_{ij}u = f, \text{在 } \Omega \text{ 内}. \tag{2.1}$$

假设系数(a^{ij})满足一致椭圆型条件:

$$\lambda > 0, \Lambda/\lambda \leqslant \gamma, \forall x \in \Omega, \tag{2.2}$$

其中,λ,Λ 分别是矩阵$(a^{ij}(x))$的最小特征值与最大特征值,γ 是某一正常数.

定理 2.1 (局部极值原理). 设方程(2.1)的系数满足一致椭圆型条件(2.2),$u \in W^{2,n}(\Omega)$在 Ω 上几乎处处满足 $Lu \leqslant f$,又设 $f/\lambda \in L^n(\Omega)$,则对于任意 $p > 0$,$B_{2R}(y) \subset \Omega$,我们有

$$\sup_{B_R(y)} u \leqslant C\left\{\left[⨍_{B_{2R}(y)} (u^+)^p dx\right]^{\frac{1}{p}} + R\left\|\frac{f}{\lambda}\right\|_{L^n(B_{2R}(y))}\right\}, \tag{2.3}$$

其中 C 只依赖于 n, γ, p.

证明 应用坐标变换 $x \longleftrightarrow \dfrac{x-y}{2R}$,不妨设 y 是坐标原点,$R = \dfrac{1}{2}$. 在 B_1 上取截断函数

$$\eta(x) = (1 - |x|^2)^\beta,$$

其中 $\beta \geqslant 2$ 待定. 容易计算

$$D_i\eta = -2\beta x_i(1 - |x|^2)^{\beta-1},$$
$$D_{ij}\eta = -2\beta\delta_{ij}(1 - |x|^2)^{\beta-1} + 4\beta(\beta-1)x_ix_j(1 - |x|^2)^{\beta-2},$$
$$L\eta = [2\beta\mathcal{T}(1 - |x|^2) - 4\beta(\beta-1)a^{ij}x_ix_j](1 - |x|^2)^{\beta-2},$$

其中 $\mathcal{T} = \text{Trace}(a^{ij})$. 令 $v = \eta u$,由乘积微商公式

$$Lv = uL\eta + \eta Lu - 2a^{ij}D_i\eta D_ju. \tag{2.4}$$

根据引理 1.2(1)的证明,在 Γ_v 上几乎处处有

$$|Dv| \leqslant \frac{v(x)}{\text{dist}\{x, \partial B_1\}} \leqslant \frac{v(x)}{1 - |x|}.$$

因此在 Γ_v 上几乎处处有

$$|Du| = \frac{1}{\eta}|Dv - uD\eta| \leqslant \frac{1}{\eta}\left[\frac{v(x)}{1 - |x|} + u|D\eta|\right]$$
$$\leqslant 2(1+\beta)\eta^{-\frac{1}{\beta}}u.$$

这样由(2.4)可得

$$Lv \leqslant \eta f + (16\beta^2 + 2n\beta)\Lambda\eta^{-\frac{2}{\beta}}v \leqslant C\lambda\eta^{-\frac{2}{\beta}}v + f, \text{a.e. } \Gamma_v,$$

其中 C 依赖于 n,β 与 γ. 由 Aleksandrov 极值原理

$$\begin{aligned}\sup_{B_1} v &\leqslant C\left\{\| \eta^{-\frac{2}{\beta}}v^+ \|_{L^n(B_1)} + \left\|\frac{f}{\lambda}\right\|_{L^n(B_1)}\right\}\\ &\leqslant C\left\{(\sup v^+)^{1-\frac{2}{\beta}}\|(u^+)^{\frac{2}{\beta}}\|_{L^n(B_1)} + \left\|\frac{f}{\lambda}\right\|_{L^n(B_1)}\right\},\end{aligned}$$

应用 Young 不等式

$$\sup_{B_1} v \leqslant C\left\|\frac{f}{\lambda}\right\|_{L^n(B_1)} + \varepsilon\sup_{B_1} v^+ + C_\varepsilon\|(u^+)^{\frac{2}{\beta}}\|^{\beta/2}_{L^n(B_1)},$$

取 $\varepsilon = \frac{1}{2}$, 当 $p<n$ 时取 $\beta = \frac{2n}{p} > 2$, 则有

$$\sup_{B_{\frac{1}{2}}} u \leqslant C\left[\| u^+ \|_{L^p(B_1)} + \left\|\frac{f}{\lambda}\right\|_{L^n(B_1)}\right], \tag{2.5}$$

当 $p \geqslant n$ 时, 由 $p<n$ 时的结果并应用 Hölder 不等式也可得到估计(2.5). 定理得证.

弱 Harnack 不等式的证明是本节中最困难的部分, 现在都采用 Krylov-Safonov 给出的测度论证方法, 它基于以下引理:

引理 2.2　设 K_0 是 $\mathbb{R}^n$ 中的任意边平行于坐标轴的立方体, Γ 是 K_0 的可测子集, 对于 $0<\delta<1$, 记

$$\begin{aligned}\Gamma_\delta = \bigcup\{K_{\delta R}(y) \cap K_0 \mid K_R(y) \subset K_0,\\ |\Gamma \cap K_R(y)| \geqslant \delta|K_R(y)|\}.\end{aligned} \tag{2.6}$$

如果 $\Gamma_\delta \neq K_0$, 则 $|\Gamma| \leqslant \delta|\Gamma_\delta|$, 其中

$$K_R(y) = \{x \in \mathbb{R}^n \mid |x_i - y_i| < R, i = 1,2,\cdots,n\}.$$

证明　若 $|K_0 \cap \Gamma| > \delta|K_0|$, 显然 $\Gamma_\delta = K_0$. 故若 $\Gamma_\delta \neq K_0$, 则必有 $|K_0 \cap \Gamma| \leqslant \delta|K_0|$. 将 K_0 等分为 2^n 个全等的小立方体, 记为 $\{K(i_1)\}_{i_1=1}^{2n}$, 对于每一 $K(i_1)$ 可能出现以下两种情况

(1) $|\Gamma \cap K(i_1)| \leqslant \delta|K(i_1)|$,

(2) $|\Gamma \cap K(i_1)| > \delta|K(i_1)|$.

将所有属于第二种情况的立方体 $K(i_1)$ 的集合记为 $\mathscr{F}_1$. 对于属于情况(1)的立方体 $K(i_1)$ 继续等分为 $K(i_1, i_2)(i_2 = 1,2,\cdots,2^n)$, 对于立方体 $K(i_2, i_2)$ 同样有上述两种情况, 又将属于情况(2)的立方体集合记为 $\mathscr{F}_2$, 对于属于第一种情况的立方体继续部分. 如此继续下去, 可得到一串属于第二种情况的立方体集合 $\mathscr{F}_1, \mathscr{F}_2, \cdots, \mathscr{F}_m, \cdots$, 现在记

$$\mathscr{F}=\{K(i_1,\cdots,i_{m-1})\,|\,K(i_1,\cdots,i_{m-1},i_m)\in\mathscr{F}_m\},\tag{2.7}$$

由上面的取法知道,如果 $K(i_1,\cdots,i_m)\in\mathscr{F}_m$,则有

$$|K(i_1,\cdots,i_m)\cap\Gamma|>\delta|K(i_1,\cdots,i_m)|,\tag{2.8}$$

$$|K(i_1,\cdots,i_{m-1})\cap\Gamma|\leqslant\delta|K(i_1,\cdots,i_{m-1})|.\tag{2.9}$$

由 Γ_δ 的定义,则有 $K(i_1,\cdots,i_{m-1})\subset\Gamma_\delta$. 于是

$$\widetilde{\Gamma}_\delta\triangleq\bigcup_{K\in\mathscr{F}}K\subset\Gamma_\delta.$$

此外由(2.9),

$$\begin{aligned}|\widetilde{\Gamma}_\delta\cap\Gamma|&=|\bigcup_{K\in\mathscr{F}}(K\cap\Gamma)|=\sum_{K\in\mathscr{F}}|K\cap\Gamma|\\&\leqslant\delta\sum_{K\in\mathscr{F}}|K|=\delta|\widetilde{\Gamma}_\delta|\leqslant\delta|\Gamma_\delta|.\end{aligned}$$

由部分的步骤可以看出 Γ 的稠密点必属于 $\widetilde{\Gamma}_\delta$. 由于 Γ 是可测集,根据实变函数论知道 Γ 几乎处处是稠密点,因此

$$|\Gamma|=|\Gamma\cap\widetilde{\Gamma}_\delta|\leqslant\delta|\Gamma_\delta|.$$

这就是所要证的.

定理 2.3 (弱 Harnack 不等式). 设 L 的系数满足一致椭圆型条件(2.2), $u\in W^{2,n}(\Omega)$满足 $Lu\geqslant f$,又设 $f/\lambda\in L^n(\Omega)$, u 在 $B_{2R}(y)\subset\Omega$ 中非负,则存在 $p>0$, $C>1$ 使得

$$\left[⨍_{B_R(y)}|u|^p dx\right]^{\frac{1}{p}}\leqslant C\left[\inf_{B_R(y)}u+R\left\|\frac{f}{\lambda}\right\|_{L^n(B_{2R}(y))}\right],\tag{2.10}$$

其中 p,C 只依赖于 n 与 γ.

这个定理的证明是相当冗长的,我们分为五步.

证明 第一步:应用坐标变换 $x\longleftrightarrow\dfrac{x-y}{2R}$,我们不妨设 y 为坐标原点, $2R=1$. 记

$$\tilde{u}=u+\left\|\frac{f}{\lambda}\right\|_{L^n(B_1)},\quad\Gamma=\{x\in B_1\,|\,\tilde{u}(x)\geqslant1\}.\tag{2.11}$$

我们将证明存在 $C>0$, $0<\delta<1$ 使得当$|\Gamma\cap K_\alpha|\geqslant\delta|K_\alpha|$时必有

$$\inf_{K_{3\alpha}}\tilde{u}\geqslant C^{-1},\tag{2.12}$$

其中 K_α 表示以坐标原点为心, 2α 为边长且边平行于坐标轴的立方体, $\alpha=\dfrac{1}{6\sqrt{n}}$, C 与 δ 只依赖于 n,γ.

对于任意 $\varepsilon>0$,令 $w=\ln\dfrac{1}{\tilde{u}+\varepsilon}$, $g=\dfrac{f}{\tilde{u}+\varepsilon}$,简单的计算表明

$$-a^{ij}D_{ij}w=\frac{1}{\tilde{u}+\varepsilon}a^{ij}D_{ij}u-a^{ij}D_iwD_jw\leqslant-g-a^{ij}D_iwD_jw.$$

取截断函数 $\eta=(1-|x|^2)^\beta$,令 $v=\eta w$,由 L 的定义(2.1),我们有

$$\begin{aligned}Lv &= \eta Lw + wL\eta - 2a^{ij}D_iwD_j\eta \\ &\leqslant -\eta g - \eta a^{ij}D_iwD_jw - 2a^{ij}D_iwD_j\eta + \frac{vL\eta}{\eta} \\ &\leqslant -\eta g + \frac{1}{\eta}a^{ij}D_i\eta D_j\eta + \frac{vL\eta}{\eta}.\end{aligned} \tag{2.13}$$

由定理 2.1 的计算知道

$$\begin{aligned}\frac{L\eta}{\eta} &= (1-|x|^2)^{-2}\cdot 2\beta[\mathscr{T}(1-|x|^2)-2(\beta-1)a^{ij}x_ix_j] \\ &= 2\beta(1-|x|^2)^{-2}[\mathscr{T}-(\mathscr{T}|x|^2+2(\beta-1)a^{ij}x_ix_j)].\end{aligned} \tag{2.14}$$

当

$$(2\beta-1)\lambda|x|^2\geqslant n\Lambda$$

时,由(2.14)有 $L\eta\leqslant 0$,因此对于 $\alpha\in(0,1)$,当 $|x|>\alpha$ 时,只须取

$$\beta-1\geqslant\frac{n\gamma}{2\alpha^2},$$

则有 $L\eta\leqslant 0$,这里我们应用了一致椭圆型条件(2.1):$\Lambda/\lambda\leqslant\gamma$. 于是由(2.13)在 $B^+=\{x\in B_1, w(x)>0\}$上

$$Lv\leqslant|g|+4\beta^2\Lambda+\sup_{B_\alpha}\left(\frac{L\eta}{\eta}\right)\chi(B_\alpha)v,$$

其中 $\chi(B_\alpha)$表示 B_α 上的特征函数. 注意到

$$\left\|\frac{g}{\lambda}\right\|_{L^n(B_1)}\leqslant 1,$$

由 Aleksandrov 极值原理

$$\sup_{B_1}v\leqslant C\left[1+\|v^+\|_{L^n(B_\alpha)}\right], \tag{2.15}$$

其中 C 只依赖于 n,γ,α.

为了应用测度论证方法,我们将球转换为立方体,由(2.15),

$$\sup_{B_1}v\leqslant C[1+\|v^+\|_{L^n(K\alpha)}]\leqslant C[1+|K_\alpha^+|^{\frac{1}{n}}\sup_{B_1}v],$$

其中 $K_\alpha^+=\{x\in K_\alpha|v>0\}=\{x\in K_\alpha|\tilde{u}+\varepsilon<1\}$,如果

$$\frac{|K_\alpha^+|}{|K_\alpha|}\leqslant\theta\triangleq\frac{1}{(2C)^n|K_\alpha|}=\frac{1}{(4C\alpha)^n},$$

则

$$\sup_{B_1}v\leqslant 2C,$$

即

$$\inf_{B_{\frac{1}{2}}}(\tilde{u}+\varepsilon)\geqslant\frac{1}{C}. \tag{2.16}$$

注意这里的 C 只考虑其依赖关系,而不计其大小.在(2.16)中令 $\varepsilon\to 0$,我们得到以下结论:如果

$$\frac{|K_\alpha^+|}{|K_\alpha|}\leqslant\theta,$$

其中 $K_\alpha^+=\{x\in K_\alpha\,|\,\tilde{u}\leqslant 1\}$,则有

$$\inf_{B_{\frac{1}{2}}}\tilde{u}\geqslant C^{-1}.$$

现在取 $\delta=1-\theta,\alpha=\dfrac{1}{6\sqrt{n}}$,显然 $K_{3\alpha}\subset B_{\frac{1}{2}}$.则当 $|\Gamma\cap K_\alpha|\geqslant\delta|K_\alpha|$ 时

$$|K_\alpha^+|=|K_\alpha\setminus(\Gamma\cap K_\alpha)|\leqslant\theta|K_\alpha|.$$

由上面的结论

$$\inf_{K_{3\alpha}}\tilde{u}\geqslant\inf_{B_{\frac{1}{2}}}\tilde{u}\geqslant C^{-1}.$$

这就是所要证的.

第二步:对于任意正整数 m,如果

$$|\Gamma\cap K_\alpha|\geqslant\delta^m|K_\alpha|, \tag{2.17}$$

则

$$\inf_{K_\alpha}\tilde{u}\geqslant C^{-m}, \tag{2.18}$$

其中 C 是第一步的结论中所确定的常数.

当 $m=1$ 时,上述结论显然成立.采用归纳法,设上述结论对 m 成立,要证它对于 $m+1$ 也成立.现在设

$$|\Gamma\cap K_\alpha|\geqslant\delta^{m+1}|K_\alpha|. \tag{2.19}$$

记 $\widetilde{K}_0=K_\alpha$ 与

$$\Gamma_\delta=\bigcup\{K_{3r}(x)\cap\widetilde{K}_0\,|\,K_r(x)\subset\widetilde{K}_0,|\Gamma\cap K_r(x)|\geqslant\delta|K_r(x)|\}.$$

由引理 2.2,则有

$$\Gamma_\delta=\widetilde{K}_0\text{ 或 }|\Gamma\cap\widetilde{K}_0|\leqslant\delta|\Gamma_\delta|,$$

又由 Γ_δ 的定义与第一步的结论,

$$\inf_{\Gamma_\delta}\tilde{u}\geqslant C^{-1}. \tag{2.20}$$

如果 $\Gamma_\delta=\widetilde{K}_0=K_\alpha$,则(2.20)蕴含着(2.18)(以 $m+1$ 代替 m).如果 $|\Gamma\cap\widetilde{K}_0|\leqslant\delta|\Gamma_\delta|$,记 $v=Cu$,v 满足方程

$$-a^{ij}D_{ij}v=Cf.$$

由第一步所给出的记号

$$\tilde{v} = v + \left\| \frac{Cf}{\lambda} \right\|_{L^n(B_1)} = C\tilde{u},$$

又记 $\tilde{\Gamma} = \{x \in B_1 \mid \tilde{v} \geqslant 1\}$,(2.20)意味着

$$\Gamma_\delta \subset \tilde{\Gamma}.$$

因此由上述事实与(2.19),

$$|\tilde{\Gamma} \cap \tilde{K}_0| \geqslant |\Gamma_\delta| \geqslant \frac{1}{\delta} |\Gamma \cap \tilde{K}_0| = \frac{1}{\delta} |\Gamma \cap K_\alpha| = \delta^m |K_\alpha| = \delta^m |\tilde{K}_0|.$$

由归纳法假设

$$\inf_{K_\alpha} \tilde{v} \geqslant C^{-m},$$

即

$$\inf_{K_\alpha} \tilde{u} \geqslant C^{-(m+1)}.$$

第三步:记

$$\Gamma_t = \{x \in B_1 \mid \tilde{u}(x) > t\}, \tag{2.21}$$

则存在 $C>1, \mu>0$ 使得对于 $t>0$ 有估计

$$|B_\alpha \cap \Gamma_t| \leqslant C|B_\alpha| \left[\frac{\inf_{B_\alpha} \tilde{u}}{t} \right]^\mu, \tag{2.22}$$

其中 C 与 μ 只依赖于 n, γ.

令 $v = \frac{u}{t}$,由第一步的结论中所采用的记号,相应地有 $\tilde{v} = \tilde{u}/t$,记

$$\tilde{\Gamma} \triangleq \{x \in B_1 \mid \tilde{v}(x) > 1\} = \Gamma_t,$$

如果 $|B_\alpha \cap \Gamma_t| = 0$,则(2.22)是显然的. 现在设 $|B_\alpha \cap \Gamma_t| \neq 0$,则必存在正整数 m 使得

$$\delta^m |K_\alpha| \leqslant |\tilde{\Gamma} \cap K_\alpha| \leqslant \delta^{m-1} |K_\alpha|,$$

即

$$\ln \frac{|\tilde{\Gamma} \cap K_\alpha|}{|K_\alpha|} \cdot (\ln\delta)^{-1} \leqslant m \leqslant 1 + \ln \frac{|\tilde{\Gamma} \cap K_\alpha|}{|K_\alpha|} \cdot (\ln\delta)^{-1}.$$

由第二步的结论(2.18)

$$\inf_{K_\alpha} \tilde{v} \geqslant C^{-m} \geqslant C^{-1} \left[\frac{|\tilde{\Gamma} \cap K_\alpha|}{|K_\alpha|} \right]^{\frac{\ln C}{\ln\delta^-}}.$$

记 $\mu = \ln\delta^{-1}/\ln C$,则

$$|\Gamma_t \cup K_\alpha| \leqslant (C \inf_{K_\alpha} \tilde{v})^\mu |K_\alpha|.$$

由此不难得到(2.22).

第四步:证明存在 $p>0$ 使得

$$\left[\fint_{B_\alpha}|u|^p dx\right]^{\frac{1}{p}} \leqslant C\left(\inf_{B_\alpha} u + \left\|\frac{f}{\lambda}\right\|_{L^n(B_1)}\right). \tag{2.23}$$

由第三章引理 1.1,

$$\begin{aligned}\int_{B_\alpha}|u|^p dx &= p\int_0^\infty t^{p-1}|B_\alpha \cap \Gamma_t|dt \\ &= p\int_0^b t^{p-1}|B_\alpha \cap \Gamma_t|dt + p\int_b^\infty t^{p-1}|B_\alpha \cap \Gamma_t|dt,\end{aligned}$$

其中 b 是待定正常数.在上式右端第二项中应用第三步的估计,我们得到

$$\int_{B_\alpha}|u|^p dx \leqslant p\int_0^b t^{p-1}|B_\alpha|dt + p\int_b^\infty Cm_0^\mu|B_\alpha|t^{p-\mu-1}dt,$$

其中 $m_0 = \inf\limits_{B_\alpha}\tilde{u}$.取 $p = \mu/2$,则

$$\int_{B_\alpha}|u|^p dx \leqslant b^p|B_\alpha| + Cm_0^{2p}b^{-p}|B_\alpha|.$$

取 $b = C^{\frac{1}{2p}}m_0$,则

$$\int_{B_\alpha}|u|^p dx \leqslant 2C^{\frac{1}{2}}m_0^p \leqslant 2C^{\frac{1}{2}}\left(\inf_{B_\alpha} u + \left\|\frac{f}{\lambda}\right\|_{L^n(B_1)}\right)^p.$$

第五步:利用覆盖技术证明

$$\left[\fint_{B_{\frac{1}{2}}}|u|^p dx\right]^{\frac{1}{p}} \leqslant C\left(\inf_{B_{\frac{1}{2}}} u + \left\|\frac{f}{\lambda}\right\|_{L^n(B_1)}\right). \tag{2.24}$$

注意到 $u\in W^{2,n}(B_{\frac{1}{2}})$,则存在 $x_0\in \overline{B}_{\frac{1}{2}}$使得

$$u(x_0) = \inf_{B_{\frac{1}{2}}} u, \tag{2.25}$$

又考虑积分

$$\begin{aligned}\int_{B_{\frac{1}{2}+\frac{\alpha}{4}}}dy\int_{B_{\frac{\alpha}{4}}(y)}u^p dx &= \int_{B_{\frac{\alpha}{4}}}d\xi\int_{B_{\frac{1}{2}+\frac{\alpha}{4}}}u^p(y+\xi)dy \\ &\geqslant \left|B_{\frac{\alpha}{4}}\right|\int_{B_{\frac{1}{2}}}u^p(y)dy,\end{aligned}$$

利用中值定理,则存在 $y_0\in B_{\frac{1}{2}+\frac{\alpha}{4}}$使得

$$\int_{B_{\frac{\alpha}{4}}(y_0)}u^p dx \geqslant \left(\frac{\alpha}{2+\alpha}\right)^n\int_{B_{\frac{1}{2}}}u^p(x)dx. \tag{2.26}$$

现在作一串球 $\left\{B_{\frac{\alpha}{4}}(x_k)\right\}_{k=1}^N$使得 $x_k\in \overline{B}_{\frac{1}{2}+\frac{\alpha}{4}}, x_{k+1}\subset B_{\frac{\alpha}{4}}(x_k)\ (k=0,1,2,\cdots,N-1)$, $x_N = y_0$, $N\leqslant\frac{8}{\alpha}$.在每一小球 $B_{\frac{\alpha}{4}}(x_k)$应用第四步的结论(2.23),则有

$$\inf_{B_{\frac{\alpha}{4}}(x_k)} u \geqslant \frac{1}{C}\left[\fint_{B_{\frac{\alpha}{4}}(x_k)} u^p dx\right]^{\frac{1}{p}} - \left\|\frac{f}{\lambda}\right\|_{L^n\left(B_{\frac{1}{4}}(x_k)\right)}$$

$$\geqslant \frac{1}{C}\left[\frac{1}{\left|B_{\frac{\alpha}{4}}\right|}\int_{B_{\frac{\alpha}{4}}(x_k)\cap B_{\frac{\alpha}{4}}(x_{k+1})} u^p dx\right]^{\frac{1}{p}} - \left\|\frac{f}{\lambda}\right\|_{L^n(B_1)}$$

$$\geqslant \frac{1}{\widetilde{C}}\inf_{B_{\frac{\alpha}{4}}(x_{k+1})} u - \left\|\frac{f}{\lambda}\right\|_{L^n(B_1)}.$$

不妨设 $\widetilde{C}\geqslant 2$. 利用此式递推可得

$$\inf_{B_{\frac{\alpha}{4}}(x_0)} u \geqslant \frac{1}{\widetilde{C}^N}\inf_{B_{\frac{\alpha}{4}}(y_0)} u - 2\left\|\frac{f}{\lambda}\right\|_{L^n(B_1)}, \tag{2.27}$$

在 $B_{\frac{\alpha}{4}}(y_0)$上再次应用(2.23),并注意到(2.26),我们有

$$\inf_{B_{\frac{\alpha}{4}}(y_0)} u \geqslant \frac{1}{C}\left[\fint_{B_{\frac{\alpha}{4}}(y_0)} u^p dx\right]^{\frac{1}{p}} - 3\left\|\frac{f}{\lambda}\right\|_{L^n(B_1)}$$

$$\geqslant \frac{1}{C'}\left[\fint_{B_{\frac{1}{2}}} u^p dx\right]^{\frac{1}{p}} - 3\left\|\frac{f}{\lambda}\right\|_{L^n(B_1)}. \tag{2.28}$$

联合不等式(2.27),(2.28)并注意到(2.25),不等式(2.24)得证. 至此定理证毕.

局部极值原理与弱 Harnack 不等式自然能导出 Harnack 不等式与解的内部 Hölder 模估计.

定理 2.4 (Harnack 不等式). 设 L 的系数满足一致椭圆型条件(2.2), $u\in W^{2,n}(\Omega)$在 Ω 上满足方程 $Lu=f$. 又设$\frac{f}{\lambda}\in L^n(\Omega)$, u 在$B_{2R}(y)\subset\Omega$ 上非负,则

$$\sup_{B_{\frac{R}{2}}(y)} u \leqslant C\left[\inf_{B_{\frac{R}{2}}(y)} u + R\left\|\frac{f}{\lambda}\right\|_{L^n(B_{2R}(y))}\right],$$

其中 C 只依赖于 n,γ.

证明　对于定理 2.3 所确定的 p,应用定理 2.1 与定理 2.3,我们有

$$\sup_{B_{\frac{R}{2}}(y)} u \leqslant C\left[\left(\fint_{B_R(y)} u^p dx\right)^{\frac{1}{p}} + R\left\|\frac{f}{\lambda}\right\|_{L^n(B_{2R}(y))}\right]$$

$$\leqslant C\left[\inf_{B_R(y)} u + R\left\|\frac{f}{\lambda}\right\|_{L^n(B_{2R}(y))}\right]$$

$$\leqslant C\left[\inf_{B_{\frac{R}{2}}(y)} u + R\left\|\frac{f}{\lambda}\right\|_{L^n(B_{2R}(y))}\right].$$

定理 2.5　设 L 的系数满足一致椭圆型条件(2.2), $u\in W^{2,n}_{\mathrm{loc}}(\Omega)$在 Ω 内满

足方程 $Lu=f$,又设 $\frac{f}{\lambda}\in L^n(\Omega)$,则对于任意球 $B_{R_0}(y)\subset\Omega$,$0<R\leqslant R_0$,

$$\operatorname*{osc}_{B_R(y)} u \leqslant C\left(\frac{R}{R_0}\right)^\alpha\left[\operatorname*{osc}_{B_{R_0}(y)} u + R_0\left\|\frac{f}{\lambda}\right\|_{L^n(\Omega)}\right],$$

其中 C 仅依赖于 n 与 γ.

证明 记

$$m(R)=\inf_{B_R(y)} u,\quad M(R)=\sup_{B_R(y)} u,$$

$$\omega(R)=M(R)-m(R),\quad F_0=\left\|\frac{f}{\lambda}\right\|_{L^n(\Omega)}.$$

令 $\tilde{u}=u-m(R)$,则 $\tilde{u}$ 是 $Lu=f$ 在 $B_R(y)$ 上的非负解应用 Harnack 不等式(定理 2.4),

$$\begin{aligned}\omega\left(\frac{R}{4}\right)&=\sup_{B_{\frac{R}{4}}(y)}\tilde{u}-\inf_{B_{\frac{R}{4}}(y)}\tilde{u}\leqslant\sup_{B_{\frac{R}{4}}(y)}\tilde{u}-\frac{1}{C}\sup_{B_{\frac{R}{4}}(y)}\tilde{u}+RF_0\\&\leqslant\left(1-\frac{1}{C}\right)\omega(R)+RF_0.\end{aligned}$$

然后应用第四章的引理 2.1 立即有所要的结论.

§3 解的全局 Hölder 模估计

关于边界估计,我们也可以应用类似于散度型方程的方法,考虑函数 u_M^+,u_M^- 最后导出弱 Harnack 不等式,但是我们现在不去详述它.因为对于非散度型方程应用闸函数得到边界附近的 Hölder 模估计将更具有一般性,尽管我们需要对边界加上稍强的条件——一致外球性质(即在第二章定义 7.1 中外球半径 ρ 关于 $\partial\Omega$ 上的点是一致的).

引理 3.1 设 Ω 具有一致外球性质,L 的系数满足一致椭圆型条件(2.2),$u\in W^{2,n}_{\mathrm{loc}}(\Omega)\cap C(\bar{\Omega})$ 满足 $Lu\leqslant f$,又设 $(f/\lambda)\in L^\infty(\Omega)$,存在 $\alpha\in(0,1)$ 使得 $[u]_{\alpha,\partial\Omega}<\infty$,则对于任意 $x_0\in\partial\Omega$,$x\in\Omega$,

$$u(x)-u(x_0)\leqslant C|x-x_0|^{\frac{\alpha}{1+\alpha}}\left([u]_{\alpha,\partial\Omega}+|u|_0+\left\|\frac{f}{\lambda}\right\|_{L^\infty(\Omega)}\right),\tag{3.1}$$

其中 C 只依赖于 n,γ,α 与一致外球半径 ρ.

证明 对于任意 $\bar{x}\in\Omega$,必存在 $x_0\in\partial\Omega$ 使得 $|x_0-\bar{x}|=\mathrm{dist}\{\bar{x},\partial\Omega\}$,不妨设 $|x_0-\bar{x}|\leqslant\rho$,其中 ρ 是一致外球性质中的外球半径,可不妨设 $\rho\leqslant1$.考虑关于 x_0 的外球 $B_r(y)$:

$$B_r(y)\subset\mathbb{R}^n\setminus\bar{\Omega},\partial B_r(y)\cap\partial\Omega=\{x_0\},$$

这里 r 满足 $|x_0-\bar{x}|\leqslant r\leqslant\rho$,它将在后面确定.现在构造闸函数

$$w(x)=\frac{1}{r^p}-\frac{1}{|x-y|^p},$$

其中 p 是待定大正数. 容易计算

$$Lw=a^{ij}\left[p(p+2)\frac{(x_i-y_i)(x_j-y_j)}{|x-y|^{p+4}}-p\frac{\delta_{ij}}{|x-y|^{p+2}}\right]$$

$$\geqslant\frac{p\lambda}{|x-y|^{p+2}}(p+2-\gamma n),$$

上式应用了条件(2.2). 取 x_0 的邻域

$$\mathcal{N}_r=\Omega\cap\{r<|x-y|<3r\}.$$

当取 $p>\gamma n$, 则在 $\mathcal{N}_r$ 上

$$Lw\geqslant\frac{2p\lambda}{(3r)^{p+2}}. \tag{3.2}$$

现在在 $\mathcal{N}_r$ 上考虑辅助函数

$$v(x)=Kw(x)-(u(x)-u(x_0))+(6r)^\alpha[u]_{\alpha;\partial\mathcal{N}_r\cap\partial\Omega}, \tag{3.3}$$

其中 K 是待定正常数. 由(3.2)

$$Lv\geqslant\lambda\left(\frac{2pK}{(3r)^{p+2}}\pm\frac{f(x)}{\lambda}\right)>0,$$

如果取 $K\geqslant3^{p+2}\left\|\frac{f}{\lambda}\right\|_{L^\infty}r^{p+2}$. 此外在 $\partial\mathcal{N}_r\cap\partial\Omega$ 上

$$v(x)\geqslant0.$$

如果又取 $K\geqslant4r^p|u|_0$, 则在 $\partial\mathcal{N}_r\cap\Omega$ 上

$$v(x)\geqslant K\frac{1}{r^p}\left(1-\frac{1}{3^p}\right)-2|u|_0\geqslant0.$$

这样由 Aleksandrov 极值原理, 当

$$K\geqslant r^p\max\left\{4|u|_0,3^{p+2}\left\|\frac{f}{\lambda}\right\|_{L^\infty}\right\}$$

时在 $\mathcal{N}_r$ 上有 $v(x)\geqslant0$, 即

$$u(x)-u(x_0)\leqslant Kw(x)+(6r)^\alpha[u]_{\alpha;\partial\mathcal{N}_r\cap\partial\Omega}$$

$$\leqslant\frac{pK}{r^{p+1}}(|x-y|-r)+(6r)^\alpha[u]_{\alpha;\partial\Omega},$$

特别地

$$u(\bar{x})-u(x_0)\leqslant\frac{pK|\bar{x}-x_0|}{r^{p+1}}+(6r)^\alpha[u]_{\alpha;\partial\Omega}.$$

现在取 $r=|\bar{x}-x_0|^{\frac{1}{1+\alpha}}\cdot\rho^{\frac{\alpha}{1+\alpha}}$, 则有

$$u(\bar{x})-u(x_0)\leqslant C|\bar{x}-x_0|^{\frac{\alpha}{1+\alpha}}\left\{[u]_{\alpha;\partial\Omega}+|u|_0+\left\|\frac{f}{\lambda}\right\|_\infty\right\},$$

其中 C 只依赖于 n,γ,ρ 与 α. 由此不难得到定理所要的结论.

定理 3.2 在引理 3.1 的条件下又设 u 满足方程(2.1),则存在 $C>0$, $0<\beta<1$ 使得对于任意 $x,y\in\Omega$,

$$|u(x)-u(y)|\leqslant C|x-y|^{\beta}\cdot\left(|u|_0+[u]_{\alpha;\partial\Omega}+\left\|\frac{f}{\lambda}\right\|_{L^{\infty}(\Omega)}\right),\quad(3.4)$$

其中 C 依赖于 $n,\gamma,\alpha,\rho,\operatorname{diam}\Omega$,而 β 只依赖于 n,γ 与 α.

证明 将引理 3.1 应用于 u 与 $-u$,则对于任意 $x_0\in\partial\Omega, x\in\Omega$,我们有

$$|u(x)-u(x^0)|\leqslant C|x-x_0|^{\frac{\alpha}{1+\alpha}}\cdot\left([u]_{\alpha;\partial\Omega}+|u|_0+\left\|\frac{f}{\lambda}\right\|_{L^{\infty}}\right),$$

即对于任意 $x_0\in\partial\Omega$,有

$$\operatorname*{osc}_{B_R(x_0)} u\leqslant CR^{\frac{\alpha}{1+\alpha}}\left([u]_{\alpha;\partial\Omega}+|u|_0+\left\|\frac{f}{\lambda}\right\|_{L^{\infty}}\right).$$

类似于第四章定理 3.5,由内部 Hölder 模估计与上式不难得到全局 Hölder 模估计 (3.4).

第七章　完全非线性方程

本章将讨论完全非线性方程

$$F(x,u,Du,D^2u)=0,$$

其中 $F(x,z,p,r)$定义于 $\Gamma=\Omega\times\mathbb{R}\times\mathbb{R}^n\times\mathscr{S}^n$上,$\mathscr{S}^n$表示由所有 n 阶对称矩阵组成的空间.

完全非线性椭圆型方程有两个典型的例子,一是由几何问题提出来的 Monge-Ampère 方程

$$\det(D^2u)=f(x)>0,$$

或更一般一点,指定 Gauss 曲率的方程

$$\det(D^2u)=K(x)(1+|Du|^2)^{\frac{n+2}{2}};$$

另一个是由控制论提出来的 Bellman 方程

$$\sup_k(L^ku-f^k)=0,$$

其中 L^k 是线性椭圆算子.前者是属于非一致椭圆型方程,后者是一致椭圆型方程.作为教科书,我们将仅限于讨论一致椭圆型方程.

我们将假定非线性函数 $F(x,z,p,r)$在 Γ 上满足以下结构条件:

(F1) 存在 $\lambda=\lambda(x,z,p),\Lambda=\Lambda(x,z,p)$使得在 Γ 上

$$\lambda L\leqslant\left(\frac{\partial F}{\partial r_{ij}}\right)\leqslant\Lambda I,\qquad\lambda>0,\Lambda/\lambda\leqslant\mu_1(|z|),$$

(F2) $|F(x,z,p,0)|\leqslant\lambda\mu_2(|z|)(1+|p|^2)$,

(F3) $(1+|p|)^{-1}|F_x|+|F_u|+(1+|p|)|F_p|,$

$$\leqslant\lambda\mu_3(|z|)(1+|p|^2+|r|),$$

(F4) 在 Γ 上$F(x,z,p,r)$关于 r 是凹的,

(F5) $F(x,z,p,0)\operatorname{sign}z\leqslant\lambda\bar{\mu}(1+|p|)$,

以上 $\bar{\mu}$ 是常数,$\mu_i(t)$是定义于$[0,\infty)$的非减非负函数$(i=1,2,3)$.

条件(F1)是一致椭圆型条件,(F2)与(F3)称为自然结构条件,(F4)称为凹性条件,条件(F5)是解的最大模估计所需要的.

§1　解的最大模估计与 Hölder 模估计

定理 1.1　设 F 满足结构条件(F1),(F5),$u\in C(\Omega)\cap W^{2,n}_{\mathrm{loc}}(\Omega)$是 Dirichlet

问题

$$F(x,u,Du,D^2u)=0,\quad 在\ \Omega\ 内, \tag{1.1}$$

$$u=\varphi,\qquad 在\ \Omega\ 上 \tag{1.2}$$

的解,则

$$\sup_{\Omega}|u|\leqslant|\varphi|_{0,\partial\Omega}+C\triangleq M_0,$$

其中 C 只依赖于 $n,\bar{\mu}$ 与 $\mathrm{diam}\Omega$.

证明 我们可将方程(1.1)写成

$$-a^{ij}D_{ij}u-F(x,u,Du,0)=0,$$

其中

$$a^{ij}(x,z,p,r)=\int_0^1\frac{\partial F}{\partial r_{ij}}(x,z,p,\tau r)d\tau.$$

在子区域 $\Omega^+=\{x\in\Omega\,|\,u(x)>0\}$ 上应用条件(F5),有

$$\begin{aligned}0&=-a^{ij}D_{ij}u-F(x,u,Du,0)\mathrm{sign}\ u\\&\geqslant-a^{ij}D_{ij}u-\lambda\bar{\mu}\,\mathrm{sign}(D_iu)D_iu-\lambda\bar{\mu}.\end{aligned}$$

现在在 Ω^+ 上应用 Aleksandrov 极值原理可得

$$\sup_{\Omega}u\leqslant|\varphi|_{0,\partial\Omega}+C,$$

其中 C 只依赖于 $n,\bar{\mu}$ 与 $\mathrm{diam}\Omega$. 同理可得到下界估计.

以后我们将简记 $\mu_i=\mu_i(M_0)(i=1,2,3)$.

引理 1.2 设 $u\in W^{2,n}_{\mathrm{loc}}(\Omega)$ 满足微分不等式

$$Lu=-a^{ij}(x)D_{ij}u\geqslant-\lambda(\mu_0|Du|^2+g(x)), \tag{1.3}$$

其中 $\mu_0\in\mathbb{R}$, $g\in L^n(\Omega)$, a^{ij} 满足

$$\lambda I\leqslant(a^{ij})\leqslant\Lambda I,\quad\frac{\Lambda}{\lambda}\leqslant\mu_1(常数),$$

其中 $\lambda(x)$ 在 Ω 上恒正. 如果 u 在 $B_{2R}\subset\Omega$ 上非负,则存在 $\kappa>0$ 与 $C\geqslant1$ 使得

$$\left(\fint_{B_R}u^{\kappa}dx\right)^{\frac{1}{\kappa}}\leqslant C\left(\inf_{B_R}u+R\,\|g\|_{L^n(B_{2R})}\right), \tag{1.4}$$

其中 κ 只依赖 n,μ_1, C 除上述量外还依赖于 $\mu_0|u|_{0,B_{2R}}$.

证明 记

$$v=1-e^{-\mu_0u},\quad M=|u|_{0,B_{2R}}.$$

应用条件(1.3),我们有

$$Lv=-a^{ij}D_{ij}v=\mu_0e^{-\mu_0u}[Lu+\mu_0a^{ij}D_iuD_ju]\geqslant-\lambda\mu_0|g(x)|.$$

由第六章定理 2.3 知道,存在只依赖于 n 与 μ_1 的常数 $\kappa>0$ 与 $C\geqslant1$ 使得

$$\left(\fint_{B_R} v^\kappa dx\right)^{\frac{1}{\kappa}} \leqslant C\left(\inf_{B_R} v + \mu_0 R \| g \|_{L^n(B_{2R})}\right).$$

由此易得

$$\left(\fint_{B_R} u^\kappa dx\right)^{\frac{1}{\kappa}} \leqslant C e^{\mu_0 M}\left(\inf_{B_R} u + R \| g \|_{L^n(B_{2R})}\right),$$

引理证毕.

定理 1.3　设 $u \in W^{2,n}_{\mathrm{loc}}(\Omega)$满足

$$|Lu| \leqslant \lambda(\mu_0 |Du|^2 + g), \text{在 } \Omega \text{ 内}, \tag{1.5}$$

其中 L, μ_0, g 与引理 1.2 的条件相同,则对于任意 $B_R \subset \Omega$ 与 $0<\sigma<1$,我们有

$$\operatorname*{osc}_{B_{\sigma R}} u \leqslant C\sigma^\alpha\left[\operatorname*{osc}_{B_R} u + R \| g \|_{L^n(B_R)}\right], \tag{1.6}$$

其中 $C>1, 0<\alpha<1$ 只依赖于 $n, \Lambda/\lambda$ 以及 $\mu_0 |u|_{0;\Omega}$.

证明　记

$$M(R) = \sup_{B_R} u, \quad m(R) = \inf_{B_R} u,$$
$$\omega(R) = M(R) - m(R), \quad F_0 = \| g \|_{L^n(\Omega)}.$$

对于 $M(R)-u$ 与 $u-m(R)$应用引理 1.2 的弱 Harnack 不等式,我们得到

$$\left[\fint_{B_{\frac{R}{2}}} (M(R)-u)^\kappa dx\right]^{\frac{1}{\kappa}} \leqslant C\left[M(R) - M\left(\frac{R}{2}\right) + RF_0\right],$$

$$\left[\fint_{B_{\frac{R}{2}}} (u-m(R))^\kappa dx\right]^{\frac{1}{\kappa}} \leqslant C\left[m\left(\frac{R}{2}\right) - m(R) + RF_0\right].$$

于是

$$\begin{aligned}\omega(R) &= \left(\fint_{B_{\frac{R}{2}}} (M(R)-m(R))^\kappa dx\right)^{\frac{1}{\kappa}} \\ &\leqslant C\left[\left(\fint_{B_{\frac{R}{2}}} (M(R)-u)^\kappa dx\right)^{\frac{1}{\kappa}} + \left(\fint_{B_{\frac{R}{2}}} (u-m(R))^\kappa dx\right)^{\frac{1}{\kappa}}\right] \\ &\leqslant C\left[\omega(R) - \omega\left(\frac{R}{2}\right) + RF_0\right],\end{aligned}$$

因此

$$\omega\left(\frac{R}{2}\right) \leqslant \frac{C-1}{C}\omega(R) + RF_0.$$

应用第四章引理 2.1 立即可得(1.6).

定理 1.4　设 $u \in W^{2,n}_{\mathrm{loc}}(\Omega)$是方程(1.1)的解,且 $|u|_{0;\Omega} \leqslant M_0$, $F(x,z,r,p)$满足结构条件(F1)与(F2).则对于任意球 $B_R \subset \Omega$ 与 $0<\sigma\leqslant 1$,我们有

$$\operatorname*{osc}_{B_{\sigma R}} u \leqslant C\sigma^{\alpha}\left\{\operatorname*{osc}_{B_R} u + \mu_2 R\right\}, \tag{1.7}$$

其中 $C>1,0<\alpha<1$ 只依赖于 $n,\mu_1,\mu_2 M_0$.

证明 由方程(1.1)与结构条件(F2),u 满足

$$|a^{ij}D_{ij}u| = |F(x,u,Du,0)| \leqslant \lambda\mu_2(1+|Du|^2),$$

其中

$$a^{ij} = \int_0^1 \frac{\partial F}{\partial r_{ij}}(x,u,Du,\tau D^2 u)d\tau.$$

现在直接应用定理 1.3,可得(1.7).

为了得到 u 的全局 Hölder 模估计,我们与前一章 §3 一样利用闸函数的技巧.

引理 1.5 设 $u\in C^2(\Omega)\cap C(\bar{\Omega})$,满足

$$Lu \leqslant \lambda\mu_0(1+|Du|^2), \tag{1.8}$$

其中 μ_0,L 满足引理 1.2 所述的条件,又设 Ω 具有一致外球性质,存在 $0<\alpha\leqslant 1$ 使得 $[u]_{\alpha;\partial\Omega}<\infty$,则对于任意 $x_0\in\partial\Omega$ 与 $x\in\Omega$,我们有

$$u(x)-u(x_0) \leqslant C|x-x_0|^{\frac{\alpha}{1+\alpha}}([u]_{\alpha;\partial\Omega}+|u|_{0;\Omega}+1), \tag{1.9}$$

其中 C 只依赖于 $n,\Lambda/\lambda,\mu_0,x_0,|u|_0,\alpha$ 与外球半径 ρ.

证明 对于任意 $\bar{x}\in\Omega$,必存在 $x_0\in\partial\Omega$ 使得 $|\bar{x}-x_0|=\operatorname{dist}\{x,\partial\Omega\}$,不妨设一致外球半径 $\rho\leqslant 1$, $|\bar{x}-x_0|\leqslant\rho$. 考虑关于 x_0 点的外球 $B_r(y)$,其中 r 待定,但满足 $|\bar{x}-x_0|\leqslant r\leqslant\rho$. 取如下形式的闸函数

$$w(x)=\psi(d),\ d=|x-y|-r, \tag{1.10}$$

其中 ψ 是待定的函数,满足 $\psi'>0,\psi''<0$. 考虑 x_0 点在 Ω 内的邻域

$$\mathcal{N}=\Omega\cap\{0<d<\delta\},$$

这里 δ 也是待定正数. 在 $\mathcal{N}$ 上

$$\begin{aligned}
\tilde{L}w &\triangleq -a^{ij}D_{ij}w-\lambda(\mu_0|Dw|^2+1)\\
&= -a^{ij}\left[\psi''\frac{(x_i-y_i)(x_j-y_j)}{|x-y|^2}+\psi'\left(\frac{\delta_{ij}}{|x-y|}-\frac{(x_i-y_i)(x_j-y_j)}{|x-y|^3}\right)\right]\\
&\quad -\lambda\mu_0[(\psi')^2+1]\\
&\geqslant \lambda(-\psi'')-\frac{\Lambda(n-1)}{r}\psi'-\lambda\mu_0[(\psi')^2+1].
\end{aligned} \tag{1.11}$$

现在我们要求(设 $\Lambda/\lambda\leqslant\mu_1,\mu_0>0$)

$$\psi' \geqslant \max\left\{1,\frac{\mu_1(n-1)}{r\mu_0}\right\}. \tag{1.12}$$

由(1.11)可得

$$\tilde{L}w \geqslant \lambda(\psi')^2\left[-\frac{\psi''}{(\psi')^2}-4\mu_0\right],\text{在 }\mathcal{N}\text{ 内}.$$

现在我们又要求 ψ 满足

$$-\frac{\psi''}{(\psi')^2}=8\mu_0, \tag{1.13}$$

则有

$$\widetilde{L}w>0\geqslant\widetilde{L}u,\text{在 }\mathcal{N}\text{ 内}. \tag{1.14}$$

由(1.13)解得

$$\psi(d)=\frac{1}{8\mu_0}\ln(1+Kd), \tag{1.15}$$

其中 K 是待定正数. 我们将要求在 $\partial\mathcal{N}\cap\Omega$ 上

$$w=\psi(d)\geqslant 2M_0, \tag{1.16}$$

其中 $M_0\triangleq|u|_{0;\Omega}$. 为满足(1.12)与(1.16),只需要求

$$\psi'(d)=\frac{1}{8\mu_0}\frac{K}{(1+Kd)}\geqslant\frac{1}{8\mu_0}\frac{K\delta}{(1+K\delta)}\frac{1}{\delta}$$

$$\geqslant\max\left\{1,\frac{\mu_1(n-1)}{r\mu_0}\right\},$$

$$\psi(\delta)=\frac{1}{8\mu_0}\ln(1+K\delta)\geqslant 2M_0,$$

这只需取

$$\delta\leqslant\min\left\{\frac{1}{16\mu_0},\frac{r}{16\mu_1(n-1)}\right\}, \tag{1.17}$$

$$K\delta=e^{16\mu_0M_0}-1. \tag{1.18}$$

现在考虑辅助函数

$$v(x)=w(x)-[u(x)-u(x_0)]+(6r)^{\alpha}[u]_{\alpha;\partial\Omega}.$$

显然

$$v(x)\geqslant 0,\text{在 }\partial\mathcal{N}\cap\partial\Omega\text{ 上}.$$

这样注意到(1.14)与(1.16),应用极值原理可得

$$v(x)\geqslant 0,\text{在 }\mathcal{N}\text{ 上},$$

特别地

$$u(\bar{x})-u(x_0)\leqslant\frac{1}{8\mu_0}\ln(1+K|\bar{x}-x_0|)+(6r)^{\alpha}[u]_{\alpha;\partial\Omega}.$$

取 $r\leqslant\min\left\{\rho,\frac{\mu_1}{\mu_0}(n-1)\right\}$, $\delta=\frac{r}{16\mu_1(n-1)}$,由(1.18)则上式可写成

$$u(\bar{x})-u(x_0)\leqslant\frac{1}{8\mu_0}\ln\left(1+\frac{C|\bar{x}-x_0|}{r}\right)+(6r)^{\alpha}[u]_{\alpha;\partial\Omega}, \tag{1.19}$$

其中 C 依赖于 n,μ_1,μ_0,M_0. 当

$$|\bar{x}-x_0|\leqslant\min\left\{\rho,\left(\frac{\mu_1}{\mu_0}(n-1)\right)^{1+\alpha}\rho^{-\alpha}\right\}$$

时,取 $r=\rho^{\frac{\alpha}{1+\alpha}}|\bar{x}-x_0|^{\frac{1}{1+\alpha}}$,由(1.19)可得

$$u(\bar{x})-u(x_0)\leqslant C|\bar{x}-x_0|^{\frac{\alpha}{1+\alpha}}\{[u]_{\alpha;\partial\Omega}+1\}.$$

由此容易导出引理的结论.

定理 1.6 设 $u\in C^2(\Omega)\cap C(\bar{\Omega})$满足方程(1.1),$[u]_{0;\Omega}\leqslant M_0$,$[u]_{\alpha;\partial\Omega}<\infty$,又设 Ω 具有一致外球性质,结构条件(F1),(F2)成立,则存在 $C>0$,$0<\beta<1$ 使得

$$[u]_{\beta;\Omega}\leqslant C([u]_{\alpha;\partial\Omega}+|u|_{0;\Omega}+1),$$

其中 β,C 只依赖于 n,μ_1,μ_2,μ_2M_0 与一致外球半径 ρ.

此定理的证明类似于第六章定理 3.2.

§2 解的梯度估计

对引理 1.5 的证明稍加修改,就可得到梯度的边界估计.

定理 2.1 设 $u\in C^2(\Omega)\cap C^1(\bar{\Omega})$满足方程(1.1),$\partial\Omega\in C^1$,在$\partial\Omega$ 上 $u=0$,$|u|_{0;\Omega}\leqslant M_0$,又设 Ω 具有一致外球性质,结构条件(F1),(F2)成立,则

$$\sup_{x\in\partial\Omega}|Du|\leqslant C, \tag{2.1}$$

其中 C 只依赖于 $n,\mu_1,\mu_2,\mu_2|u|_{0;\Omega}$及一致外球半径$\rho$.

证明 在引理 1.5 证明中取 $r=\rho$,x_0 是$\partial\Omega$ 上任意一点,并注意到$[u]_{\alpha;\partial\Omega}=0$,因此有

$$|u(x)|\leqslant|\psi(d)|,0<d<\delta,$$

于是

$$\left|\frac{\partial u}{\partial n}\right|_{x=x_0}\leqslant\psi'(0)\leqslant\frac{1}{8\mu_2}K.$$

由此立即有定理的结论.

定理 2.2 设 $u\in C^3(\Omega)\cap C^1(\bar{\Omega})$满足方程(1.1),$|u|_{0;\Omega}\leqslant M_0$,$[u]_{\beta;\Omega}\leqslant M_\beta(0<\beta\leqslant1)$,$[Du]_{0;\partial\Omega}\leqslant\bar{M}_1$,又设 F 满足结构条件(F1),(F3),则

$$[Du]_{0;\Omega}\leqslant M_1, \tag{2.2}$$

其中 M_1 只依赖于 $n,\mu_1,\mu_3,M_0,M_\beta,\bar{M}_1$ 与 β^{-1}.

证明 梯度估计一般采用 Bernstein 方法.以前,在自然结构条件下为得到梯度估计还需要利用非线性变换,这样不免要做相当繁琐的计算,下面给出改进的 Bernstein 方法,它可以避免非线性变换,又适用于自然结构条件.

由于 $u\in C^1(\bar{\Omega})$,必存在 $x_0\in\bar{\Omega}$ 使得$|Du(x_0)|=\sup_{\Omega}|Du|\triangleq M$.不妨设 $x_0\in\Omega$,$M\geqslant1$,取球 $B_{\frac{1}{M}}(x_0)$上的截断函数 $\zeta(x)$,它满足

$$\zeta(x_0) = 1, 0 \leqslant \zeta(x) \leqslant 1,$$

$$|D\zeta| \leqslant CM, |D^2\zeta| \leqslant CM^2, \tag{2.3}$$

其中 C 只依赖于 n. 在 $B_{\frac{1}{M}}(x_0) \cap \Omega$ 上考虑辅助函数

$$w(x) = \zeta^2(x)|Du|^2 + KM^2(u(x) - u(x_0))^2, \tag{2.4}$$

其中 K 是待定正常数,记椭圆算子

$$Lw = -\frac{\partial F}{\partial r_{ij}}(x, u, Du, D^2u)D_{ij}w - \frac{\partial F}{\partial p_i}(x, u, Du, D^2u)D_iw.$$

应用乘积微商公式,

$$\begin{aligned} Lw = & \zeta^2 L(|Du|^2) + |Du|^2 I(\zeta^2) - 2\frac{\partial F}{\partial r_{ij}}D_i\zeta^2 D_j(|Du|^2) \\ & + 2KM^2(u(x) - u(x_0))Lu - 2KM^2\frac{\partial F}{\partial r_{ij}}D_iuD_ju, \end{aligned} \tag{2.5}$$

注意到 $|Du|^2 = \sum_k (D_ku)^2$,则

$$L(|Du|^2) = 2D_ku \cdot L(D_ku) - 2\frac{\partial F}{\partial r_{ij}}D_{ki}uD_{kj}u.$$

对方程(1.1)关于 x_k 微商后得到

$$L(D_ku) = \frac{\partial F}{\partial z}D_ku + \frac{\partial F}{\partial x_k}.$$

根据结构条件(F3)

$$|L(D_ku)| \leqslant \lambda\mu_3(M^3 + M|D^2u|),$$

其中 $|D^2u|^2 = \sum_{i,j}(D_{ij}u)^2$. 于是

$$L(|Du|^2) \leqslant -2\lambda|D^2u|^2 + C\lambda M^2(M^2 + |D^2u|). \tag{2.6}$$

此外

$$|u(x) - u(x_0)| \leqslant M_\beta M^{-\beta}, \text{当 } x \in B_{\frac{1}{M}}(x_0) \cap \Omega \text{ 时}, \tag{2.7}$$

$$|Lu| \leqslant C\lambda(M^2 + |D^2u|). \tag{2.8}$$

将(2.6),(2.7),(2.8)代入(2.5),并应用(2.3),则在 $B_{\frac{1}{M}}(x_0) \cap \Omega$ 上

$$\begin{aligned} Lw \leqslant & -2\lambda\zeta^2|D^2u|^2 - 2\lambda KM^2|Du|^2 \\ & + C\lambda M^2(M^2 + |D^2u|) + C\lambda KM^{2-\beta}(M^2 + |D^2u|). \end{aligned}$$

应用 Cauchy 不等式,在 $B_{\frac{1}{M}}(x_0) \cap \Omega$ 上我们有

$$Lw \leqslant -2\lambda KM^2|Du|^2 + \frac{C\lambda M^4}{\zeta^2} + C\lambda\left(KM^{4-\beta} + \frac{K^2M^{4-2\beta}}{\zeta^2}\right). \tag{2.9}$$

如果 $w(x)$在$\partial B_{\frac{1}{M}}(x_0) \cap \Omega$ 的某点 y 上取到最大值,则

$$M^2 = w(x_0) \leqslant w(y) = KM^2(u(y) - u(x_0))^2 \leqslant CKM^{2-2\beta},$$

于是有

$$M \leqslant (CM)^{\frac{1}{2\beta}}.$$

如果 $w(x)$在 $B_{\frac{1}{M}}(x_0)\cap\partial\Omega$ 的某点 y 上取到最大值,则

$$M^2 = w(x_0) \leqslant w(y) \leqslant \overline{M}_1^2 + KM^2(u(y) - u(x_0))^2$$
$$\leqslant \overline{M}_1^2 + CKM^{2-2\beta}.$$

应用 Young 不等式不难得到

$$M^2 \leqslant 2\overline{M}_1^2 + CK^{\frac{2}{\beta}}.$$

如果 $w(x)$在 $B_{\frac{1}{M}}(x_0)\cap\Omega$ 的某内点 y 达到最大值,则由(2.9),在 y 点上我们有

$$0 \leqslant Lw \leqslant -2\lambda KM^2|Du|^2 + \frac{C\lambda M^4}{\zeta^2} + C\lambda\left(KM^{4-\beta} + \frac{K^2M^{4-2\beta}}{\zeta^2}\right),$$

即在 y 点上

$$\zeta^2|Du|^2 \leqslant \frac{C}{K}M^2 + C(M^{2-\beta} + KM^{2-2\beta}). \tag{2.10}$$

另一方面由 $w(x)$的表达式

$$M^2 = w(x_0) \leqslant w(y) \leqslant \zeta^2|Du|^2 + CKM^{2-2\beta},$$

将(2.10)代入上式得到

$$M^2 \leqslant \frac{C}{K}M^2 + C(M^{2-\beta} + KM^{2-2\beta}).$$

取 $K=2C$,则

$$M^2 \leqslant C(M^{2-\beta} + M^{2-2\beta}),$$

由此立即可得 $M\leqslant C$. 定理证毕.

§3 解的梯度的 Hölder 模估计

由于梯度是向量,故关于向量的情况,我们也需要有类似于第四章引理 2.1 的迭代结果.

引理 3.1 设 $\omega_i(R)(i=1,2,\cdots,N)$是定义于$(0,R_0]$上的非负非减函数,对于每一个 $R\in\left(0,\frac{R_0}{2}\right]$存在指标集 $A(R)\subset\{1,2,\cdots,N\}$(可以是空集)使得$\omega_i(R)$满足以下性质:

$$\sum_{i\in A(R)}\omega_i(R) \leqslant \gamma\sum_{i\in A(R)}\omega_i(2R) + C_0\left(\frac{R}{R_0}\right)^{\alpha}, \forall 0 < R \leqslant \frac{R_0}{2}, \tag{3.1}$$

$$\sum_{i\notin A(R)}\omega_i(R) \leqslant C_1\left[\sum_{i\in A(R)}\omega_i(2R) + \left(\frac{R}{R_0}\right)^{\alpha}\right], \forall 0 < R \leqslant \frac{R_0}{2}, \tag{3.2}$$

其中 $C_0, C_1>0, \gamma\in(0,1), \alpha\in(0,1]$是常数,则存在 $\alpha_1\in(0,\alpha], C_2>0$ 使得

$$\sum_{i=1}^{N}\omega_i(R)\leqslant C_2\left(\frac{R}{R_0}\right)^{\alpha_1}\Big(\sum_{i=1}^{N}\omega_i(R_0)+1\Big), \forall 0<R\leqslant R_0, \tag{3.3}$$

其中 α_1, C_2 只依赖于 N, C_0, C_1, α 与 γ.

证明　对于 $0<\beta<1$,写

$$\sum_{i=1}^{N}\omega_i(R)=\sum_{i\in A(R)}\omega_i(R)+\beta\sum_{i\notin A(R)}\omega_i(R)+(1-\beta)\sum_{i\notin A(R)}\omega_i(R).$$

前两项应用条件(3.1),(3.2),我们得到

$$\sum_{i=1}^{N}\omega_i(R)\leqslant(\gamma+C_1\beta)\sum_{i\in A(R)}\omega_i(2R)$$
$$+(1-\beta)\sum_{i\notin A(R)}\omega_i(2R)+(C_0+\beta C_1)\left(\frac{R}{R_0}\right)^{\alpha}.$$

现在取 β 使得 $\gamma+C_1\beta=1-\beta$,即 $\beta=\dfrac{1-\gamma}{C_1+1}>0$,因此

$$\sum_{i=1}^{N}\omega_i(R)\leqslant(1-\beta)\sum_{i=1}^{N}\omega_i(2R)+(C_0+\beta C_1)\left(\frac{R}{R_0}\right)^{\alpha},$$

应用第四章引理 2.1 立即得到(3.3).

定理 3.2　设 $u\in C^3(\Omega)$是方程(1.1)在 Ω 上的解,且$[u]_{0;\Omega}\leqslant M_0, [u]_{1;\Omega}\leqslant M_1$,又设 F 满足结构条件(F1)与(F3),则对于任意 $B_R\subset\Omega$,有

$$\sum_{i=1}^{n}\operatorname*{osc}_{B_{\sigma R}}D_iu\leqslant C\sigma^{\alpha}\Big\{\sum_{i=1}^{n}\operatorname*{osc}_{B_R}(D_iu)+R\Big\}, \forall 0<\sigma<1, \tag{3.4}$$

其中 $C\geqslant1, 0<\alpha<1$ 只依赖于 n, μ_1, μ_3, M_0 与 M_1.

证明　令

$$w_l^{\theta}=(-1)^{\theta}D_lu+\varepsilon|Du|^2\quad(l=1,2,\cdots,n;\theta=1,2), \tag{3.5}$$

其中 ε 是待定小正数(以后将取 $\varepsilon=[16M_1n]^{-1}$),记

$$\omega_l(R)=\operatorname*{osc}_{B_R}D_lu,\qquad \omega_{\theta n+l}(R)=\operatorname*{osc}_{B_R}w_l^{\theta}$$
$$(l=1,2,\cdots,n;\theta=1,2). \tag{3.6}$$

记椭圆算子

$$L=-\frac{\partial F}{\partial r_{ij}}(x,u,Du,D^2u)D_{ij}-\frac{\partial F}{\partial p_i}(x,u,Du,D^2u)D_i,$$

应用乘积微商公式

$$Lw_l^{\theta}=(-1)^{\theta}L(D_lu)+2\varepsilon D_kuL(D_ku)-2\varepsilon\frac{\partial F}{\partial r_{ij}}D_{ki}uD_{kj}u,$$

对方程(1.1)关于 x_l 微商后得到

$$L(D_lu)=\frac{\partial F}{\partial z}D_lu+\frac{\partial F}{\partial x_l},$$

应用结构条件(F3)并注意到$[Du]_{0;\Omega}\leqslant M_1$,则

$$Lw_l^\theta\leqslant C\lambda(1+|D^2u|)-2\varepsilon\lambda|D^2u|^2.$$

应用 Cauchy 不等式,我们有

$$\begin{aligned}-\frac{\partial F}{\partial r_{ij}}D_{ij}w_l^\theta&=Lw_l^\theta+\frac{\partial F}{\partial p_i}D_iw_l^\theta\\&\leqslant-2\varepsilon\lambda|D^2u|^2+C\lambda(1+|D^2u|)(1+|Dw_l^\theta|)\\&\leqslant C\lambda(1+|Dw_l^\theta|^2).\end{aligned}$$

最后一式中的常数 C 与 ε 有关,由于我们将取 $\varepsilon=(16nM_1)^{-1}$,我们不再标明这种关系.现在记

$$W_l^\theta=\sup_{B_R}w_l^\theta,\tag{3.7}$$

对于函数 $W_l^\theta-w_l^\theta$,应用引理 1.2 的弱 Harnack 不等式

$$\begin{aligned}\Phi_l^\theta\left(\frac{R}{2}\right)&\triangleq\left[⨍_{B_{\frac{R}{2}}}(W_l^\theta-w_l^\theta)^\kappa dx\right]^{\frac{1}{\kappa}}\\&\leqslant C\Big(W_l^\theta-\sup_{B_{\frac{R}{2}}}w_l^\theta+R^2\Big)\quad(l=1,2,\cdots,n;\theta=1,2).\end{aligned}\tag{3.8}$$

对于固定的 R,记指标集

$$\begin{aligned}A=\Bigg\{s=\theta n+l\,\Big|\,&\omega_l(R)\geqslant\frac{1}{2n}\sum_{i=1}^n\omega_i(R),\\&\Phi_l^\theta\left(\frac{R}{2}\right)=\max\left\{\Phi_l^1\left(\frac{R}{2}\right),\Phi_l^2\left(\frac{R}{2}\right)\right\}\Bigg\}.\end{aligned}\tag{3.9}$$

我们将对于 $\omega_s(R)(s=1,2,\cdots,3n)$应用引理 3.1.

当 $s=\theta n+l\in A$ 时,由(3.6),(3.5)与(3.9)得

$$\begin{aligned}\omega_s(R)&=\omega_l(R)-2\varepsilon M_1\sum_{i=1}^n\omega_i(R)\\&\geqslant\left(\frac{1}{2n}-2\varepsilon M_1\right)\sum_{i=1}^n\omega_i(R)\geqslant\frac{1}{4n}\sum_{i=1}^n\omega_i(R),\end{aligned}\tag{3.10}$$

这里用到 $\varepsilon=(16nM_1)^{-1}$.同理,当 $s=\theta n+l\in A$ 时有

$$\sum_{\sigma=1}^2(W_l^\sigma-w_l^\sigma)\geqslant\omega_l(R)-4\varepsilon M_1\sum_{i=1}^n\omega_i(R)\geqslant\frac{1}{4n}\sum_{i=1}^n\omega_i(R).\tag{3.11}$$

此外由(3.5)与 ε 的取法知

$$\omega_s(R)\leqslant\left(1+\frac{1}{4n}\right)\sum_{i=1}^n\omega_i(R)\quad(s=1,2,\cdots,3n).\tag{3.12}$$

由 Φ_l^θ 的定义(3.8),

$$\left[\fint_{B_{\frac{R}{2}}} \sum_{\sigma=1}^{2} (W_l^\sigma - w_l^\sigma)^\kappa dx \right]^{\frac{1}{\kappa}} \leqslant C \sum_{\sigma=1}^{2} \Phi_l^\sigma\left(\frac{R}{2}\right).$$

如果 $s=\theta n+l\in A$，由 A 的定义与(3.11)，

$$\Phi_l^\theta\left(\frac{R}{2}\right) \geqslant \frac{1}{2}\sum_{\sigma=1}^{2}\Phi_l^\sigma\left(\frac{R}{2}\right) \geqslant \frac{1}{2C}\left[\fint_{B_{\frac{R}{2}}} \sum_{\sigma=1}^{2} (W_l^\sigma - w_l^\sigma)^\kappa dx \right]^{\frac{1}{\kappa}}$$

$$\geqslant \frac{1}{8Cn}\sum_{i=1}^{n}\omega_i(R).$$

又应用(3.12)，当 $s=\theta n+l\in A$ 时

$$\Phi_l^\theta\left(\frac{R}{2}\right) \geqslant \frac{1}{8C(4n+1)}\omega_s(R)$$

于是当 $s=\theta n+l\in A$ 时，由(3.8)的估计，我们有

$$\omega_s(R) \leqslant C\left(W_l^\theta - \sup_{B_{\frac{R}{2}}} w_l^\theta + R^2\right)$$

$$\leqslant C\left(\omega_s(R) - \omega_s\left(\frac{R}{2}\right) + R^2\right),$$

即

$$\omega_s\left(\frac{R}{2}\right) \leqslant \frac{C-1}{C}\omega_s(R) + R^2, \text{当 } s\in A \text{ 时}. \tag{3.13}$$

此外由(3.12)与(3.10)，

$$\sum_{p=1}^{3n}\omega_p(R) \leqslant 3n\left(1+\frac{1}{4n}\right)\sum_{i=1}^{n}\omega_i(R)$$

$$\leqslant 12n^2\left(1+\frac{1}{4n}\right)\sum_{s\in A}\omega_s(R). \tag{3.14}$$

估计(3.13)，(3.14)说明对于 $\omega_s(R)(s=1,2,\cdots,3n)$引理 3.1 的条件成立，应用其结论即可完成定理的证明.

上述定理蕴含着 Du 的 Hölder 模内估计，为得到全局估计，我们尚需得到边界附近的估计. 这可以应用 Krylov 在 1983 年所建立的梯度 Hölder 模边界估计的引理，这个引理对于完全非线性方程的 $C^{2,\alpha}$ 全局估计尤其重要，后来 Caffarelli 与 Trudinger 简化了引理的证明，下面的证明是属于他们的.

在半径 $B_{R_0}^+$ 上考虑线性椭圆型方程

$$Lu = -a^{ij}(x)D_{ij}u = f(x). \tag{3.15}$$

设 λ,Λ 分别是矩阵$(a^{ij}(x))$的最小与最大特征值，它们满足

$$\lambda > 0, \Lambda/\lambda \leqslant \mu_1, \text{当 } x\in B_{R_0}^+ \text{ 时}, \tag{3.16}$$

其中 μ_1 是常数.

对于某 $\delta>0$,记柱形区域

$$B_{R,\delta}=\{x \mid |x'|<R, 0<x_n<\delta R\},$$

$$B^*_{\frac{R}{2},\delta}=\left\{x \mid |x'|<R, \frac{\delta R}{2}<x_n<\frac{3}{2}\delta R\right\}, \tag{3.17}$$

其中 $x'=(x_1,\cdots,x_{n-1})$.

引理 3.3 存在 $\delta=\delta(n,\mu_1)>0$,如果 (a^{ij}) 在 $B_{2R,\delta}$ 上满足(3.16), $u\in C(\overline{B}_{2R,\delta})\cap W^{2,n}_{\text{loc}}(B_{2R,\delta})$ 适合 $Lu\geqslant f$,且在 $B_{2R,\delta}$ 上非负,在 $x_n=0$ 上 $u=0$, $\frac{f}{\lambda}\in L^\infty(B_{2R,\delta})$,则存在 $\kappa>0, C\geqslant 1$ 使得

$$\left[⨍_{B^*_{\frac{R}{2},\sigma}}\left(\frac{u}{x_n}\right)^\kappa dx\right]^{\frac{1}{\kappa}}\leqslant C\left[\inf_{B_{\frac{R}{2},\delta}}\frac{u}{x_n}+R\left\|\frac{f}{\lambda}\right\|_{L^\infty(B_{2R,\delta})}\right], \tag{3.18}$$

其中 κ, C 只依赖于 n,μ_1.

证明 令 $v=\frac{u}{x_n}$,由引理 1.5 与引理 2.1 的闸函数论证方法可知道 v 是有界的,我们首先证明存在 $\delta=\delta(n,\mu_1)>0$ 使得

$$\inf_{\substack{|x'|<R\\ x_n=\delta R}} v\leqslant 2\left(\inf_{B_{\frac{R}{2},\delta}} v+R\left\|\frac{f}{\lambda}\right\|_{L^\infty(B^+_R)}\right). \tag{3.19}$$

为简单起见,我们可以规范化,设 $R=1,\lambda=1$, $\inf\limits_{|x'|<R} v(x',\delta R)=1$,在 $B_{1,\delta}$ 上考虑闸函数

$$w(x)=\left[1-|x'|^2+(1+\sup|f|)\frac{x_n-\delta}{\sqrt{\delta}}\right]x_n. \tag{3.20}$$

容易计算

$$\begin{aligned}Lw&=2\sum_{i=1}^{n-1}a^{ii}x_n+4\sum_{i=1}^{n-1}a^{in}x_i-\frac{2}{\sqrt{\delta}}a^{nn}(1+\sup|f|)\\&\leqslant-\frac{2}{\sqrt{\delta}}(1+\sup|f|)+6(n-1)\mu_1,\end{aligned}$$

取 $\delta=\min\left\{\frac{1}{16},\frac{1}{9(n-1)^2\mu_1^2}\right\}$,则当 $x\in B_{1,\delta}$ 时

$$Lw\leqslant f\leqslant Lu.$$

此外当 $x\in\partial B_{1,\delta}$ 时

$$\begin{aligned}&w|_{x_n=0}=u|_{x_n=0}=0,\\&w|_{x_n=\delta}\leqslant\delta\leqslant u|_{x_n=\delta},\\&w|_{|x'|=1}\leqslant 0\leqslant u|_{|x'|=1}.\end{aligned}$$

由 Aleksandrov 极值原理,在 $B_{1,\delta}$上 $u \geqslant w$,特别地在 $B_{\frac{1}{2},\delta}$上

$$v \geqslant \frac{3}{4} - (1 + \sup|f|)\sqrt{\delta} \geqslant \frac{1}{2} - \sup|f|.$$

对于非规范化的情况,上式蕴含着(3.19).

在 $B_{2R,\delta}$上对于非负解 u 应用弱 Harnack 不等式(第六章定理 3.3),我们有

$$\left[⨍_{B^*_{\frac{R}{2},\delta}} u^\kappa dx\right]^{\frac{1}{\kappa}} \leqslant C\left[\inf_{B^*_{\frac{R}{2},\delta}} u + R^2\left\|\frac{f}{\lambda}\right\|_{L^\infty}\right].$$

注意到在 $B^*_{\frac{R}{2},\delta}$上

$$\frac{2u}{3\delta R} \leqslant v \leqslant \frac{2u}{\delta R},$$

上式可写成

$$\begin{aligned}\left[⨍_{B^*_{\frac{R}{2},\delta}} v^\kappa dx\right]^{\frac{1}{\kappa}} &\leqslant C\left[\inf_{B^*_{\frac{R}{2},\delta}} v + R\left\|\frac{f}{\lambda}\right\|_{L^\infty}\right] \\ &\leqslant C\left[\inf_{\substack{|x'|<R \\ x_n=\delta R}} v + R\left\|\frac{f}{\lambda}\right\|_{L^\infty}\right].\end{aligned}$$

将(3.19)代入立即得到(3.18).

引理 3.4 (Krylov 引理)　设(a^{ij})在 B_1^+ 上满足(3.16),$\frac{f}{\lambda} \in L^\infty(B_1^+)$,$u \in C(\overline{B}_1^+) \cap W^{2,n}_{\mathrm{loc}}(B_1^+)$满足方程(3.15),则存在 $C \geqslant 1$,$0<\alpha<1$ 使得对于任意 $0<R\leqslant 1$,有

$$\operatorname*{osc}_{B_R^+} \frac{u}{x_n} \leqslant C R^\alpha\left(\operatorname*{osc}_{B_1^+} \frac{u}{x_n} + \left\|\frac{f}{\lambda}\right\|_{L^\infty(B_1^+)}\right), \tag{3.21}$$

其中 α,C 只依赖于 n,μ_1.由此可得

$$[Du]_{\alpha;\partial B_\theta^+\cap\{x_n=0\}} \leqslant C(1-\theta)^{-\alpha}\left(|u|_{1,B_1^+} + \left\|\frac{f}{\lambda}\right\|_{L^\infty(B_1^+)}\right), \quad 0<\theta<1. \tag{3.22}$$

证明　记

$$M(R) = \sup_{B_{R,\delta}} v, \quad m(R) = \inf_{B_{R,\delta}} v, \quad \omega(R) = M(R) - m(R),$$

其中 $v = \frac{u}{x_n}$,δ 是引理 3.3 确定的常数,对函数 $x_n M(2R) - u$ 与 $u - x_n m(2R)$应用引理 3.3,则有

$$\left[⨍_{B^*_{\frac{R}{2},\delta}} (M(2R) - v)^\kappa dx\right]^{\frac{1}{\kappa}} \leqslant C\left[M(2R) - M\left(\frac{R}{2}\right) + R\left\|\frac{f}{\lambda}\right\|_{L^\infty}\right],$$

$$\left[⨍_{B^*_{B_{\frac{R}{2}},\delta}}(v-m(2R))^\kappa dx\right]^{\frac{1}{\kappa}}\leqslant C\left[m\left(\frac{R}{2}\right)-m(2R)+R\left\|\frac{f}{\lambda}\right\|_{L^\infty}\right].$$

于是

$$\omega(2R)\leqslant C\left\{\left[⨍_{B^*_{\frac{R}{2},\delta}}(M(2R)-v)^\kappa dx\right]^{\frac{1}{\kappa}}+\left[⨍_{B^*_{\frac{R}{2},\delta}}(v-m(2R))^\kappa dx\right]^{\frac{1}{\kappa}}\right\}$$

$$\leqslant C\left[\omega(2R)-\omega\left(\frac{R}{2}\right)+R\left\|\frac{f}{\lambda}\right\|_{L^\infty}\right],$$

整理后得

$$\omega\left(\frac{R}{2}\right)\leqslant\frac{C-1}{C}\omega(2R)+R\left\|\frac{f}{\lambda}\right\|_{L^\infty}.$$

然后应用第四章引理 2.1 可得(3.21).

定理 3.5 设方程(1.1)满足结构条件(F1),(F3),$\partial\Omega\in C^2$,$\varphi\in C^2(\bar{\Omega})$,又设 $u\in C^3(\Omega)\cap C^1(\bar{\Omega})$是问题(1.1),(1.2)的解,且$[u]_{0;\Omega}\leqslant M_0$,$[u]_{1;\Omega}\leqslant M_1$,则存在 $C>0$,$0<\beta<1$ 使得对于任意 $x_0\in\partial\Omega$

$$\sum_{i=1}^n\underset{B_R(x_0)}{\operatorname{osc}}D_iu\leqslant CR^\beta,\ \forall R>0,\tag{3.23}$$

其中 β,C 依赖于 $n,\mu_1,\mu_3,M_0,M_1,|\varphi|_2$ 与$\partial\Omega$.

证明 首先令 $v=u-\varphi$,v 满足方程

$$-a^{ij}D_{ij}v=-a^{ij}D_{ij}\varphi+F(x,u,Du,0),$$

其中

$$a^{ij}=\int_0^1\frac{\partial F}{\partial r_{ij}}(x,u,Du,\tau D^2u)d\tau.$$

设 $x_0\in\partial\Omega$,由于$\partial\Omega\in C^2$,我们可以通过一个 C^2 微分同胚将$\partial\Omega$ 在 x_0 的邻域展平,并使 x_0 在 Ω 的邻域映为B_1^+,由上面的 Krylov 引理

$$[Dv]_{\alpha;\partial B^+_{\frac{1}{2}}\cap\{x_n=0\}}\leqslant C.$$

现在映回原区域 Ω,并应用有限覆盖定理可得

$$[Du]_{\alpha;\partial\Omega}\leqslant C.\tag{3.24}$$

类似于内估计,考虑函数

$$w_l^\theta=(-1)^\theta D_lu+\varepsilon\sum_{i=1}^n(D_iu)^2\quad(l=1,2,\cdots,n;\theta=1,2).\tag{3.25}$$

在引理 3.2 中已证

$$-\frac{\partial F}{\partial r_{ij}}D_{ij}w_l^\theta\leqslant C_\varepsilon\lambda(1+|Dw_l^\theta|^2).$$

由引理 1.5,对于任意 $x_0\in\partial\Omega$,$x\in\Omega$,

$$w_l^\theta(x) - w_l^\theta(x_0) \leqslant C_\varepsilon |x - x_0|^{\frac{\alpha}{1+\alpha}}\Big(1 + \sum_l [w_l^\theta]_{\alpha;\partial\Omega}\Big).$$

由 w_l^θ 的定义与(3.24),上式蕴含着

$$|D_l u(x) - D_l u(x_0)| - 2\varepsilon M_1 \sum_{i=1}^n |D_i u(x) - D_i u(x_0)| \leqslant C_\varepsilon |x - x_0|^{\frac{\alpha}{1+\alpha}},$$

对 l 求和后,并取 $\varepsilon = \dfrac{1}{4nM_1}$ 后,则有

$$\sum_{l=1}^n |D_l u(x) - D_l u(x_0)| \leqslant C|x - x_0|^{\frac{\alpha}{1+\alpha}}, x_0 \in \partial\Omega, x \in \Omega.$$

由此立即得到(3.23).

这样由定理 3.2 的内估计与定理 3.5 的边界附近的估计,我们可得到梯度的全局 Hölder 模估计,即存在 $C \geqslant 1, 0 < \beta < 1$ 使得

$$\sum_{i=1}^n [D_i u]_{\beta;\Omega} \leqslant C,$$

其中 β, C 只依赖于 $n, \mu_1, \mu_3, |u|_0, [u]_1, |\varphi|_2$ 以及 Ω.

§4　非散度型拟线性方程的可解性

现在考虑拟线性方程

$$-a^{ij}(x,u,Du)D_{ij}u + b(x,u,Du) = 0, \tag{4.1}$$

这相当于方程(1.1)中取非线性函数

$$F(x,z,p,r) = a^{ij}(x,z,p)r_{ij} - b(x,z,p).$$

这样相应的结构条件可重新叙述如下:

(F1)′设 λ, Λ 分别为矩阵 (a^{ij}) 的最小特征值与最大特征值,在 $\Omega \times \mathbb{R} \times \mathbb{R}^n$ 上

$$\lambda > 0, \Lambda/\lambda \leqslant \mu_1(|z|);$$

(F2)′ $|b(x,z,p)| \leqslant \lambda\mu_2(|z|)(1+|p|^2)$;

(F3)′ $\sum_{ij}[(1+|p|)^{-1}|D_x a^{ij}| + |D_z a^{ij}| + (1+|p|)|D_p a^{ij}|] \leqslant \lambda\mu_3(|z|)$,

$(1+|p|)^{-1}|D_x b| + |D_z b| + (1+|p|)|D_p b| \leqslant \lambda\mu_3(|z|)(1+|p|^2)$;

(F5)′ $-b(x,z,p)\operatorname{sign} z \leqslant \lambda\bar{\mu}(1+|p|)$.

从§1—§3,我们知道,在结构条件(F1)′,(F2)′,(F3)′与(F5)′下,当 $\partial\Omega \in C^2, \varphi \in C^2(\bar{\Omega})$ 时,如果 $u \in C^3(\Omega) \cap C^1(\bar{\Omega})$ 是 Dirichlet 问题(4.1)与(1.2)的解,则对于某 $0 < \beta < 1$,我们可得到 u 在 $C^{1,\beta}(\bar{\Omega})$ 中的先验估计.

现在我们来研究拟线性方程(4.1)的 Dirichlet 问题的可解性,这里我们将应用 Leray-Schauder 不动点定理的一个特殊情形:

设 T 是 Banach 空间 X 到自身的一个紧映射,又设存在常数 M 使得

$$\|x_0\|_X \leqslant M, \forall x_0 \in \{x \in X \mid \exists \sigma \in [0,1]_3, x = \sigma T x\},$$

则 T 有一个不动点.

定理 4.1 设 $0<\alpha<1$, $\partial\Omega\in C^{2,\alpha}$, 方程(4.1)的系数 $a^{ij}, b\in C^1(\Omega\times\mathbb{R}\times\mathbb{R}^n)$ 且满足结构条件(F1)′,(F2)′,(F3)′与(F5)′, $\varphi\in C^{2,\alpha}(\bar{\Omega})$ 则 Dirichlet 问题(4.1),(1.2)存在解 $u\in C^{2,\alpha}(\bar{\Omega})$.

证明 先设 $a^{ij}, b\in C^{1,\delta}(\Omega\times\mathbb{R}\times\mathbb{R}^n)$, 其中 $0<\delta<1$. 取 Banach 空间 $X=C^{1,\alpha}(\bar{\Omega})$, 对于任意 $v\in C^{1,\alpha}(\bar{\Omega})$, 解以下 Dirichlet 问题

$$\begin{cases} -a^{ij}(x,v,Dv)D_{ij}u + b(x,v,Dv) = 0, & \text{在 } \Omega \text{ 内}, \\ u = \varphi, & \text{在 } \partial\Omega \text{ 上}. \end{cases} \tag{4.2}$$

由假定与 Schauder 理论,上述问题存在唯一的解 $u\in C^{2,\alpha}(\bar{\Omega})$, 定义映射 $u=Tv$, 类似于第五章定理 6.1,可证明 T 是紧映射. 对于 $u\in C^{1,\alpha}(\bar{\Omega})$, 且 $u=\sigma Tu$, 它恰为以下 Dirichlet 问题

$$\begin{cases} -a^{ij}(x,u,Du)D_{ij}u + \sigma b(x,u,Du) = 0, & \text{在 } \Omega \text{ 内}, \\ u = \sigma\varphi, & \text{在 } \partial\Omega \text{ 上} \end{cases} \tag{4.3}$$

的解. 由上面关于 T 的定义的叙述,我们已经知道必有 $u\in C^{2,\alpha}(\bar{\Omega})$, 又由于 $a^{ij}, b\in C^{1,\delta}(\Omega\times\mathbb{R}\times\mathbb{R}^n)$ 并应用 Schauder 理论, $u\in C^{3,\delta}(\Omega)\cap C^{2,\delta}(\bar{\Omega})$, 这样由 §1—§3的先验估计,我们知道存在 $C>0$, $0<\beta<1$ 使得(4.3)的解有以下估计

$$|u|_{1,\beta;\Omega}\leqslant C.$$

由 Schauder 估计,则有

$$|u|_{2,\beta;\Omega}\leqslant C.$$

因而对于任意使得 $u=\sigma Tu$ 的不动点,都有

$$|u|_{1,\alpha;\Omega}\leqslant C.$$

现在由 Leray-Schauder 定理立即得到问题(4.1),(1.2)存在解 $u\in C^{2,\alpha}(\bar{\Omega})$.

对于一般情况,我们可以用逼近的技巧,取 $a_N^{ij}, b_N\in C^{1,\delta}(\Omega\times\mathbb{R}\times\mathbb{R}^n)$, 来逼近 a^{ij}, b. 细节留给读者作为练习.

由此我们可以看到关于系数的进一步光滑性假定是无关紧要的,结构条件才是实质性的.

§5 关于完全非线性方程的可解性

关于完全非线性方程的 Dirichlet 问题, Leray-Schauder 定理不再适用,因为用类似于 §4 的方法此时无法构造一个紧映射. 我们将应用非线性泛函分析中的隐函数定理来做连续拓展.

首先我们叙述有关非线性泛函分析的一些概念,并不加证明地引述隐函数定

理.

设 X_1,X_2 是实 Banach 空间,F 是 $X_1\to X_2$ 的映射,F 在 $u\in X_1$ 上 Fréchet 可微是指存在有界线性算子 $L:X_1\to X_2$ 使得

$$\| F[u+h]-F[u]-Lh \|_{X_2}=o(\| h\|_{X_1}),\forall h\in X_1, \tag{5.1}$$

映射 L 被称为 F 在 u 的 Fréchet 导数,记为 F_u.

例 1　如果 F 是 $X_1\to X_2$ 的有界线性算子,则 $F_u=F$.

例 2　如果 $F[u]=F(D^2u),X_1=C^{2,\alpha}(\bar\Omega),X_2=C^\alpha(\bar\Omega)$. 函数 $F\in C^1(\mathscr{S}^n)$,则

$$F_u=\frac{\partial F}{\partial r_{ij}}(D^2u)D_{ij}. \tag{5.2}$$

事实上

$$\begin{aligned}
&\left\| F[u+h]-F[u]-\frac{\partial F}{\partial r_{ij}}(D^2u)D_{ij}h\right\|_{C^\alpha}\\
=&\left\| F(D^2u+D^2h)-F(D^2u)-\frac{\partial F}{\partial r_{ij}}(D^2u)D_{ij}h\right\|_{C^\alpha}\\
=&\left\| \int_0^1\frac{\partial F(D^2u+\tau D^2h)}{\partial r_{ij}}D_{ij}hd\tau-\frac{\partial F}{\partial r_{ij}}(D^2u)D_{ij}(h)\right\|_{C^\alpha}\\
\leqslant&\| h\|_{C^{2,\alpha}(\bar\Omega)}\int_0^1\left\|\frac{\partial F(D^2u+\tau D^2h)}{\partial r_{ij}}-\frac{\partial F}{\partial r_{ij}}(D^2u)\right\|_{C^\alpha}d\tau\\
=&o(\| h\|_{C^{2,\alpha}(\bar\Omega)}).
\end{aligned}$$

现在设 X_1,Σ,X_2 是实 Banach 空间,映射 $G:X_1\times\Sigma\to X_2$ 在点 $(u,\sigma)\in X_1\times\Sigma$ 的 Fréchet 导数记为 $G_{(u,\sigma)}$,对于任意 $h\in X_1,\lambda\in\Sigma$,

$$G_{(u,\sigma)}(h,\lambda)=G^1_{(u,\sigma)}h+G^2_{(u,\sigma)}\lambda,$$

则 $G^1_{(u,\sigma)}:X_1\to X_2,G^2_{(u,\sigma)}:\Sigma\to X_2$ 称为 G 在 (u,σ) 的 Fréchet 偏导数.

隐函数定理　设 X_1,Σ,X_2 是实 Banach 空间,G 是由 $X_1\times\Sigma$ 的某开子集到 X_2 的映射,对于 $(u_0,\sigma_0)\in X_1\times\Sigma$,$G$ 满足:

(1) $G[u_0,\sigma_0]=0$.

(2) G 在 $[u_0,\sigma_0]$ 的邻域可微且其 Fréchet 导数在 (u_0,σ_0) 连续.

(3) 关于 u 的 Fréchet 偏导数 $G^1_{(u_0,\sigma_0)}$ 可逆. 则存在 σ_0 在 Σ 的邻域 $\mathscr{N}$,使得 $G[u,\sigma]=0$ 对于每一个 $\sigma\in\mathscr{N}$ 可解,即对于每一 $\sigma\in\mathscr{N}$,存在 u_σ 使得 $G[u_\sigma,\sigma]=0$.

现在记

$$F[u]=F(x,u,Du,D^2u).$$

定理 5.1　设 $F\in C^1(\Gamma)$ 且满足结构条件(F1),如果对于某 $0<\beta<1,\partial\Omega\in$

$C^{2,\beta}$,$\varphi\in C^{2,\beta}(\bar{\Omega})$,方程(1.1)满足其它结构条件(可以与 β 有关),且对于 $\sigma\in[0,1]$,方程 $F[u]-\sigma F[\varphi]=0$ 在 $C^{2,\beta}(\bar{\Omega})$中满足边值条件(1.2)的所有可能解都有先验估计

$$|u|_{2,\beta;\Omega}\leqslant M, \tag{5.3}$$

其中 $M\geqslant 1$ 只依赖于 n,β,结构条件,φ 与$\partial\Omega$.此外又设 F 满足

(F6) $\qquad F_z(x,z,p,r)\leqslant 0,\ \forall(x,z,p,r)\in\Gamma,$

则 Dirichlet 问题(1.1),(1.2)存在解 $u\in C^{2,\beta}(\bar{\Omega})$.

证明 取 $X_1=\{v\in C^{2,\beta}(\bar{\Omega})\mid 在\partial\Omega 上 v=0\}$,$X_2=C^{\beta}(\bar{\Omega})$,$\Sigma=\mathbb{R}$.在现在定义 $G:X_1\times[0,1]\to X_2$,

$$G[v,\sigma]=F[v+\varphi]-\sigma F[\varphi]. \tag{5.4}$$

我们将解方程 $G[v,\sigma]=0$,容易看出当 $\sigma=0$ 时,$G[v,0]=0$ 如果有解 $v_0\in X_1$,则 $u=v_0+\varphi$ 必为 Dirichlet 问题(1.1),(1.2)的解.现在记

$$S=\{\sigma\in[0,1]\mid\exists v\in X_1,G[v,\sigma]=0\}. \tag{5.5}$$

首先 S 是非空的,因为当 $\sigma=1$ 时 $v\equiv 0$ 是隐函数方程 $G[v,\sigma]=0$ 的解,即$1\in S$.我们将证明 S 相对于$[0,1]$既开又闭,则 $S=[0,1]$,定理就得证了.

我们可以应用隐函数定理来证明 S 相对于$[0,1]$是开的,设 $\sigma_0\in S$,由 S 的定义(5.5),必存在 $v_0\in X_1$ 使得 $G[v_0,\sigma_0]=0$,容易计算 Fréchet 偏导数

$$G^1_{(v_0,\sigma_0)}=\left[\frac{\partial F}{\partial r_{ij}}D_{ij}+\frac{\partial F}{\partial p_i}D_i+\frac{\partial F}{\partial z}\right]_{(z,p,r)=(v_0+\varphi,D(v_0+\varphi),D^2(v_0+\varphi))}$$

这是一个由 $X_1\to X_2$ 的线性椭圆型算子,由假定(F6)、极值原理与 Schauder 理论,$G^1_{(v_0,\sigma_0)}$是可逆的,由隐函数定理,存在 σ_0 的邻域 $\mathcal{N}\cap[0,1]$,使得当 $\sigma\in\mathcal{N}\cap[0,1]$时,$G[v,\sigma]=0$ 是可解的,即 $\mathcal{N}\cap[0,1]\subset S$.

现在再证明 S 是闭的,这就需要应用先验估计(5.3).设 $\sigma_n\in S$,当 $n\to\infty$时 $\sigma_n\to\sigma_0$.要证 $\sigma_0\in S$.由 S 的定义,存在 $v_n\in X_1$ 使得 $G[v_n,\sigma_n]=0$,即

$$\begin{gathered}v_n\in C^{2,\beta}(\bar{\Omega}),v_n|_{\partial\Omega}=0,\\ F[v_n+\varphi]-\sigma_nF[\varphi]=0.\end{gathered} \tag{5.6}$$

由(5.3),则$|v_n+\varphi|_{2,\beta;\Omega}\leqslant M$,由 Ascoli-Arzelá 定理,$v_n$ 必存在于$C^2(\bar{\Omega})$收敛的子序列收敛于某函数 v_0,且 $v_0\in C^{2,\beta}(\bar{\Omega})$,在(5.7)中按此子序列取极限后可得

$$F[v_0+\varphi]-\sigma_0F[\varphi]=0,$$

即 $\sigma_0\in S$.定理得证.

附注 在定理 5.1 的假定下,如果对于某 $0<\alpha<1$,进一步假定 $F\in C^{k,\alpha}(\Gamma)$ $(k\geqslant 1)$,则 Dirichlet 问题(1.1),(1.2)的解 $u\in C^{k+2,\alpha}(\Omega)\cap C^{2,\beta}(\bar{\Omega})$.如果假定 $F\in C^{k,\alpha}(\bar{\Gamma})(k\geqslant 1)$,$\varphi\in C^{k+2,\alpha}(\bar{\Omega})$,$\partial\Omega\in C^{k+2,\alpha}$,则 $u\in C^{k+2,\alpha}(\bar{\Omega})$.

由定理 5.1 我们可以看出,对于完全非线性方程的 Dirichlet 问题的可解性可以归结为先验估计(5.3),即解的 $C^{2,\beta}$全局估计.

§6　一类特殊方程

本节将考虑如下的完全非线性方程

$$F(D^2u)=0. \tag{6.1}$$

我们将仅假定 F 满足结构条件(F1),(F4).

定理 6.1　设 F 满足结构条件(F1),(F4),$F\in C^2(\Gamma)$,$\partial\Omega\in C^3$,$\varphi\in C^3(\bar{\Omega})$,则存在 $C\geqslant 1$,$0<\beta<1$,使得对于 Dirichlet 问题(6.1),(1.2)的解 $u\in C^{2,\beta}(\bar{\Omega})$,都有以下估计

$$[D^2u]_{\beta;\Omega}\leqslant C(|u|_{0;\Omega}+|\varphi|_{3;\Omega}), \tag{6.2}$$

其中 β 与 C 仅依赖于 n,$\mu_1(|\mu|_0)$与$\partial\Omega$.

首先我们应该注意到对于任意 $1<p<\infty$,$u\in W^{4,p}_{\mathrm{loc}}(\Omega)\cap C^{2,\beta}(\bar{\Omega})$.事实上,利用差商不难证明 $Du\in C^{2,\beta}(\Omega)$,且

$$\frac{\partial F}{\partial r_{ij}}(D^2u)D_{ij}(D_ku)=0\qquad(k=1,2,\cdots,n).$$

由 L^p 理论,则有 $D_ku\in W^{3,p}_{\mathrm{loc}}(\Omega)$.

为证明定理 6.1,我们需要代数上的一个引理.

引理 6.2　对于 $0<\theta\leqslant\Theta<\infty$,记对称矩阵集合

$$S[\theta,\Theta]=\{A\in\mathscr{S}^n\,|\,\theta I\leqslant A\leqslant\Theta I\}, \tag{6.3}$$

则存在 N 个单位向量 $\gamma_1,\gamma_2,\cdots,\gamma_N$,使得对于任意 $A\in S[\theta,\Theta]$,有

$$A=\sum_{i=1}^{N}\beta_i(A)\gamma_i\otimes\gamma_i, \tag{6.4}$$

$$0<\theta_1\leqslant\beta_i(A)\leqslant\Theta_1<\infty\quad(i=1,2,\cdots,N) \tag{6.5}$$

其中 $N,\gamma_k(k=1,\cdots,N),\theta_1,\Theta_1$ 只依赖于 n,θ,Θ.

证明　记 e_i 为第 i 个坐标向量,$e_{ij}=e_i+e_j$,则矩阵

$$\begin{pmatrix} n & & 1\\ & \ddots & \\ 1 & & n\end{pmatrix}=\sum_{i=1}^{n}e_i\otimes e_i+\sum_{\substack{i,j=1\\ i<j}}^{n}e_{ij}\otimes e_{ij}.$$

对于任意 $A\in S\left[\frac{\theta}{2},\Theta\right]$,存在非退化矩阵 C 使得

$$A=C^{\mathrm{T}}\begin{pmatrix} n & & 1\\ & \ddots & \\ 1 & & n\end{pmatrix}C.$$

因此

$$A=\sum_{i=1}^{n}Ce_i\otimes Ce_i+\sum_{\substack{i,j=1\\i<j}}^{n}Ce_{ij}\otimes Ce_{ij},$$

即对于矩阵 A 存在 $n(n+1)/2$ 个单位向量 $\tilde{\gamma}_1,\tilde{\gamma}_2,\cdots\tilde{\gamma}_{\frac{n(n+1)}{2}}$ 使得 $\tilde{\gamma}_i\otimes\tilde{\gamma}_i$ $\left(i=1,2,\cdots,\frac{n(n+1)}{2}\right)$是 $\mathscr{S}^n$ 的线性无关的元素,且

$$A=\sum_{i=1}^{\frac{n(n+1)}{2}}\beta_i\tilde{\gamma}_i\otimes\tilde{\gamma}_i.$$

定义对称矩阵集合

$$U(\tilde{\gamma}_1,\tilde{\gamma}_2,\cdots,\tilde{\gamma}_{N_1})=\left\{\sum_{i=1}^{N_1}\beta_i\tilde{\gamma}_i\otimes\tilde{\gamma}_i\,|\,\beta_i>0\right\},$$

其中 $N_1=\frac{n(n+1)}{2}$. 显然 $U(\tilde{\gamma}_1,\cdots,\tilde{\gamma}_{N_1})$是 $\mathscr{S}^n$ 的开集,对于任意 $A\in S\left[\frac{\theta}{2},\Theta\right]$,相应的所有 $U(\tilde{\gamma}_1,\cdots,\tilde{\gamma}_{N_1})$构成了 $S\left[\frac{\theta}{2},\Theta\right]$的开覆盖,而 $S\left[\frac{\theta}{2},\Theta\right]$是闭集,存在有限覆盖 $U^{(1)},U^{(2)},\cdots,U^{(N_2)}$. 将上述向量合在一起,记为 $\gamma_1,\cdots,\gamma_N$,则对于任意 $A\in S\left[\frac{\theta}{2},\Theta\right]$,都有

$$A=\sum_{i=1}^{N}\tilde{\beta}_i\gamma_i\otimes\gamma_i,\quad \tilde{\beta}_i\geqslant 0.$$

现在如果 $A\in S[\theta,\Theta]$,则

$$A-\sum_{i=1}^{N}\frac{\theta}{2N}\gamma_i\otimes\gamma_i\in S\left[\frac{\theta}{2},\Theta\right].$$

因此

$$A-\sum_{i=1}^{N}\frac{\theta}{2N}\gamma_i\otimes\gamma_i=\sum_{i=1}^{N}\tilde{\beta}_i\gamma_i\otimes\gamma_i.$$

只须取 $\beta_i(A)=\tilde{\beta}_i+\frac{\theta}{2N}$,即得(6.3).

附注 在引理 6.2 中$\{\gamma_1,\cdots,\gamma_N\}$中可以包括向量

$$e_i,(e_i+e_j)/\sqrt{2}\quad(i,j=1,2,\cdots,n),$$

因此容易验证:存在常数 C(只依赖于 n,θ,Θ)使得

$$\frac{1}{C}|D^2u|^2\leqslant\sum_{k=1}^{N}\left|D_{\gamma_k\gamma_k}u\right|^2\leqslant C|D^2u|^2,$$

其中 $D_{\gamma_k\gamma_k}u$ 表示 u 沿着 γ_k 的二次方向微商.

定理 6.1 的证明 对于 $S[1,\mu_1]$按引理 6.2 确定向量 $\gamma_1,\gamma_2,\cdots,\gamma_N$,并使其包括 $e_i,(e_i+e_j)/\sqrt{2}(i,j=1,2,\cdots,n)$,其中 $\mu_1=\mu_1(|\mu|_0)$为结构条件(F1)中的

数.为简单起见,我们经常省略 γ_k 的下标,简单记为 γ.

方程(6.1)沿方向 γ 微商两次后得

$$\frac{\partial F}{\partial r_{ij}}D_{ij}(D_{\gamma\gamma}u)+\frac{\partial^2 F}{\partial r_{ij}\partial r_{kl}}D_{ij\gamma}uD_{kl\gamma}u=0,$$

由 F 关于 γ 的凹性条件(F4),

$$-\frac{\partial F}{\partial r_{ij}}D_{ij}(D_{\gamma\gamma}u)\leqslant 0. \tag{6.6}$$

设球 $B_{2R}\subset\Omega$,记

$$M_k(R)=\sup_{B_R}D_{\gamma_k\gamma_k}u,\ m_k(R)=\inf_{B_R}D_{\gamma_k\gamma_k}u, \tag{6.7}$$
$$\omega_k(R)=M_k(R)-m_k(R).$$

由(6.6),对于 $M_k(2R)-D_{\gamma_k\gamma_k}u$ 可应用第六章定理 2.3 的弱 Harnack 不等式,我们得到

$$\begin{aligned}\Phi_k(R)&\triangleq\left[\fint_{B_R}(M_k(2R)-D_{\gamma_k\gamma_k}u)^{\kappa}dx\right]^{\frac{1}{\kappa}}\\&\leqslant C(M_k(2R)-M_k(R))(k=1,2,\cdots,N).\end{aligned} \tag{6.8}$$

由方程(6.1)与引理 6.2,

$$\begin{aligned}0&=F(D^2u(x))-F(D^2u(y))\\&=\frac{\partial F(r^*)}{\partial r_{ij}}(D_{ij}u(x)-D_{ij}u(y))\\&=\lambda\sum_{k=1}^{N}\beta_k\left(D_{\gamma_k\gamma_k}u(x)-D_{\gamma_k\gamma_k}u(y)\right).\end{aligned}$$

于是当 $x,y\in B_{2R}$时对于某一 $1\leqslant l\leqslant N$,

$$\begin{aligned}\beta_l\left(D_{\gamma_l\gamma_l}u(x)-D_{\gamma_l\gamma_l}u(y)\right)&=-\sum_{k\neq l}\beta_k\left(D_{\gamma_k\gamma_k}u(x)-D_{\gamma_k\gamma_k}(y)\right)\\&\geqslant-\Theta\sum_{k\neq l}\left(M_k(2R)-D_{\gamma_k\gamma_k}(y)\right),\end{aligned}$$

由此推得当 $y\in B_{2R}$时,

$$\theta'\left(D_{\gamma_l\gamma_l}u(y)-m_l(2R)\right)\leqslant\Theta'\sum_{k\neq l}\left(M_k(2R)-D_{\gamma_k\gamma_k}u(y)\right).$$

应用(6.8),

$$\begin{aligned}\left[\fint_{B_R}\left[D_{\gamma_l\gamma_l}u(y)-m_l(2R)\right]^{\kappa}dy\right]^{\frac{1}{\kappa}}&\leqslant C\sum_k\Phi_k(R)\\&\leqslant C\sum_{k=1}^{N}\left[M_k(2R)-M_k(R)\right].\end{aligned}$$

于是由此式与(6.8)

$$M_l(2R)-m_l(2R)\leqslant C\left\{\left[\fint_{B_R}\left(D_{\gamma_l\gamma_l}u(y)-m_l(2R)\right)^{\kappa}dy\right]^{\frac{1}{\kappa}}+\left[\fint_{B_R}\left(M_l(2R)-D_{\gamma_l\gamma_l}u(y)\right)^{\kappa}dy\right]^{\frac{1}{\kappa}}\right\}$$

$$\leqslant C\sum_{k=1}^{N}\left[M_k(2R)-M_k(R)\right],$$

不等式对 l 从 1 至 N 求和后得

$$\sum_{l=1}^{N}\omega_l(2R)\leqslant C\left[\sum_{k=1}^{N}\omega_k(2R)-\sum_{k=1}^{N}\omega_k(R)\right].$$

整理后得到

$$\sum_{l=1}^{N}\omega_l(R)\leqslant\frac{C-1}{C}\sum_{l=1}^{N}\omega_l(2R).$$

由第四章引理 2.1,则有

$$\sum_{l=1}^{N}\omega_l(\sigma R)\leqslant C\sigma^{\alpha}\sum_{l=1}^{N}\omega_l(R),\ \forall\,0<\sigma\leqslant 1,\tag{6.9}$$

其中 $C\geqslant 1,0<\alpha<1$ 仅依赖于 n,μ_1.上式蕴含着二阶导数的 Hölder 模内估计,即对于任意 $x,y\in\Omega$,有

$$|D^2u(x)-D^2u(y)|\leqslant C\left[\frac{|x-y|}{\min\{d_x,d_y\}}\right]^{\alpha}|D^2u|_{0;\Omega}.\tag{6.10}$$

下面讨论二阶导数在边界附近的 Hölder 模估计.令 $v=u-\varphi$,则 D_kv 满足方程

$$-\frac{\partial F}{\partial r_{ij}}D_{ij}(D_kv)=f_k(x)\quad(k=1,2,\cdots,n),$$

$$\sup\left|\frac{f_k(x)}{\lambda}\right|\leqslant C|\varphi|_{3;\Omega}.\tag{6.11}$$

对于 $x_0\in\partial\Omega$,由于 $\partial\Omega\in C^3$,存在一个 C^3 微分同胚将 $\partial\Omega$ 在 x^0 的邻域展平,并将 x_0 点相对于 Ω 的邻域映为 B_1^+,不妨设 D_kv 在 B_1^+ 上仍满足形如(6.11)的方程,对于 $k=1,2,\cdots,n-1$,由于 $D_kv|_{x_n=0}=0$,可应用 Krylov 引理(引理 3.4)得到

$$[D_nD_kv]_{\alpha;\partial B_{\frac{1}{2}}^+\cap\{x_n=0\}}\leqslant C[|u|_2+|\varphi|_3]\quad(k=1,\cdots,n-1).\tag{6.12}$$

利用方程(6.1),则有

$$[D^2v]_{\alpha;\partial B_{\frac{1}{2}}^+\cap\{x_n=0\}}\leqslant C[|u|_2+|\varphi|_3],$$

变换回原区域 Ω 并利用有限覆盖定理,可得

$$[D^2u]_{\alpha;\partial\Omega}\leqslant C[|u|_2+|\varphi|_3].\tag{6.13}$$

我们将利用边界估计(6.13)来得到边界附近的估计,然后与内估计(6.9)结合立即可得所要的全局估计.

对于微分不等式(6.6)应用第六章引理 3.1,可得当 $x_0\in\partial\Omega, x\in\partial\Omega$ 时,

$$D_{\gamma\gamma}u(x)-D_{\gamma\gamma}u(x_0)\leqslant C|x-x_0|^{\frac{\alpha}{1+\alpha}}\{|u|_2+[D^2u]_{\alpha;\partial\Omega}\}. \tag{6.14}$$

另一方面由方程(6.1)与引理 6.2

$$\begin{aligned}0&=F(D^2u(x))-F(D^2u(x_0))\\&=\frac{\partial F(r^*)}{\partial r_{ij}}[D_{ij}u(x)-D_{ij}u(x_0)]\\&=\lambda\sum_{k=1}^{N}\beta_k\big(D_{\gamma_k\gamma_k}u(x)-D_{\gamma_k\gamma_k}u(x_0)\big).\end{aligned}$$

应用估计(6.14),对于某一 $l:1\leqslant l\leqslant n$,

$$\begin{aligned}\beta_l\big(D_{\gamma_l\gamma_l}u(x_0)-D_{\gamma_l\gamma_l}u(x)\big)&=\sum_{k\neq l}\beta_k\big(D_{\gamma_k\gamma_k}u(x)-D_{\gamma_k\gamma_k}u(x_0)\big)\\&\leqslant C|x-x_0|^{\frac{\alpha}{1+\alpha}}\{[D^2u]_{\alpha;\partial\Omega}+|u|_2\},\end{aligned} \tag{6.15}$$

综合估计(6.14)与(6.15),当 x 沿着 x_0 点的内法线,且 $|x-x_0|\leqslant\rho$ 时,我们有

$$|D_{\gamma\gamma}u(x)-D_{\gamma\gamma}u(x_0)|\leqslant C|x-x_0|^{\frac{\alpha}{1+\alpha}}\{[D^2u]_{\alpha;\partial\Omega}+|u|_2\}.$$

于是对于任意 $x_0\in\partial\Omega$ 与 $R>0$

$$\operatorname*{osc}_{B_R(x_0)}D^2u\leqslant CR^{\frac{\alpha}{1+\alpha}}\{|u|_2+|\varphi|_3\}. \tag{6.16}$$

由内估计(6.9)与边界附近估计(6.16),我们得到全局估计

$$[D^2u]_{\beta;\partial\Omega}\leqslant C\{|u|_2+|\varphi|_3\},$$

其中 $0<\beta<1$.然后利用内插不等式即可完成定理的证明.

现在我们可得到以下存在性定理:

定理 6.3　设方程(6.1)满足结构条件(F1),(F4),$\partial\Omega\in C^3$,$\varphi\in C^3(\bar{\Omega})$,则存在 $\beta\in(0,1)$使得 Dirichlet 问题(6.1),(1.2)存在解 $u\in C^{2,\beta}(\bar{\Omega})$.

如果 $F(r)$二次连续可微,则此定理是定理 5.1 与定理 6.1 的直接推论,如果 $F(r)$不是二次连续可微,则可用光滑的凹函数来逼近,证明的细节留给读者.

§7　一般完全非线性方程

先考虑以下形式的方程

$$F(x,D^2u)=0. \tag{7.1}$$

我们将假定 $F(x,r)$关于 x 是 Hölder 连续的,即在 $\Omega\times\mathscr{S}^n$ 上

$$|F(x,r)-F(y,r)|\leqslant\mu_0\tilde{\lambda}(|r|+\tilde{\mu})|x-y|^{\beta}, \tag{7.2}$$

其中 $\mu_0,\tilde{\mu},\beta$ 是正常数，$\tilde{\lambda}=\min\{\lambda(x),\lambda(y)\}$.

定理 7.1 设方程(7.1)满足结构条件(F1),(F4)，$\varphi\in C^3(\bar{\Omega})$，$u\in C^3(\bar{\Omega})$是 Dirichlet 问题(7.1)，(1.2)的解，且 $|u|_{0;\Omega}\leqslant M_0$，则存在 $\alpha=\alpha(n,\mu_1)$，$0<\alpha<1$，使得对于任意 $0<\beta<\alpha$，如果$\partial\Omega\in C^{2,\beta}$，条件(7.2)成立，则有

$$[D^2u]_{\beta;\Omega}\leqslant C[|u|_{0;\Omega}+|\varphi|_{2,\beta;\Omega}+\tilde{\mu}],\tag{7.3}$$

其中 C 只依赖于 $n,\mu_1,\mu_0,(\alpha-\beta)^{-1}$与$\partial\Omega$ 在$C^{2,\beta}$中的范数.

证明 对于任意球 $B_R(x_0)\subset\Omega$，令 v 是以下 Dirichlet 问题

$$\begin{cases}F(x_0,D^2v)=0, & \text{在 } B_R(x_0)\text{内},\\ v=u, & \text{在}\partial B_R(x_0)\text{上}\end{cases}\tag{7.4}$$

的解，由定理 6.3，这样的解是存在的，且存在 $\alpha=\alpha(n,\mu_1)$使得 $v\in C^{2,\alpha}(\bar{\Omega})$.

记二次多项式

$$q(x)=u(x_0)+D_iu(x_0)(x_i-x_{0i})+\frac{1}{2}D_{ij}u(x_0)(x_i-x_{0i})(x_j-x_{0j}),\tag{7.5}$$

并记

$$\hat{v}(x)=v(x)-q(x),\quad \hat{u}(x)=u(x)-q(x).\tag{7.6}$$

由内估计(6.9)

$$[D^2v]_{\alpha;B_\rho}\leqslant\frac{C}{(r-\rho)^\alpha}\operatorname*{osc}_{B_r}D^2v\leqslant\frac{2C}{(r-\rho)^\alpha}[D^2\hat{v}]_{0;B_r},$$
$$\forall 0<\rho<r\leqslant R,$$

应用内插不等式，则有

$$[D^2v]_{\alpha;B_\rho}\leqslant\frac{C}{(r-\rho)^\alpha}\left[\varepsilon^\alpha[D^2\hat{v}]_{\alpha;B_r}+\frac{C}{\varepsilon^2}[\hat{v}]_{0;B_r}\right].$$

取$\dfrac{\varepsilon^\alpha C}{(r-\rho)^\alpha}=\dfrac{1}{2}$，应用第二章引理 4.1，则有

$$[D^2v]_{\alpha;B_\rho}\leqslant\frac{C}{(R-\rho)^{2+\alpha}}[\hat{v}]_{0,B_R},\quad \forall 0<\rho\leqslant R.$$

应用第二章引理 2.2(2.7)，对于 $\tau<\dfrac{R}{2}$

$$\tau^{1-\alpha}|D^3\tilde{v}(x_0,\tau)|\leqslant C[D^2v]_{\alpha;B_{\frac{R}{2}}}\leqslant\frac{C}{R^{2+\alpha}}[\hat{v}]_{0;B_R},\tag{7.7}$$

其中 $D^3=DD_x^2$(本定理中均按此约定). 函数 $\hat{v}$ 满足边值问题

$$F(x_0,D^2\hat{v}+D^2u(x_0))=0,\quad \text{在 } B_R \text{ 内},$$
$$\hat{v}=\hat{u},\qquad\qquad \text{在}\partial B_R \text{ 上}.$$

注意到 $F(x_0,D^2u(x_0))=0$，由极值原理$[\hat{v}]_{0;B_R}\leqslant[\hat{u}]_{0;B_R}$，于是由(7.7)，对于

$\beta<\alpha$,

$$\tau^{1-\alpha}|D^3\tilde{v}(x_0,\tau)|\leqslant\frac{C}{R^{2+\alpha}}[\hat{u}]_{0;B_R}\leqslant\frac{C}{R^{\alpha-\beta}}H_{x_0}^{\beta}[D^2u;B_R(x_0)],\qquad(7.8)$$

其中 Hölder 模的记号参看第二章(1.1).

令 $w=u-v$,注意到

$$F(x_0,D^2u)-F(x_0,D^2v)=F(x_0,D^2u)-F(x,D^2u)\triangleq f(x),$$

因此 w 满足方程

$$a^{ij}D_{ij}w=f(x),$$

其中

$$a^{ij}=\int_0^1\frac{\partial F}{\partial r_{ij}}(x_0,\tau D^2u+(1-\tau)D^2v)dx.$$

由条件(7.2)

$$|f(x)|\leqslant\tilde{\lambda}\mu_0(|D^2u|+\tilde{\mu})|x-x_0|^{\beta},$$

由 Aleksandrov 极值原理,

$$\sup_{B_R(x_0)}w\leqslant CR\left\|\frac{f}{\lambda}\right\|_{L^n(B_R(x_0))}\leqslant C(|u|_2+\tilde{\mu})R^{2+\beta}.\qquad(7.9)$$

由(7.8)与(7.9)以及第二章(2.7),

$$\begin{aligned}\tau^{1-\beta}|D^3\tilde{u}(x_0,\tau)|&\leqslant\tau^{1-\beta}|D^3\tilde{v}(x_0,\tau)|+\tau^{1-\beta}|D^3\tilde{w}(x_0,\tau)|\\&\leqslant C\left[\left(\frac{\tau}{R}\right)^{\alpha-\beta}H_{x_0}^{\beta}[D^2u;B_R(x_0)]+(|u|_2+\tilde{\mu})\frac{R^{2+\beta}}{\tau^{2+\beta}}\right].\end{aligned}$$

取 $R=N\tau$,其中 N 为待定正数,则有

$$\tau^{1-\beta}|D^3\tilde{u}(x_0,\tau)|\leqslant C\{N^{\beta-\alpha}H_{x_0}^{\beta}[D^2u;B_R(x_0)]+N^{2+\beta}(|u|_2+\tilde{\mu})\}.\qquad(7.10)$$

由于 Ω 是有界区域,在用磨光函数估计 Hölder 模时这将带来一定的困难,处理时必须特别小心.

对于任意 $0<s<t<d_{x_0}=\mathrm{dist}\{x_0,\partial\Omega\}$,取 $R\leqslant t-s$,即当 $\tau=\frac{1}{N}R<\frac{1}{N}(t-s)$时,由(7.10)

$$\tau^{1-\beta}|D^3\tilde{u}(x_0,\tau)|\leqslant C\{N^{\beta-\alpha}H_{x_0}^{\beta}[D^2u;B_{t-s}(x_0)]+N^{2+\beta}(|u|_2+\tilde{\mu})\}.$$

当 $\tau\geqslant\frac{1}{N}(t-s)$(在 Ω 之外 u 拓展为0)时,

$$\tau^{1-\beta}|D^3\tilde{u}(x_0,\tau)|\leqslant\tau^{1-\beta}\cdot C\tau^{-3}|u|_0\leqslant\frac{CN^{2+\beta}}{(t-s)^{2+\beta}}|u|_0,$$

于是

$$
\begin{aligned}
&\sup_{\tau>0}\tau^{1-\beta}|D^3\tilde{u}(x_0,\tau)| \\
&\leqslant C\left\{N^{\beta-\alpha}H_{x_0}^{\beta}[D^2u;B_{t-s}(x_0)]+N^{2+\beta}\left(|u|_2+\tilde{\mu}+\frac{|u|_0}{(t-s)^{2+\beta}}\right)\right\} \\
&\leqslant C\left\{N^{\beta-\alpha}\sup_{\substack{\tau>0\\ y\in B_{t-s}(x_0)}}\tau^{1-\beta}|D^3\tilde{u}(y,\tau)|+N^{2+\beta}\left(|u|_2+\tilde{\mu}+\frac{|u|_0}{(t-s)^{2+\beta}}\right)\right\},
\end{aligned}
$$

最后一个不等式应用了第二章引理 2.3,由此得到

$$
\begin{aligned}
\sup_{\substack{\tau>0\\ y\in B_s(x_0)}}\tau^{1-\beta}|D^3\tilde{u}(y,\tau)|\leqslant C\Bigg\{&N^{\beta-\alpha}\sup_{\substack{\tau>0\\ y\in B_t(x_0)}}\tau^{1-\beta}|D^3\tilde{u}(y,\tau)| \\
&+N^{2+\beta}\left(|u|_2+\tilde{\mu}+\frac{|u|_0}{(t-s)^{2+\beta}}\right)\Bigg\}.
\end{aligned}
$$

取 N 充分大,使 $CN^{\beta-\alpha}=\frac{1}{2}$,并应用第二章引理 4.1 则有

$$
\sup_{\substack{\tau>0\\ y\in B_\rho(x_0)}}\tau^{1-\beta}|D^3\tilde{u}(x_0,\tau)|\leqslant C\left(|u|_2+\tilde{\mu}+\frac{|u|_0}{(R-\rho)^{2+\beta}}\right),
$$

$$
\forall 0<\rho<R\leqslant d_{x_0}.
$$

再次应用第二章引理 2.3,则

$$
H_{x_0}^{\beta}[D^2u;B_\rho(x_0)]\leqslant C\left(|u|_2+\tilde{\mu}+\frac{|u|_0}{(R-\rho)^{2+\beta}}\right), \tag{7.11}
$$

$$
\forall 0<\rho<R\leqslant d_{x_0}.
$$

这就是二阶微商的 Hölder 模内估计.

边界附近的估计方法是类似的.不妨设边值 $\varphi\equiv 0$,当然此时在结构条件(7.2)中将以 $\tilde{\mu}+|\varphi|_{2,\beta}$ 代替 $\tilde{\mu}$.设 $y_0\in\partial\Omega$,也可将 $\partial\Omega$ 在 y_0 点的邻域展平,因此不妨设 y_0 为坐标原点,以 $B_1^+=B_1^+\cap\{x_n>0\}$ 代替 Ω.在 $x_n=0$ 上 $u=0$.对于任意 $x_0\in\overline{B}_1^+\setminus\partial B_1$, $B_R(x_0)\subset B_1$,求解边值问题

$$
\begin{cases}
F(x_0,D^2v)=0, & \text{在 } B_R^+(x_0)\text{内}, \\
v=u, & \text{在}\partial B_R^+(x_0)\text{上},
\end{cases} \tag{7.12}
$$

其中 $B_R^+(x_0)=B_R(x_0)\cap B_1^+$.我们可以适当磨光 $B_R^+(x_0)$ 边界的角点,为简单起见仍记为 $B_R^+(x_0)$.在这种约定下,问题(7.12)的解 $v\in C^{2,\beta}(B_R^+(x_0))$ 存在.类似于(7.8),我们可得到

$$
[D^2v]_{\alpha;B_{\frac{R}{2}}^+(x_0)}\leqslant\frac{C}{R^{\alpha-\beta}}H_{x_0}^{\beta}[D^2u;B_R^+(x_0)],
$$

注意这里 $B_R^+(x_0)$ 仍可恢复为 $B_R(x_0)\cap B_1^+$.将 u, v 奇开拓到下半平面,仍记为

u, v. 于是

$$\begin{aligned}[DD_{x'}v]_{\alpha;B_{\frac{R}{2}}(x_0)} &\leqslant 2[DD_{x'}v]_{\alpha;B^+_{\frac{R}{2}}(x_0)} \\ &\leqslant \frac{C}{R^{\alpha-\beta}} H^{\beta}_{x_0}[D^2u;B^+_R(x_0)],\end{aligned} \tag{7.13}$$

其中 $x'=(x_1,\cdots,x_{n-1})$. 利用方程(7.1), 二阶导数 $D_{nn}u$ 可以用其它二阶导数 $DD_{x'}u$ 表示, 因此(7.13)又可写成

$$[DD_{x'}v]_{\alpha;B_{\frac{R}{2}}(x_0)} \leqslant \frac{C}{R^{\alpha-\beta}} H^{\beta}_{x_0}[DD_{x'}u;B_R(x_0)].$$

利用与内估计类似的方法, 相应于(7.11)我们有

$$H^{\beta}_{x_0}[DD_{x'}u;B_\rho(x_0)] \leqslant C\left(|u|_2+\tilde{\mu}+|\varphi|_{2,\beta}+\frac{|u|_0}{(R-\rho)^{2+\beta}}\right),$$
$$\forall 0<\rho<R\leqslant \operatorname{dist}\{x_0,\partial B_1\}. \tag{7.14}$$

再次利用方程(7.1)将 $D_{nn}u$ 用 $DD_{x'}u$ 表示, 则有

$$H^{\beta}_{x_0}[D^2u;B^+_\rho(x_0)] \leqslant C\left(|u|_2+\bar{\mu}+|\varphi|_{2;\beta}+\frac{|u|_0}{(R-\rho)^{2+\beta}}\right),$$
$$\forall x_0\in \overline{B}^+_1\setminus\partial B_1, 0<\rho<R\leqslant \operatorname{dist}\{x_0,\partial B_1\}. \tag{7.15}$$

联合估计(7.11)与(7.15), 我们立即可得全局估计(7.3).

定理 7.2　设方程(7.1)满足结构条件(F1), (F4). 记

$$M_0=|\varphi|_{0;\Omega}+\frac{d}{n\sqrt{\omega_n}}\left\|\frac{F(\cdot,0)}{\lambda}\right\|_{L^n(\Omega)},\quad \mu_1=\mu_1(M_0),$$

则存在 $\alpha=\alpha(n,\mu_1)$, $0<\alpha<1$ 使得对于任意 $0<\beta<\alpha$, 如果 $\partial\Omega\in C^{2,\beta}$, $\varphi\in C^{2,\beta}(\overline{\Omega})$, 条件(7.2)成立, 则 Dirichlet 问题(7.1), (1.2)存在唯一的解 $u\in C^{2,\beta}(\overline{\Omega})$ 且有估计(7.3).

证明　先设 $\partial\Omega\in C^{3,\delta}$, $\varphi\in C^{3,\delta}(\overline{\Omega})$, 其中 $0<\delta<1$. 若 $u\in C^{2,\beta}(\overline{\Omega})$ 是问题(7.1), (1.2)的解, 则利用局部展平边界与差商的技巧可证 $u\in C^{3,\delta}(\overline{\Omega})$. 由先验估计(7.3)与定理 5.1, Dirichlet 问题(7.1), (1.2)存在解 $u\in C^{2,\beta}(\overline{\Omega})$ 且有估计(7.3). 当 $\partial\Omega\in C^{2,\beta}$, $\varphi\in C^{2,\beta}(\overline{\Omega})$ 时只须采用逼近的方法.

现在讨论一般的完全非线性方程(1.1).

定理 7.3　设方程(1.1)满足结构条件(F1), (F3)与(F4), u 是 Dirichlet 问题(1.1), (1.2)的解, 且 $|u|_{0;\Omega}\leqslant M_0$, $[u]_{1;\Omega}\leqslant M_1$, $[u]_{1,\bar{\alpha};\Omega}\leqslant M_2$ $(0<\bar{\alpha}\leqslant 1)$, 则存在 $\alpha=\alpha(n,\mu_1)$: $0<\alpha\leqslant\bar{\alpha}$, 使得对于任意 $0<\beta<\alpha$, 如果 $\partial\Omega\in C^{2,\beta}$, $\varphi\in C^{2,\beta}(\overline{\Omega})$, $u\in C^{2,\beta}(\overline{\Omega})$, 则有估计

$$[D^2u]_{\beta;\Omega}\leqslant C[1+|\varphi|_{2,\beta;\Omega}], \tag{7.16}$$

其中 C 依赖于 $n,\mu_1,\mu_3,M_0,M_1,M_2,(\alpha-\beta)^{-1},\Omega$ 以及 $\sup\{\Lambda\,|\,x\in\Omega,|z|\leqslant$

$M_0, |p| \leqslant M_1\}$.

证明 记

$$\widetilde{F}(x,r) = F(x,u(x),Du(x),r). \tag{7.17}$$

由结构条件(F3)与$[u]_{1;\Omega} \leqslant M_1$,则

$$|\widetilde{F}(x,r) - \widetilde{F}(y,r)| \leqslant C[1+|r|][1+|u|_{1,\beta}]|x-y|^\beta,$$

又有 $u \in C^{2,\beta}(\overline{\Omega})$且满足方程

$$\widetilde{F}(x,D^2u(x)) = 0, \tag{7.18}$$

由定理7.2,则有估计(7.16).

定理7.4 设方程(1.1)满足结构条件(F1)—(F6),且 Λ 在$\Omega \times \mathbb{R} \times \mathbb{R}^n$ 上是局部有界的,则存在$0<\alpha<1$ 使得对于任意 $0<\beta<\alpha$,如果$\partial\Omega \in C^{2,\beta}$, $\varphi \in C^{2,\beta}(\overline{\Omega})$,则 Dirichlet 问题(1.1),(1.2)存在唯一解 $u \in C^{2,\beta}(\overline{\Omega})$,其中 α 依赖于$n, \mu_1, \mu_2, \mu_3, |\varphi|_2$ 以及 Ω.

这是定理5.1与定理7.3的直接推论.

最后我们研究一下控制论提出来的 Bellman 方程,设

$$L_k u = a_k^{ij} D_{ij} u + b_k^i u + c_k u \quad (k = 1,2,\cdots,N).$$

考虑 Dirichlet 问题

$$\inf_{1\leqslant k\leqslant N}(L_k u - f_k) = 0, \quad 在\ \Omega\ 内, \tag{7.19}$$

$$u = \varphi, \quad 在\ \partial\Omega\ 上. \tag{7.20}$$

假设系数满足以下条件:

(B1)存在$0<\lambda\leqslant\Lambda$ 使得在Ω 上

$$\lambda I \leqslant (a_k^{ij}) \leqslant \Lambda I, \Lambda/\lambda \leqslant \mu_1 \quad (k = 1,2,\cdots,N),$$

其中 μ_1 是常数.

(B2)存在常数 Λ_1 使得在 Ω 上

$$\sum_{i,j,k} |a_k^{ij}|_\beta + \sum_{i,k} |b_k^i|_\beta + \sum_k (|c_k|_\beta + |f_k|_\beta) \leqslant \Lambda_1$$

(B3)$c_k \leqslant 0$,在 Ω 内.

我们记

$$h(y_1,\cdots,y_N) = \inf_{1\leqslant k\leqslant N} y_k,$$

函数 h 关于变量$y_1,\cdots,y_N$ 是 Lipschitz 连续的且几乎处处

$$D_i h \geqslant 0, \qquad \sum_{i=1}^n D_i h = 1. \tag{7.21}$$

此外 h 关于变量$(y_1,\cdots,y_N)$是凹的,事实上,在$\mathbb{R}^{N+1}$维空间中,函数 $\eta = y_k$ 的下方图是凸的,$\eta = \inf\limits_k\{y_k\}$的下方图是所有 $\eta = y_k(k=1,2,\cdots,N)$的下方图之交,因

而也是凸的，这就意味着函数 h 关于变量 y 是凹的. Bellman 方程是以下完全非线性方程

$$F(x,u,Du,D^2u)=h(L_1u-f_1,\cdots,L_Nu-f_N)=0.$$

由于

$$\frac{\partial F}{\partial r_{ij}}=a_k^{ij}D_kh,$$

应用(7.21)与结构条件(B1)，

$$\lambda I\leqslant\left(\frac{\partial F}{\partial r_{ij}}\right)\leqslant\Lambda I.$$

此外也容易验证 F 满足凹性条件.

定理 7.5 设(7.19)的系数满足(B1),(B3),则存在 $\alpha=\alpha(n,\mu_1)$ 使得对于任意 $0<\beta<\alpha$,如果(B2)成立,且 $\partial\Omega\in C^{2,\beta}$, $\varphi\in C^{2,\beta}(\bar{\Omega})$,则 Dirichlet 问题(7.19),(7.20)存在解 $u\in C^{2,\beta}(\bar{\Omega})$.

证明 设 $h_\tau(y)$ 是 $h(y)$ 的磨光函数，考虑完全非线性方程

$$F_\tau(x,u,Du,D^2u)=h_\tau(L_1u-f_1,\cdots,L_Nu-f_N)=0. \tag{7.22}$$

容易验证

$$\lambda I\leqslant\left(\frac{\partial F_\tau}{\partial r_{ij}}\right)\leqslant\Lambda I,$$

F_τ 关于 r 是凹的，记

$$\widetilde{F}_\tau(x,r)=F_\tau(x,u(x),Du(x),r),$$

则有

$$|\widetilde{F}_\tau(x,r)-\widetilde{F}_\tau(y,r)|\leqslant C\Lambda(1+|r|+|u|_{1,\beta})|x-y|^\beta,$$

其中 C 仅依赖于 n. 由定理 7.2,则存在 $\alpha=\alpha\left(n,\dfrac{\Lambda}{\lambda}\right)$ 使得对于 $0<\beta<\alpha$

$$[D^2u]_{\beta;\Omega}\leqslant C[1+|u|_{1,\beta}+|\varphi|_{2,\beta}],$$

利用内插不等式，则有

$$[D^2u]_{\beta;\Omega}\leqslant C[1+|u|_0+|\varphi|_{2,\beta}].$$

由定理 5.1 与极值原理立即可得到存在性结果. 注意这时无需预先给出 $C^{1,\beta}$ 估计. 最后令 $\tau\to0^+$ 可得到问题(7.19),(7.20)的解的存在性.

第二部分　椭圆型方程组

第八章　线性散度型椭圆组的 L^2 理论

从本章开始，我们介绍椭圆型方程组（简称椭圆组）的理论．第八至十章介绍线性椭圆组，第十一和十二章介绍非线性椭圆组．

椭圆组与二阶椭圆型方程有许多不同之处，例如对于一般的线性椭圆组来说，极值原理不成立，De Giorgi 估计也不成立，因此，关于线性椭圆组我们主要介绍 L^2 理论、Schauder 理论和 L^p 理论．本章讲 L^2 理论，包括弱解的存在性和弱解的 H^2 正则性等．

在本章和以后各章中，我们总用 Ω 表示$\mathbb{R}^n$ 中的有界开集，$n\geqslant 2$；用 $u(x)$表示向量值函数：$u(x)=(u^1(x),\cdots,u^N(x))$，$N\geqslant 1$；用 $W^{m,p}(\Omega,\mathbb{R}^N)$表示空间 $W^{m,p}(\Omega)\times\cdots\times W^{m,p}(\Omega)=(W^{m,p}(\Omega))^N$，其中 $W^{m,p}(\Omega)$是标准的 Sobolev 空间（参看附录 1），当 $p=2$ 时，将 $W^{m,p}(\Omega,\mathbb{R}^N)$简记作 $H^m(\Omega,\mathbb{R}^N)$．

§1　弱解的存在性

我们考虑下面的散度型方程组

$$-D_\alpha(A_{ij}^{\alpha\beta}(x)D_\beta u^j)+D_\alpha f_i^\alpha=0\quad(i=1,\cdots,N),\tag{1.1}$$

在这里和以后，重复指标都表示求和，α,β 从 1 到 n，i,j 从 1 到 N，$D_\alpha=\dfrac{\partial}{\partial x_\alpha}$ $(\alpha=1,\cdots,n)$．

在本章中，我们总假设方程组(1.1)的系数 $A_{ij}^{\alpha\beta}(x)$满足下列条件：

$$A_{ij}^{\alpha\beta}\xi_\alpha^i\xi_\beta^j\geqslant\lambda|\xi|^2,\lambda>0,\forall\xi\in\mathbb{R}^{nN},\tag{1.2}$$

$$A_{ij}^{\alpha\beta}\in L^\infty(\Omega),|A_{ij}^{\alpha\beta}|\leqslant\Lambda(\alpha,\beta=1,\cdots,n;i,j=1,\cdots,N),\tag{1.3}$$

其中 λ,Λ 为常数．条件(1.2)被称为椭圆性条件，因此我们说方程组(1.1)是椭圆组．

现在给出椭圆组(1.1)的弱解的定义．

定义 1.1　如果 $u\in H_{\mathrm{loc}}^1(\Omega,\mathbb{R}^N)$满足

$$\int_\Omega A_{ij}^{\alpha\beta}(x)D_\beta u^jD_\alpha\varphi^idx=\int_\Omega f_i^\alpha D_\alpha\varphi^idx,\forall\varphi\in H_0^1(\Omega,\mathbb{R}^N),\tag{1.4}$$

则称 u 是椭圆组(1.1)的弱解．

对于椭圆组(1.1)的附加 Dirichlet 条件

$$u = 0, \quad 在\ \partial\Omega\ 上 \tag{1.5}$$

的边值问题,其弱解定义为

定义 1.2　如果 $u \in H_0^1(\Omega, \mathbb{R}^N)$ 满足(1.4),则称 u 是 Dirichlet 问题(1.1),(1.5)的弱解.

应用 Lax-Milgram 定理(见第一章定理 1.1),我们容易得到问题(1.1),(1.5)的弱解的存在唯一性.

定理 1.1　设 $A_{ij}^{\alpha\beta}(x)$ 满足(1.2),(1.3),$\alpha,\beta=1,\cdots,n,i,j=1,\cdots,N,f_i^\alpha \in L^2(\Omega)(\alpha=1,\cdots,n,i=1,\cdots,N)$,则问题(1.1),(1.5)有唯一弱解.

证明　令

$$\alpha(u,v) = \int_\Omega A_{ij}^{\alpha\beta}(x) D_\beta u^j D_\alpha v^i dx,$$

$$\langle T, v\rangle = \int_\Omega f_i^\alpha D_\alpha v^i dx,$$

则易证 $\alpha(u,v)$ 是 $H_0^1(\Omega,\mathbb{R}^N) \times H_0^1(\Omega,\mathbb{R}^N)$ 上的有界双线性型. 由条件(1.2)易推知

$$\alpha(u,\mu) \geqslant \lambda \int_\Omega |Du|^2 dx, \forall\, u \in H_0^1(\Omega,\mathbb{R}^N), \tag{1.6}$$

其中 $|Du|^2 = \sum_{i=1}^N \sum_{a=1}^n |D_\alpha u^i|^2$, 因而 $a(u,v)$ 又是强制的, 而 $\langle T, \cdot\rangle$ 是 $H_0^1(\Omega,\mathbb{R}^N)$ 上的有界线性泛函. 因此由 Lax-Milgram 定理知存在唯一 $u \in H_0^1(\Omega,\mathbb{R}^N)$ 满足 $a(u,v) = \langle T,v\rangle, \forall\, v \in H_0^1(\Omega,\mathbb{R}^N)$,这就证明了本定理.

我们亦称条件(1.2)为强 Legendre 条件.

在定理 1.1 的证明过程中我们看到强 Legendre 条件(1.2)蕴涵强制性条件(1.6),但与单个方程的情形不同的是反过来并不能证明(1.6)蕴含(1.2),只能证明下面的定理.

定理 1.2　设 $A_{hk}^{\alpha\beta}$ 满足(1.3)和(1.6),$\alpha,\beta=1,\cdots,n,h,k=1,\cdots,N$,则对 a.e. $x \in \Omega$ 有

$$A_{hk}^{\alpha\beta}(x)\xi_\alpha\xi_\beta\eta^h\eta^k \geqslant \lambda|\xi|^2|\eta|^2, \forall\, \xi \in \mathbb{R}^n, \eta \in \mathbb{R}^N, \tag{1.7}$$

证明　由(1.6)知,对任意复值函数 $u = w + iv$,(本定理中 $i=\sqrt{-1}$),有

$$\mathrm{Re}\, a(u,\bar{u}) \geqslant \lambda \int_\Omega |Du|^2 dx, \tag{1.8}$$

其中 $w, v \in H_0^1(\Omega,\mathbb{R}^N)$.

在(1.8)中取 $u^k(x) = \eta^k \varphi(x) e^{\tau i \xi \cdot x}(k=1,\cdots,N)$,其中 $\tau \in \mathbb{R}, \xi \in \mathbb{R}^n, \eta \in \mathbb{R}^N$, $\varphi \in C_0^\infty(\Omega)$. 于是(1.8)左端为

$$\operatorname{Re} a(u,\bar{u}) = \operatorname{Re}\int_{\Omega} A_{hk}^{\alpha\beta}(x) D_{\beta}u^{k}\,\overline{D_{\alpha}u^{h}}dx$$
$$= \int_{\Omega} A_{hk}^{\alpha\beta}(x)(D_{\alpha}\varphi D_{\beta}\varphi + \tau^{2}\xi_{\alpha}\xi_{\beta}\varphi^{2})\eta^{h}\eta^{k}dx,$$

(1.8)右端为

$$\lambda\int_{\Omega}|Du|^{2}dx = \lambda\int_{\Omega}\sum_{k=1}^{N}\sum_{\alpha=1}^{n}(|\eta^{k}D_{\alpha}\varphi|^{2} + |\tau\xi_{\alpha}\eta^{k}\varphi|^{2})dx$$
$$= \lambda|\eta|^{2}\int_{\Omega}|D\varphi|^{2}dx + \lambda\tau^{2}|\xi|^{2}|\eta|^{2}\int_{\Omega}|\varphi|^{2}dx,$$

因而有

$$\eta^{h}\eta^{k}\int_{\Omega}A_{hk}^{\alpha\beta}(x)D_{\alpha}\varphi D_{\beta}\varphi dx + \tau^{2}\xi_{\alpha}\xi_{\beta}\eta^{h}\eta^{k}\int_{\Omega}A_{hk}^{\alpha\beta}(x)|\varphi|^{2}dx$$
$$\geqslant \lambda|\eta|^{2}\int_{\Omega}|D\varphi|^{2}dx + \lambda\tau^{2}|\xi|^{2}|\eta|^{2}\int_{\Omega}|\varphi|^{2}dx.$$

将此不等式两端除以 τ^{2},并令 $\tau\to\infty$,得

$$\xi_{\alpha}\xi_{\beta}\eta^{h}\eta^{k}\int_{\Omega}A_{hk}^{\alpha\beta}|\varphi|^{2}dx \geqslant \lambda|\xi|^{2}|\eta|^{2}\int_{\Omega}|\varphi|^{2}dx, \forall_{\varphi}\in C_{0}^{\infty}(\Omega). \tag{1.9}$$

由于 $C_{0}^{\infty}(\Omega)$在 $L^{2}(\Omega)$中稠密,故此式对 $\forall_{\varphi}\in L^{2}(\Omega)$亦成立.

现在,对 $\forall x^{0}\in\Omega$,取 $\varphi=\varphi_{\varepsilon}=\chi(B(x^{0},\varepsilon))/|B(x^{0},\varepsilon)|^{\frac{1}{2}}$,其中 $B(x^{0},\varepsilon)$是以 x^{0} 为中心,ε 为半径的 n 维球,$|B(x^{0},\varepsilon)|$是该球的 Lebesgue 测度. $\chi(B(x^{0},\varepsilon))$是该球的特征函数,即

$$\chi(B(x^{0},\varepsilon)) = \begin{cases}1, x\in B(x^{0},\varepsilon),\\ 0, x\notin B(x^{0},\varepsilon),\end{cases}$$

于是有 $\varphi_{\varepsilon}\in L^{2}(\Omega)$,且$\int_{\Omega}|\varphi_{\varepsilon}|^{2}dx = 1$,代入(1.9),得

$$\xi_{\alpha}\xi_{\beta}\eta^{h}\eta^{k}\int_{B(x^{0},\varepsilon)}A_{hk}^{\alpha\beta}(x)\frac{1}{|B(x^{0},\varepsilon)|}dx \geqslant \lambda|\xi|^{2}|\eta|^{2},$$

令 $\varepsilon\to 0$,由 Lebesgue 微分定理(例如可参看[ZM;定理 5.29])知对 a.e. $x^{0}\in\Omega$,有

$$A_{hk}^{\alpha\beta}(x^{0})\xi_{\alpha}\xi_{\beta}\eta^{h}\eta^{k} \geqslant \lambda|\xi|^{2}|\eta|^{2}, \forall\xi\in\mathbb{R}^{n}, \eta\in\mathbb{R}^{N},$$

这就是所要证的.

我们称(1.7)为强 Legendre-Hadamard 条件.至此,我们有了以下蕴涵关系:

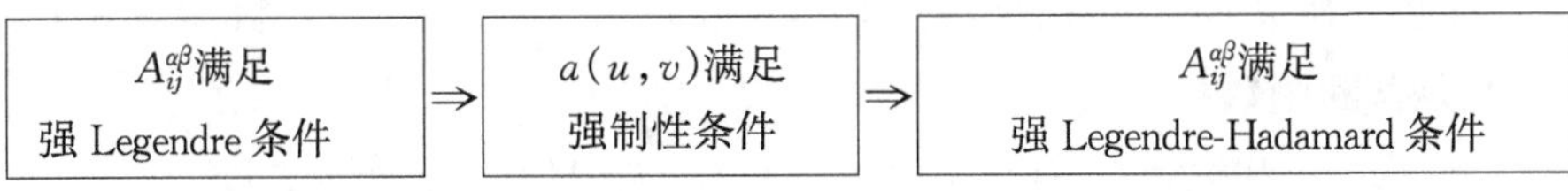

在 $N=1$(即单个方程)的情形,强 Legendre-Hadamard 条件就是强 Legendre 条件.因此这时上述三个条件等价.但在 $N>1$(即方程组)的情形,强 Legendre-

Hadamard 条件比强 Legendre 条件弱,这从下面的例子可以看出.

例　设 $N=n=2, A_{ij}^{\alpha\beta}=\varepsilon\delta_{\alpha\beta}\delta_{ij}+a_{ij}^{\alpha\beta}(\alpha,\beta=1,2,i,j=1,2)$,其中 $0<\varepsilon<\frac{1}{2}$,
$\delta_{\alpha\beta}=\begin{cases}1,\alpha=\beta,\\0,\alpha\neq\beta,\end{cases}$ $a_{21}^{21}=1, a_{12}^{21}=-1$,其余的 $a_{ij}^{\alpha\beta}=0$.

容易看出

$$\begin{aligned}A_{ij}^{\alpha\beta}\xi_\alpha\xi_\beta\eta^i\eta^j &= \varepsilon|\xi|^2|\eta|^2+(\xi_2\xi_1\eta^2\eta^1-\xi_2\xi_1\eta^1\eta^2)\\&=\varepsilon|\xi|^2|\eta|^2, \forall\xi\in\mathbb{R}^2, \eta\in\mathbb{R}^2.\end{aligned}$$

因此 $A_{ij}^{\alpha\beta}$满足强 Legendre-Hadamard 条件,但是

$$A_{ij}^{\alpha\beta}\xi_\alpha^i\xi_\beta^j=\varepsilon|\xi|^2+(\xi_2^2\xi_1^1-\xi_2^1\xi_1^2), \forall\xi\in\mathbb{R}^4,$$

而对任意 $\varepsilon\in\left(0,\frac{1}{2}\right)$,都存在 $\xi=(\bar\xi_1^1\bar\xi_2^1\bar\xi_1^2\bar\xi_2^2)=(0\quad 1\quad 2\varepsilon\quad 0)$,使

$$A_{ij}^{\alpha\beta}\bar\xi_\alpha^i\bar\xi_\beta^j=\varepsilon(1+4\varepsilon^2)-2\varepsilon=\varepsilon(4\varepsilon^2-1)<0,$$

因此 $A_{ij}^{\alpha\beta}$不满足强 Legendre 条件.

强 Legendre-Hadamard 条件也是一种椭圆性条件,这个例子表明,在 $N>1$ 的情形,它比强 Legendre 条件弱.

§2　能量模估计和 H^2 正则性

本节中,我们将要证明,在适当抬高(1.1)的系数和右端项的正则性后,可得弱解 u 的H^2 以至 H^k 正则性($k\geqslant2$).

我们首先证明一个局部的"能量模估计"-Caccioppoli 不等式.

定理 2.1 (Caccioppoli 不等式). 在定理 1.1 的条件下,若 $u\in H_{\rm loc}^1(\Omega,\mathbb{R}^N)$是椭圆组(1.1)的弱解,则对$\forall x^0\in\Omega$ 和$\forall\rho,R:0<\rho<R<\operatorname{dist}(x^0,\partial\Omega)$,有

$$\int_{B_\rho(x^0)}|Du|^2dx\leqslant C\left[\frac{1}{(R-\rho)^2}\int_{B_R(x^0)}|u-v|^2dx+\int_{B_R(x^0)}|f|^2dy\right],\tag{2.1}$$

其中 $v\in\mathbb{R}^N$是任意常向量,$|f|^2=\sum_{i=1}^N\sum_{\alpha=1}^n|f_i^\alpha|^2$,$B_\rho(x^0)$是以 x^0 为心,ρ 为半径的 n 维球,C 是正常数,它依赖于 n,N,λ,Λ.

证明　在 u 满足的积分等式(1.4)中取 $\varphi=\eta^2(u-v)$,其中 $\eta\in C_0^\infty(B_R(x^0))$是截断函数:

$$0\leqslant\eta\leqslant1(\text{在 }B_R(x^0)\text{ 上}), \eta\equiv1(\text{在 }B_\rho(x^0)\text{ 上}),$$

$$|D_\eta|\leqslant\frac{C}{R-\rho}.\tag{2.2}$$

于是有

$$\int_\Omega \eta^2 A_{ij}^{\alpha\beta} D_\beta u^j D_\alpha u^i dx = -\int_\Omega 2\eta(u^i - v^i) A_{ij}^{\alpha\beta} D_\beta u^j D_\alpha \eta dx + \int_\Omega \eta^2 f_i^\alpha D_\alpha u^i dx + \int_\Omega 2\eta f_i^\alpha (u^i - v^i) D_\alpha \eta dx,$$

因而有

$$\lambda\int_{B_R(x^0)} |\eta Du|^2 dx \leqslant \varepsilon\int_{B_R(x^0)} |\eta Du|^2 dx + \frac{C}{(R-\rho)^2}\int_{B_R(x^0)} |u-v|^2 dx + C\int_{B_R(x^0)} |f|^2 dx,$$

其中 $C = C(\varepsilon, n, N, \Lambda)$. 取 $\varepsilon = \frac{\lambda}{2}$,得

$$\int_{B_R(x^0)} |\eta Du|^2 dx \leqslant C\left[\frac{1}{(R-\rho)^2}\int_{B_R(x^0)} |u-v|^2 dx + \int_{B_R(x^0)} |f|^2 dx\right].$$

将左端积分区域缩小为 $B_\rho(x^0)$,即得(2.1).

下面我们来研究弱解的 H^2 内部正则性.

定理 2.2　设 $A_{ij}^{\alpha\beta}(x)$满足(1.2),且 $A_{ij}^{\alpha\beta} \in W^{1,\infty}(\Omega)(\alpha,\beta = 1,\cdots,n, i,j = 1,\cdots,N)$, $f_i^\alpha \in H^1(\Omega)(\alpha = 1,\cdots,n, i = 1,\cdots,N)$. 并设 $u \in H_{\mathrm{loc}}^1(\Omega,\mathbb{R}^N)$是椭圆组(1.1)的弱解,则 $u \in H_{\mathrm{loc}}^2(\Omega,\mathbb{R}^N)$.

证明　设 e_s 是x_s 方向上的单位向量($s = 1,\cdots,n$). 令 $\Delta_{h,s} u(x) = \frac{1}{h}[u(x + he_s) - u(x)]$表示 u 在x_s 方向上的差商. 设 $\varphi \in H_0^1(\Omega,\mathbb{R}^n)$, φ 的支集 $\mathrm{spt}\varphi \subset \Omega$,则当

$$|h| < \frac{1}{2}\mathrm{dist}(\mathrm{spt}\ \varphi, \partial\Omega)$$

时,有

$$\int_\Omega A_{ij}^{\alpha\beta}(x + he_s) D_\beta u^j(x + he_s) D_\alpha \varphi^i(x) dx = \int_\Omega f_i^\alpha(x + he_s) D_\alpha \varphi^i(x) dx.$$

将此与(1.4)相减并除以 h,得

$$\int_\Omega A_{ij}^{\alpha\beta}(x + he_s)[D_\beta \Delta_{h,s} u^j] D_\alpha \varphi^i dx + \int_\Omega [\Delta_{h,s} A_{ij}^{\alpha\beta}] D_\beta u^j D_\alpha \varphi^i dx = \int_\Omega [\Delta_{h,s} f_i^\alpha] D_\alpha \varphi^i dx. \tag{2.3}$$

在 Caccioppoli 不等式(定理 2.1)中取 $A_{ij}^{\alpha\beta}$为$A_{ij}^{\alpha\beta}(x + he_s)$,取 u 为 $\Delta_{h,s} u$,取 f_i^α 为 $[\Delta_{h,s} A_{ij}^{\alpha\beta}] D_\beta u^j + \Delta_{h,s} f_i^\alpha$,并取 $v = 0$, $\rho = \frac{R}{2}$,立即得

$$
\begin{aligned}
\int_{B_{\frac{R}{2}}(x^0)} |D\Delta_{h,s}u|^2 dx \leqslant & \frac{C}{R^2}\int_{B_R(x^0)} |\Delta_{h,s}u|^2 dx \\
& + C\int_{B_R(x^0)} \sum_{i,j=1}^{N}\sum_{\alpha,\beta=1}^{n} |\Delta_{h,s}A_{ij}^{\alpha\beta}|^2 |Du|^2 dx \\
& + C\int_{B_R(x^0)} \sum_{i=1}^{N}\sum_{\alpha=1}^{n} |\Delta_{h,s}f_i^{\alpha}|^2 dx .
\end{aligned}
$$

由定理的假设知此不等式右端一致有界(界与 h 无关),因此 $D^2u \in L_{\mathrm{loc}}^2(\Omega,\mathbb{R}^{n^2N})$.

关于弱解的更高的正则性,我们有下列结果.

推论 2.3　设 $A_{ij}^{\alpha\beta}$满足(1.2),且 $A_{ij}^{\alpha\beta}\in W^{k+1,\infty}(\Omega)(\alpha,\beta=1,\cdots,n,i,j=1,2,\cdots,N)$,$f_i^{\alpha}\in H^{k+1}(\Omega)(\alpha=1,\cdots,n,i=1,\cdots,N)$,$k\geqslant 0$,并设 $u\in H_{\mathrm{loc}}^1(\Omega,\mathbb{R}^N)$是椭圆组(1.1)的弱解,则 $u\in H_{\mathrm{loc}}^{k+2}(\Omega,\mathbb{R}^N)$.

推论 2.4　设 $A_{ij}^{\alpha\beta}$满足(1.2),且 $A_{ij}^{\alpha\beta}\in C^{\infty}(\Omega)(\alpha,\beta=1,\cdots,n,i,j=1,\cdots,N)$,$f_i^{\alpha}\in C^{\infty}(\Omega)(\alpha=1,\cdots,n,i=1,\cdots,N)$,并设 $u\in H_{\mathrm{loc}}^1(\Omega,\mathbb{R}^N)$是椭圆组(1.1)的弱解,则 $u\in C^{\infty}(\Omega,\mathbb{R}^N)$.

推论 2.5　设 $A_{ij}^{\alpha\beta}=$常数,满足(1.2),(1.3),$\alpha,\beta=1,\cdots,n,i,j=1,\cdots,N$,且 $f_i^{\alpha}\equiv 0(\alpha=1,\cdots,n,i=1,\cdots,N)$,$u$ 同上,则对于任意球 $B_R(x^0)\subset\subset\Omega$ 和任意正整数k,有

$$
\| u \|_{H^k(B_{\frac{R}{2}}(x^0),\mathbf{R}^N)} \leqslant C \| u \|_{L^2(B_R(x^0),\mathbf{R}^N)},
$$

其中 C 依赖于n,N,λ,Λ,k,R.

证明　由假设和推论 2.4 知 $u\in C^{\infty}(\Omega,\mathbb{R}^N)$满足

$$
\int_{\Omega} A_{ij}^{\alpha\beta}D_{\beta}u^{j}D_{\alpha}\varphi^{i}dx = 0, \forall \varphi \subset H_0^1(\Omega,\mathbb{R}^N).
$$

现在取一串 R_k 如下:$R_0=R,R_k=\frac{1}{2}\left(\frac{R}{2}+R_{k-1}\right)(k=1,2,\cdots)$.对 u 用 Caccioppoli 不等式(定理 2.1),得

$$
\int_{B_{R_1}(x^0)} |Du|^2 dx \leqslant \frac{C}{(R-R_1)^2}\int_{B_R(x^0)} |u|^2 dx,
$$

其中 C 依赖于n,N,λ,Λ.

容易看出,$D_su^j(s=1,\cdots,n)$满足

$$
\int_{\Omega} A_{ij}^{\alpha\beta}D_{\beta}(D_su^j)D_{\alpha}\varphi^{i}dx = 0, \forall \varphi \in H_0^1(\Omega,\mathbb{R}^N), \mathrm{spt}\varphi \subset \Omega.
$$

对 Du 再用 Caccioppoli 不等式,又得

$$
\begin{aligned}
\int_{B_{R_2}(x^0)} |D^2u|^2 dx &\leqslant \frac{C}{(R_1-R_2)^2}\int_{B_{R_1}(x^0)} |Du|^2 dx \\
&\leqslant \frac{C}{(R_1-R_2)^2(R-R_1)^2}\int_{B_R(x^0)} |u|^2 dx.
\end{aligned}
$$

如此继续下去,用 k 次 Caccioppoli 不等式,即得所要结果.

至于 Dirichlet 问题(1.1),(1.5)的弱解,其 H^2 内部正则性结果与定理 2.2 相同,其 H^2 全局正则性结果为

定理 2.6　设 $A_{ij}^{\alpha\beta}, f_i^\alpha$ 满足定理 2.2 的假设,且$\partial\Omega\in C^2$. 如果 $u\in H_0^1(\Omega,\mathbb{R}^N)$ 是 Dirichlet 问题(1.1),(1.5)的弱解,则 $u\in H^2(\Omega,\mathbb{R}^N)$,且有估计式

$$
\| u \|_{H^2(\Omega,\mathbf{R}^N)} \leqslant C\{ \| u \|_{L^2(\Omega,\mathbf{R}^N)} + \| f \|_{H^1(\Omega,\mathbf{R}^{nN})} \}, \tag{2.4}
$$

其中 $f=(f_i^\alpha)$, C 依赖于 $n, N, \lambda, \| A_{ij}^{\alpha\beta} \|_{W^{1,\infty}}$ 以及$\partial\Omega$.

这个定理的证明方法与第一章中的定理 5.2 类似,在此不赘述. 关于 Dirichlet 问题弱解的更高的正则性,有下列结果:

定理 2.7　设 $A_{ij}^{\alpha\beta}, f_i^\alpha$ 满足定理 2.3 的假设,$\partial\Omega\in C^{k+2}$. 如果 $u\in H_0^1(\Omega,\mathbb{R}^N)$ 是 Dirichlet 问题(1.1),(1.5)的弱解,则 $u\in H^{k+2}(\Omega,\mathbb{R}^N)$.

第九章　线性散度型椭圆组的 Schauder 理论

本章内容为线性散度型椭圆组的 Schauder 理论,在这里我们将介绍另一种可以避免位势积分繁琐计算而获得 Schauder 估计的方法. 此法还可以推广于研究非线性椭圆组弱解的正则性(参看第十二章§5).

作为准备工作,我们先介绍 Morrey 空间和 Campanato 空间.

§1　Morrey 空间和 Campanato 空间

和前面一样,我们仍用 $B(x^0,R)$或 $B_R(x^0)$表示以 x^0 为中心,以 R 为半径的 n 维球.

由 Sobolev 嵌入定理([AD,定理 5.4]),我们知道,对于 $u\in W^{1,p}(B_R(x^0))$,若 $p>n$,则 $u\in C^{0,\delta}(\overline{B_R(x^0)})$,其中

$$\delta = 1 - \frac{n}{p},$$

但若 $p\leqslant n$,则 u 并不一定是 Hölder 连续的. 但是 Morrey 的关于 Hölder 连续性的定理告诉我们:

定理 1.1 (Morrey). 设 $u\in W^{1,p}(B_R(x^0))$, $p>1$. 如果对 $\forall\, x\in B_R(x^0)$和 $\forall\,\rho$:$0<\rho<d(x)=R-|x-x^0|$,有

$$\int_{B_\rho(x)} |Du|^p dx \leqslant C\left(\frac{\rho}{d(x)}\right)^{n-p+p\delta} \quad 0<\delta<1, \tag{1.1}$$

则对 $\forall\, r$:$0<r<R$,有 $u\in C^{0,\delta}(\overline{B_r(x^0)})$.

这个定理是第五章定理 4.2 的局部形式,其证明将在本节末给出. 从这个定理可以看出,为要得到 $u\in C^{0,\delta}(\overline{B_r(x^0)})$,不一定要 $u\in W^{1,p}(B_R(x^0))$, $p>n$. 如果 $u\in W^{1,p}(B_R(x^0))$, $p>1$,并同时有估计式

$$\rho^{-\mu}\int_{B_\rho(x)} |Du|^p dx \leqslant C_1, \quad \forall\, x\in B_R(x^0), \forall\, 0<\rho<d(x),$$

其中 μ 充分大($\mu>n-p$),而 C_1 与 x,ρ 无关,那么仍可得到 $u\in C^{0,\delta}(\overline{B_r(x^0)})$. 因此引进一个与 p,μ 这二个参数有关的空间看来是有益的.

下面我们将采用下列记号:

$$\Omega(x^0,R) = \Omega \cap B(x^0,R),$$

$$u_{x^0,R} = \fint_{\Omega(x^0,R)} u(x)dx = \frac{1}{|\Omega(x^0,R)|}\int_{\Omega(x^0,R)} u(x)dx,$$

$\mathrm{diam}\Omega$ 表示 Ω 的直径，ω_n 表示 n 维单位球的 Lebesgue 测度.

定义 1.1 若有界开集 Ω 满足下列条件：存在正数 A，使得对 $\forall x \in \bar{\Omega}$ 和 $\forall \rho: 0<\rho<\mathrm{diam}\Omega$，有

$$|\Omega(x,\rho)| \geqslant A\rho^n,$$

则说 Ω 是(A)型区域.

定义 1.2 (Morrey 空间). 设 $p\geqslant 1, \mu\geqslant 0$，由 $L^p(\Omega)$ 中满足

$$\sup_{\substack{x\in\Omega \\ 0<\rho<\mathrm{diam}\Omega}} \rho^{-\mu}\int_{\Omega(x,\rho)} |u(z)|^p dz < +\infty$$

的函数组成的集合赋以范数

$$\| u \|_{L^{p,\mu}(\Omega)} = \left\{ \sup_{\substack{x\in\Omega \\ 0<\rho<\mathrm{diam}\Omega}} \rho^{-\mu}\int_{\Omega(x,\rho)} |u|^p dz \right\}^{\frac{1}{p}}$$

后得到的线性赋范空间称为 Morrey 空间 $L^{p,\mu}(\Omega)$.

可以证明，$L^{p,\mu}(\Omega)$是一个 Banach 空间.

引理 1.2 $L^{p,\mu}(\Omega)$有下列性质：

(i) $L^{p,0}(\Omega)\simeq L^p(\Omega)$,

(ii) $L^{p,n}(\Omega)\simeq L^\infty(\Omega)$,

(iii) 当 $\mu>n$ 时，$L^{p,\mu}(\Omega)=\{0\}$,

(iv) 若 $p\leqslant q$，且$\dfrac{n-\mu}{p}\geqslant\dfrac{n-v}{q}$，则 $L^{q,v}(\Omega)\subset L^{p,\mu}(\Omega)$.

证明 (i)显然.

(ii) 若 $u\in L^\infty(\Omega)$，则

$$\begin{aligned}
\| u \|_{L^{p,n}(\Omega)} &\leqslant \left\{ \sup_{\substack{x\in\Omega \\ 0<\rho<\mathrm{diam}\Omega}} \rho^{-n} \| u \|^p_{L^\infty(\Omega)} |\Omega(x,\rho)| \right\}^{\frac{1}{p}} \\
&\leqslant \left\{ \sup_{\substack{x\in\Omega \\ 0<\rho<\mathrm{diam}\Omega}} \rho^{-n} \| u \|^p_{L^\infty(\Omega)} \omega_n\rho^n \right\}^{\frac{1}{p}} \\
&\leqslant \omega_n^{\frac{1}{p}} \| u \|_{L^\infty(\Omega)},
\end{aligned}$$

因而 $u\in L^{p,n}(\Omega)$，且 $\| u \|_{L^{p,n}(\Omega)}\leqslant\omega_n^{\frac{1}{p}}\| u \|_{L^\infty(\Omega)}$.

反过来，若 $u\in L^{p,n}(\Omega)$，则由 Lebesgue 微分定理知对 a.e. $x\in\Omega$，有

$$u(x) = \lim_{\rho\to 0}\frac{1}{|\Omega(x,\rho)|}\int_{\Omega(x,p)} u(z)dz = \lim_{\rho\to 0}\frac{1}{|B(x,\rho)|}\int_{\Omega(x,\rho)} u(z)dz,$$

因而有

$$
\begin{aligned}
|u(x)| &\leqslant \sup_{\rho}\left\{\frac{1}{\omega_n\rho^n}\int_{\Omega(x,\rho)}|u(z)|dz\right\} \\
&\leqslant \sup_{\rho}\left\{\frac{1}{\omega_n\rho^n}|\Omega(x,\rho)|^{1-\frac{1}{p}}\left(\int_{\Omega(x,\rho)}|u|^p dz\right)^{\frac{1}{p}}\right\} \\
&\leqslant \omega_n^{-\frac{1}{p}}\|u\|_{L^{p,n}(\Omega)}.
\end{aligned}
$$

因此 $u\in L^{\infty}(\Omega)$，且 $\|u\|_{L^{\infty}(\Omega)}\leqslant\omega_n^{-\frac{1}{p}}\|u\|_{L^{p,n}(\Omega)}$.

(iii) 若 $u\in L^{p,\mu}(\Omega)$，$\mu>n$，则由 Lebesgue 微分定理知对 a.e. $x\in\Omega$，有

$$
u(x)=\lim_{\rho\to 0}\frac{1}{|B(x,\rho)|}\int_{\Omega(x,\rho)}u(z)dz,
$$

而

$$
\begin{aligned}
&\left|\frac{1}{|B(x,\rho)|}\int_{\Omega(x,\rho)}u(z)dz\right| \\
&\leqslant \frac{1}{\omega_n\rho^n}(\omega_n\rho^n)^{1-\frac{1}{p}}\rho^{\frac{\mu}{p}}\left\{\rho^{-\mu}\int_{\Omega(x,\rho)}|u|^p dz\right\}^{\frac{1}{p}} \\
&\leqslant C\rho^{\frac{\mu-n}{p}}\|u\|_{L^{p,\mu}(\Omega)}\to 0,\text{当 } \rho\to 0 \text{ 时},
\end{aligned}
$$

因此有 $u(x)=0$，a.e. $x\in\Omega$.

(iv) 若 $u\in L^{q,v}(\Omega)$，则

$$
\begin{aligned}
\rho^{-\mu}\int_{\Omega(x,\rho)}|u|^p dz &\leqslant \rho^{-\mu}|\Omega(x,\rho)|^{1-\frac{p}{q}}\left\{\int_{\Omega(x,\rho)}|u|^q dz\right\}^{\frac{p}{q}} \\
&\leqslant C\rho^{p\left[\frac{n-\mu}{p}-\frac{n-v}{q}\right]}\left\{\rho^{-v}\int_{\Omega(x,\rho)}|u|^q dz\right\}^{\frac{p}{q}}.
\end{aligned}
$$

由假设知此不等式右端有界，其界与 x，ρ 无关，因而 $u\in L^{p,\mu}(\Omega)$.

现在我们来引进 Campanato 空间.

定义 1.3 (Campanato 空间). 设 $p\geqslant 1$，$\mu\geqslant 0$，由 $L^p(\Omega)$ 中满足

$$
[u]_{p,\mu;\Omega}\triangleq\left\{\sup_{\substack{x\in\Omega\\0<\rho<\operatorname{diam}\Omega}}\rho^{-\mu}\int_{\Omega(x,\rho)}\left|u(z)-u_{x,\rho}\right|^p dz\right\}^{\frac{1}{p}}<+\infty
$$

的函数组成的集合赋以范数

$$
\|u\|_{\mathscr{L}^{p,\mu}(\Omega)}=\|u\|_{L^p(\Omega)}+[u]_{p,\mu;\Omega}
$$

后得到的线性赋范空间称为 Campanato 空间 $\mathscr{L}^{p,\mu}(\Omega)$.

可以证明，$\mathscr{L}^{p,\mu}(\Omega)$ 是 Banach 空间.

与 $L^{p,\mu}(\Omega)$ 类似，当 $p\leqslant q$ 且 $\frac{n-\mu}{p}\geqslant\frac{n-v}{q}$ 时，有 $\mathscr{L}^{q,v}(\Omega)\subset\mathscr{L}^{p,\mu}(\Omega)$. 对此读

者可作为练习自行证明.

下面我们将要证明:如果 Ω 是(A)型区域,那么当 $0\leqslant\mu\leqslant n$ 时,$\mathscr{L}^{p,\mu}(\Omega)\simeq L^{p,\mu}(\Omega)$;当 $n<\mu\leqslant n+p$ 时,$\mathscr{L}^{p,\mu}(\Omega)\simeq C^{0,\delta}(\bar{\Omega})$,$\delta=\dfrac{\mu-n}{p}$,而当 $\mu>n+p$ 时,$\mathscr{L}^{p,\mu}(\Omega)=\{常数\}$.为此我们需要下列引理.

引理 1.3 设 Ω 是(A)型区域,$u\in\mathscr{L}^{p,\mu}(\Omega)$,其中 $p\geqslant1,\mu\geqslant0$,则对 $\forall x\in\bar{\Omega}$,$\forall\tilde{r},\tilde{R}:0<\tilde{r}<\tilde{R}$,有

$$|u_{x,\tilde{R}}-u_{x,\tilde{r}}|\leqslant C(p,A)[u]_{p,\mu}\tilde{r}^{-\frac{n}{p}}\tilde{R}^{\frac{\mu}{p}}, \tag{1.2}$$

这里,$[u]_{p,\mu}=[u]_{p,\mu;\Omega}$.

证明 为书写简单起见,在证明过程中将 $\tilde{R}$ 和 $\tilde{r}$ 分别写成 R 和 r.我们有

$$|u_{x,R}-u_{x,r}|^p\leqslant2^{p-1}(|u(z)-u_{x,R}|^p+|u(z)-u_{x,r}|^p),$$

将此不等式在 $\Omega(x,r)$ 上对 z 积分,得

$$\begin{aligned}&|u_{x,R}-u_{x,r}|^p|\Omega(x,r)|\\&\leqslant2^{p-1}\left[\int_{\Omega(x,R)}|u(z)-u_{x,R}|^pdz+\int_{\Omega(x,r)}|u(z)-u_{x,r}|^pdz\right].\end{aligned}$$

由于 Ω 是(A)型区域,故 $|\Omega(x,r)|\geqslant Ar^n$,因而有

$$\begin{aligned}|u_{x,R}-u_{x,r}|^p&\leqslant2^{p-1}A^{-1}r^{-n}[R^\mu[u]_{p,\mu}^p+r^\mu[u]_{p,\mu}^p]\\&\leqslant C(p,A)[u]_{p,\mu}^pr^{-n}R^\mu,\end{aligned}$$

将此不等式两端开 p 次方即得所要结果.

现在我们给出当 $\mu<n$ 时空间 $\mathscr{L}^{p,\mu}$ 和 $L^{p,\mu}$ 的关系,在不致混淆的情况下,一律用 $[u]_{p,\mu}$ 表示 $[u]_{p,\mu;\Omega}$.

定理 1.4 设 Ω 是(A)型区域,且 $0\leqslant\mu<n$,则 $\mathscr{L}^{p,\mu}(\Omega)\simeq L^{p,\mu}(\Omega)$.

证明 首先证明若 $u\in L^{p,\mu}(\Omega)$ 则 $u\in\mathscr{L}^{p,\mu}(\Omega)$,且

$$\|u\|_{\mathscr{L}^{p,\mu}(\Omega)}\leqslant C\|u\|_{L^{p,\mu}(\Omega)}.$$

设 $u\in L^{p,\mu}(\Omega)$.对 $\forall x\in\Omega$,$\forall\rho>0$,我们有

$$\begin{aligned}\int_{\Omega(x,\rho)}|u(z)-u_{x,\rho}|^pdz&\leqslant2^{p-1}\int_{\Omega(x,\rho)}(|u|^p+|u_{x,\rho}|^p)dz\\&=2^{p-1}\left[\int_{\Omega(x,\rho)}|u|^pdz+|\Omega(x,\rho)|\cdot|u_{x,\rho}|^p\right],\end{aligned} \tag{1.3}$$

而

$$|u_{x,\rho}|^p\leqslant\frac{1}{|\Omega(x,\rho)|^p}\left[\int_{\Omega(x,\rho)}|u|dz\right]^p$$

$$\leqslant \frac{1}{|\Omega(x,\rho)|^p}\left[|\Omega(x,\rho)|^{1-\frac{1}{p}}\left(\int_{\Omega(x,\rho)}|u|^p dz\right)^{\frac{1}{p}}\right]^p$$

$$= |\Omega(x,\rho)|^{-1}\int_{\Omega(x,\rho)}|u|^p dz,$$

将此式代入(1.3),得

$$\int_{\Omega(x,\rho)}\left|u(z)-u_{x,\rho}\right|^p dz \leqslant 2^p\int_{\Omega(x,\rho)}|u|^p dz.$$

由此易知$[u]_{p,\mu}\leqslant 2\|u\|_{L^{p,\mu}(\Omega)}$,因而 $u\in\mathscr{L}^{p,\mu}(\Omega)$,且

$$\|u\|_{\mathscr{L}^{p,\mu}(\Omega)}\leqslant C\|u\|_{L^{p,\mu}(\Omega)},$$

其中 C 和 $\operatorname{diam}\Omega$ 有关.

其次证明,当 $0\leqslant\mu<n$ 时,若 $u\in\mathscr{L}^{p,\mu}(\Omega)$,则 $u\in L^{p,\mu}(\Omega)$,且 $\|u\|_{L^{p,\mu}(\Omega)}\leqslant C\|u\|_{\mathscr{L}^{p,\mu}(\Omega)}$.

设 $u\in\mathscr{L}^{p,\mu}(\Omega)$. 对 $\forall x\in\Omega$, $\forall\rho>0$,我们有

$$\rho^{-\mu}\int_{\Omega(x,\rho)}|u|^p dz\leqslant 2^{p-1}\left\{\rho^{-\mu}\int_{\Omega(x,\rho)}\left|u(z)-u_{x,\rho}\right|^p dz+\omega_n\rho^{n-\mu}\left|u_{x,\rho}\right|^p\right\},\tag{1.4}$$

而且,对 $\forall R>\rho>0$,有

$$\left|u_{x,\rho}\right|^p\leqslant 2^{p-1}\left[\left|u_{x,R}\right|^p+\left|u_{x,R}-u_{x,\rho}\right|^p\right].\tag{1.5}$$

为了估计$\left|u_{x,R}-u_{x,\rho}\right|$,我们利用引理 1.3,在其中取

$$\tilde{R}=R_i=\frac{R}{2^i},\quad \tilde{r}=R_{i+1}=\frac{R}{2^{i+1}}(i=0,1,2\cdots),$$

得

$$\left|u_{x,R_i}-u_{x,R_i+1}\right|\leqslant C(p,A)[u]_{p,\mu}\left(\frac{R}{2^i}\right)^{\frac{\mu}{p}}\left(\frac{R}{2^{i+1}}\right)^{-\frac{n}{p}},$$

因而对 $\forall h>0$,有

$$\begin{aligned}\left|u_{x,R}-u_{x,R_{h+1}}\right| &\leqslant C(p,A)[u]_{p,\mu}R^{\frac{\mu-n}{p}}2^{\frac{n}{p}}\sum_{i=0}^{h}2^{i\frac{n-\mu}{p}}\\ &\leqslant C(p,A,n)[u]_{p,\mu}R^{\frac{\mu-n}{p}}[2^{\frac{n-\mu}{p}(h+1)}-1]/[2^{\frac{n-\mu}{p}}-1]\\ &\leqslant C(p,A,n,\mu)[u]_{p,\mu}R^{\frac{\mu-n}{p}}2^{\frac{n-\mu}{p}(h+1)}\\ &= C(p,A,n,\mu)[u]_{p,\mu}R_{h+1}^{(\mu-n)/p}.\end{aligned}$$

现在对任意给定的 $\rho(0<\rho<\operatorname{diam}\Omega)$,选正整数 h,使

$$\operatorname{diam}\Omega\leqslant 2^{h+1}\rho<2\operatorname{diam}\Omega,$$

并选 $R=2^{h+1}\rho$,于是有

$$|u_{x,R}-u_{x,\rho}|\leqslant C(p,A,n,\mu)[u]_{p,\mu}\ \rho^{\frac{\mu-n}{p}} \tag{1.6}$$

和

$$|u_{x,R}|=\left|\frac{1}{|\Omega|}\int_{\Omega}u(z)dz\right|\leqslant|\Omega|^{-\frac{1}{p}}\|u\|_{L^p(\Omega)}. \tag{1.7}$$

将式(1.6),式(1.7)代入式(1.5),得

$$|u_{x,\rho}|^p\leqslant 2^{p-1}[|\Omega|^{-1}\|u\|^p_{L^p(\Omega)}+C^p[u]^p_{p,\mu}\ \rho^{\mu-n}],$$

将此估计式代入式(1.4),便得

$$\begin{aligned}\rho^{-\mu}\int_{\Omega(x,\rho)}|u|^p dz&\leqslant 2^{p-1}[u]^p_{p,\mu}+\omega_n\cdot 2^{2p-2}\\&\qquad[|\Omega|^{-1}(\mathrm{diam}\Omega)^{n-\mu}\|u\|^p_{L^p(\Omega)}+C^p[u]^p_{p,\mu}]\\&\leqslant C[\|u\|^p_{L^p(\Omega)}+[u]^p_{p,\mu}],\end{aligned}$$

其中 C 依赖于 $p,A,n,\mu,\mathrm{diam}\Omega$. 因此,$u\in L^{p,\mu}(\Omega)$,且

$$\|u\|_{L^{p,\mu}(\Omega)}\leqslant C\|u\|_{\mathscr{L}^{p,\mu}(\Omega)}.$$

现在我们给出当 $\mu>n$ 时空间 $\mathscr{L}^{p,\mu}$ 和 $C^{0,\delta}$ 的关系.

定理 1.5 (Hölder 连续函数的积分特征). 设 Ω 是(A)型区域. 若 $n<\mu\leqslant n+p$,则 $\mathscr{L}^{p,\mu}(\Omega)\simeq C^{0,\delta}(\bar{\Omega})$, $\delta=\dfrac{\mu-n}{p}$;若 $\mu>n+p$,则 $\mathscr{L}^{p,\mu}(\Omega)=\{$常数$\}$.

证明 首先证明:如果 $u\in C^{0,\delta}(\bar{\Omega})$, $0<\delta<1$,则 $u\in\mathscr{L}^{p,\mu}(\Omega)$, $\mu=n+p\delta$,且 $\|u\|_{\mathscr{L}^{p,\mu}(\Omega)}\leqslant C\|u\|_{C^{0,\delta}(\bar{\Omega})}$. 这里 $\|u\|_{C^{0,\delta}(\bar{\Omega})}=|u|_{0;\Omega}+[u]_{0,\delta;\Omega}$(参看第二章定义 1.1),为书写简单起见,下面我们常用 $|u|_0$ 和 $[u]_{0,\delta}$ 分别表示 $|u|_{0;\Omega}$ 和 $[u]_{0,\delta;\Omega}$.

设 $u\in C^{0,\delta}(\bar{\Omega})$, $0<\delta<1$,则对 $\forall x\in\Omega$, $\forall z\in\Omega(x,\rho)$,我们有

$$\begin{aligned}|u(z)-u_{x,\rho}|&\leqslant\frac{1}{|\Omega(x,\rho)|}\int_{\Omega(x,\rho)}|u(z)-u(t)|dt\\&\leqslant\frac{1}{A\rho^n}\int_{\Omega(x,\rho)}[u]_{0,\delta}|z-t|^{\delta}dt\\&\leqslant\frac{C[u]_{0,\delta}}{A\rho^n}\int_0^{2\rho}r^{\delta}r^{n-1}dr\leqslant C(n,A,\delta)[u]_{0,\delta}\rho^{\delta},\end{aligned}$$

因而有

$$\begin{aligned}\rho^{-\mu}\int_{\Omega(x,\rho)}|u(z)-u_{x,\rho}|^p dz&\leqslant C(n,A,\delta,p)[u]^p_{0,\delta}\rho^{n+p\delta-\mu}\\&=C(n,A,\delta,p)[u]^p_{0,\delta},\quad \mu=n+p\delta.\end{aligned}$$

因此有

$$[u]_{p,\mu}\leqslant C[u]_{0,\delta},$$

其中 $C=C(n,A,\delta,p)$. 又由于 $\|u\|_{L^p(\Omega)}\leqslant|\Omega|^{\frac{1}{p}}|u|_0$,故 $u\in\mathscr{L}^{p,\mu}(\Omega)$,且

$$\|u\|_{\mathscr{L}^{p,\mu}(\Omega)}\leqslant C\|u\|_{C^{0,\delta}(\bar{\Omega})},$$

其中 $C=C(n,A,\delta,p,|\Omega|)$, $\mu=n+p\delta$.

其次证明:若 $u\in\mathscr{L}^{p,\mu}(\Omega)$, $n<\mu\leqslant n+p$,则 $u\in C^{0,\delta}(\bar{\Omega})$, $\delta=\dfrac{\mu-n}{p}$,且 $\|u\|_{C^{0,\delta}(\bar{\Omega})}\leqslant C\|u\|_{\mathscr{L}^{p,\mu}(\Omega)}$.

注意,这一结论应理解为:若 $u\in\mathscr{L}^{p,\mu}(\Omega)$,则存在 $\tilde{u}(x)$, $\tilde{u}(x)=u(x)$, a.e. $x\in\Omega$,而 $\tilde{u}\in C^{0,\delta}(\bar{\Omega})$,且

$$\|\tilde{u}\|_{C^{0,\delta}(\Omega)}\leqslant C\|u\|_{\mathscr{L}^{p,\mu}(\Omega)}.$$

我们分四步进行证明.

第一步:对任意固定的 $x\in\bar{\Omega}$, $\forall R>0$,令 $R_h=R/2^h(h=0,1,2,\cdots)$. 我们来证明:当 $h\to\infty$ 时,序列 $\{u_{x,R_h}\}$ 收敛. 为此只要证明 $\{u_{x,R_h}\}$ 是一个 Cauchy 序列.

在引理 1.3 中取 $\tilde{R}=R_i$, $\tilde{r}=R_{i+1}(i=0,1,2,\cdots)$,得

$$\left|u_{x,R_i}-u_{x,R_{i+1}}\right|\leqslant C[u]_{p,\mu}R^{\frac{\mu-n}{p}}2^{i\frac{n-\mu}{p}+\frac{n}{p}}.$$

因而对 $0\leqslant k<h$,有

$$\begin{aligned}\left|u_{x,R_k}-u_{x,R_h}\right|&\leqslant\sum_{i=k}^{h-1}\left|u_{x,R_i}-u_{x,R_{i+1}}\right|\leqslant\sum_{i=k}^{h-1}C[u]_{p,\mu}R^{\frac{\mu-n}{p}}2^{i\frac{n-\mu}{p}+\frac{n}{p}}\\&=C\cdot2^{\frac{n}{p}}[u]_{p,\mu}R^{\frac{\mu-n}{p}}2^{\frac{n-\mu}{p}k}\frac{1-(2^{\frac{n-\mu}{p}})_{h-k+1}}{1-2^{\frac{n-\mu}{p}}}.\end{aligned}$$

整理后,我们得到

$$\left|u_{x,R_k}-u_{x,R_h}\right|\leqslant C[u]_{p,\mu}\,R_k^{\frac{\mu-n}{p}}. \tag{1.8}$$

因此对任意固定的 $x\in\bar{\Omega}$, $\{u_{x,R_h}\}$ 是一个 Cauchy 序列,记

$$\tilde{u}_R(x)=\lim_{h\to\infty}u_{x,R_h}.$$

第二步:证明 $\tilde{u}_R(x)$ 不依赖于 R 的取法,即证明:若 $R>r>0$,则 $\tilde{u}_R(x)=\tilde{u}_r(x)$. 事实上,由引理 1.3 知

$$\begin{aligned}\left|u_{x,R_h}-u_{x,r_h}\right|&\leqslant C(p,A)[u]_{p,\mu}r_h^{-\frac{n}{p}}R_h^{\frac{\mu}{p}}\\&=C(p,A)[u]_{P,\mu}\left(\frac{R_h}{r_h}\right)^{\frac{n}{p}}R_h^{\frac{\mu-n}{p}}\\&=C(p,A)[u]_{p,\mu}\left(\frac{R}{r}\right)^{\frac{n}{p}}R_h^{\frac{\mu-n}{p}},\end{aligned}$$

因此$\lim\limits_{h\to\infty}\left|u_{x,R_h}-u_{x,r_h}\right|=0$,即 $\tilde{u}_{R(x)}=\tilde{u}_r(x)$.以后,我们可以记 $\tilde{u}(x)=\tilde{u}_R(x)$.

第三步:证明 $\tilde{u}(x)=u(x)$,a.e. $x\in\Omega$.我们知道,一方面,在(1.8)中取 $k=0$,再令 $h\to\infty$取极限,得

$$\left|u_{x,R}-\tilde{u}(x)\right|\leqslant C[u]_{p,\mu}R^{\frac{\mu-n}{p}},\tag{1.9}$$

其中 $C=C(p,A,n,\mu)$.这表明,当 $R\to0$ 时,$u_{x,R}$在$\bar{\Omega}$ 上一致收敛到$\tilde{u}(x)$.另一方面,由 Lebesgue 微分定理知对 a.e. $x\in\Omega$,有$\lim\limits_{R\to0}u_{x,R}=u(x)$.因此,$\tilde{u}(x)=u(x)$,a.e. $x\in\Omega$.

第四步:证明 $\|\tilde{u}\|_{C^{0,\delta}(\bar{\Omega})}\leqslant C\|u\|_{\mathscr{L}^{p,\mu}(\Omega)}$.

对$\forall x,y\in\bar{\Omega},x\neq y$,令 $R=|x-y|$,我们有

$$\begin{aligned}\left|\tilde{u}(x)-\tilde{u}(y)\right|&\leqslant\left|u_{x,2R}-\tilde{u}(x)\right|\\&+\left|u_{x,2R}-u_{y,2R}\right|+\left|u_{y,2R}-\tilde{u}(y)\right|=\mathrm{I}+\mathrm{II}+\mathrm{III},\end{aligned}\tag{1.10}$$

由(1.9)易知

$$\mathrm{I}+\mathrm{III}\leqslant C[u]_{p,\mu}R^{\frac{\mu-n}{p}}.\tag{1.11}$$

现在来估计 II.令 $G=\Omega(x,2R)\cap\Omega(y,2R)$,我们有

$$\begin{aligned}\int_G\left|u_{x,2R}-u_{y,2R}\right|dz\leqslant&\int_{\Omega(x,2R)}\left|u_{x,2R}-u(z)\right|dz\\&+\int_{\Omega(y,2R)}\left|u(z)-u_{y,2R}\right|dz,\end{aligned}$$

由于

$$\begin{aligned}\int_{\Omega(x,\rho)}\left|u(z)-u_{x,\rho}\right|dz&\leqslant\left|\Omega(x,\rho)\right|^{1-\frac{1}{p}}\left\{\int_{\Omega(x,\rho)}\left|u(z)-u_{x,\rho}\right|^p dz\right\}^{\frac{1}{p}}\\&=\left|\Omega(x,\rho)\right|^{1-\frac{1}{p}}\rho^{\frac{\mu}{p}}\left\{\rho^{-\mu}\int_{\Omega(x,\rho)}\left|u(z)-u_{x,\rho}\right|^p dz\right\}^{\frac{1}{p}}\\&\leqslant C[u]_{p,\mu}\rho^{\frac{\mu-n}{p}+n},\end{aligned}$$

其中 $C=C(p,A,n,\mu)$,故

$$\left|u_{x,2R}-u_{y,2R}\right|\cdot|G|\leqslant 2C[u]_{p,\mu}R^{\frac{\mu-n}{p}+n}.$$

由 G 的定义知$G\supset\Omega(x,R)$,故$|G|\geqslant|\Omega(x,R)|\geqslant AR^n$,因此

$$\left|u_{x,2R}-u_{y,2R}\right|\leqslant 2A^{-1}C[u]_{p,\mu}R^{\frac{\mu-n}{p}}.\tag{1.12}$$

由(1.10)—(1.12)知

$$\left|\tilde{u}(x)-\tilde{u}(y)\right|\leqslant C[u]_{p,\mu}R^{\frac{\mu-n}{p}}=C[u]_{p,\mu}|x-y|^{\delta},\tag{1.13}$$

其中 $\delta=\dfrac{\mu-n}{p}>0,C=C(p,A,n,\mu)$.这表明

$$[\tilde{u}]_{0,\delta} \leqslant C[u]_{p,\mu}.$$

最后来证明

$$\sup_{x \in \bar{\Omega}} |\tilde{u}(x)| \leqslant C \|u\|_{\mathscr{L}^{p,\mu}(\Omega)}.$$

由(1.13)知 $\tilde{u}(x)$在 $\bar{\Omega}$ 上连续,因而存在 $y \in \bar{\Omega}$,使

$$\tilde{u}(y) = \tilde{u}_{\Omega} \triangleq \frac{1}{|\Omega|}\int_{\Omega} \tilde{u}(z)dz,$$

于是对 $\forall x \in \bar{\Omega}$,有

$$\begin{aligned} |\tilde{u}(x)| &\leqslant |\tilde{u}_{\Omega}| + |\tilde{u}(x) - \tilde{u}(y)| \\ &\leqslant |\Omega|^{-\frac{1}{p}} \|u\|_{L^p(\Omega)} + C(\mathrm{diam}\Omega)^{\frac{\mu-n}{p}}[u]_{p,\mu}. \end{aligned}$$

这表明

$$\sup_{x \in \bar{\Omega}} |\tilde{u}(x)| \leqslant C \|u\|_{\mathscr{L}^{p,\mu}(\Omega)},$$

其中 $C = C(p, A, n, \mu, \mathrm{diam}\Omega)$.

至于当 $\mu > n + p$ 时,$\mathscr{L}^{p,\mu}(\Omega) = \{$常数$\}$,从上面的证明过程中可以看出,这是显然的.

有了这些结果,利用 Poincaré 不等式(参看附录 1),很容易证明定理 1.1.

定理 1.1 的证明 由假设知 $u \in W^{1,p}(B_R(x^0))$, $p \geqslant 1$,且对 $\forall x \in B_R(x^0)$和 $\forall \rho: 0 < \rho < d(x) = R - |x - x^0|$,有

$$\int_{B_\rho(x)} |Du|^p dz \leqslant C\left(\frac{\rho}{d(x)}\right)^{n-p+p\delta}, 0 < \delta < 1.$$

因此任意固定 $r(0 < r < R)$之后,对 $\forall x \in B_r(x^0)$和 $\forall \rho: 0 < \rho < R - r$,有

$$\int_{B_\rho(x)} |Du|^p dz \leqslant C\left(\frac{\rho}{R - r}\right)^{n-p+p\delta}.$$

由 Poincaré 不等式知

$$\int_{B_\rho(x)} |u(z) - u_{x,\rho}|^p dz \leqslant C\rho^p \int_{B_\rho(x)} |Du|^p dz \leqslant C\rho^{n+p\delta},$$

其中 C 仅依赖于 $n, p, \delta, R - r$,而与 x, ρ 无关. 于是由定理 1.5 知 $u \in C^{0,\delta}(\overline{B_r(x^0)})$.

至于第五章的定理 4.2,读者可以参考这个定理证明的思路自行证明.

§2 Schauder 理论

考虑下列形式的散度型椭圆组

$$-D_\alpha(A_{ij}^{\alpha\beta}(x)D_\beta u^j) + D_\alpha f_i^\alpha(x) = 0 \quad (i = 1, \cdots, N), \tag{2.1}$$

其中系数 $A_{ij}^{\alpha\beta}(x)$满足强 Legendre 条件:

$$A_{ij}^{\alpha\beta}\xi_\alpha^i\xi_\beta^j \geqslant \lambda|\xi|^2, \forall \xi \in \mathbb{R}^{nN}, \quad \lambda > 0. \tag{2.2}$$

我们将证明:若 $A_{ij}^{\alpha\beta}, f_i^\alpha \in C^{0,\delta}$,则(2.1)的弱解属于 $C^{1,\delta}$.

2.1　二个引理

我们首先来证明二个十分有用的引理.

引理 2.1　(迭代引理).设 $\Phi(\rho)$是一个非负的单调增函数,且满足

$$\Phi(\rho) \leqslant A\left[\left(\frac{\rho}{R}\right)^\alpha + \varepsilon\right]\Phi(R) + BR^\beta, \quad \forall 0 < \rho \leqslant R \leqslant R_0,$$

其中 A,α,β,R_0 均为非负常数,$\beta<\alpha$,则存在常数 $\varepsilon_0=\varepsilon_0(A,\alpha,\beta)$和 $C=C(A,\alpha,\beta)$,使得当 $\varepsilon<\varepsilon_0$ 时有

$$\Phi(\rho) \leqslant C\left[\left(\frac{\rho}{R}\right)^\beta \Phi(R) + B\rho^\beta\right], \quad \forall 0 < \rho \leqslant R \leqslant R_0.$$

证明　由假设知,对 $\forall \tau\in(0,1)$,有

$$\Phi(\tau R) \leqslant A\tau^\alpha[1 + \varepsilon\tau^{-\alpha}]\Phi(R) + BR^\beta, R \leqslant R_0,$$

这里,我们不妨设 $A\geqslant 1$.

现在,先选一个实数 γ,使 $\beta<\gamma<\alpha$.然后选 τ,使 $2A\tau^\alpha = \tau^\gamma$,亦即选 $\tau = \exp\left(-\frac{\log 2A}{\alpha-\gamma}\right)$(这样选出的 τ 一定满足 $0<\tau<1$).最后选 ε_0,使 $\varepsilon_0\tau^{-\alpha}<1$,亦即选 $\varepsilon_0<\exp\left(-\alpha\frac{\log 2A}{\alpha-\gamma}\right)$.对于这样选定的 γ、τ 和 ε_0,当 $\varepsilon<\varepsilon_0$ 时,有

$$\Phi(\tau R) \leqslant 2A\tau^\alpha\Phi(R) + BR^\beta \leqslant \tau^D\Phi(R) + BR^\beta, R \leqslant R_0.$$

现在进行迭代.对任意正整数 k,我们有

$$\begin{aligned}\Phi(\tau^{k+1}R) &\leqslant \tau^\gamma\Phi(\tau^k R) + B\tau^{k\beta}R^\beta \\ &\leqslant \cdots \leqslant \\ &\leqslant \tau^{(k+1)\gamma}\Phi(R) + B\tau^{k\beta}R^\beta\sum_{j=0}^k \tau^{j(\gamma-\beta)} \\ &\leqslant \tau^{(k+1)\beta}\Phi(R) + B\tau^{k\beta}R^\beta\frac{1-\tau^{(\gamma-\beta)(k+1)}}{1-\tau^{\gamma-\beta}} \\ &\leqslant \tau^{(k+1)\beta}\left[\Phi(R) + BR^\beta\frac{1}{\tau^\beta-\tau^\gamma}\right].\end{aligned}$$

因此,我们有

$$\Phi(\tau^{k+1}R) \leqslant C\tau^{(k+1)\beta}[\Phi(R) + BR^\beta], \tag{2.3}$$

其中 $C=C(A,\alpha,\beta)$.

现在,对 $\forall \rho\leqslant R$,选 k,使 $\tau^{k+1}R<\rho\leqslant\tau^k R$.于是,由 Φ 的单调上升性和 k 的

选法,以及不等式(2.3),容易得到

$$\begin{aligned}\Phi(\rho)&\leqslant \Phi(\tau^k R)\leqslant C\tau^{k\beta}[\Phi(R)+BR^\beta]\\&\leqslant C\tau^{-\beta}\left(\frac{\rho}{R}\right)^\beta[\Phi(R)+BR^\beta]\\&\leqslant C\tau^{-\beta}\left[\left(\frac{\rho}{R}\right)^\beta\Phi(R)+B\rho^\beta\right]\\&\leqslant C_1\left[\left(\frac{\rho}{R}\right)^\beta\Phi(R)+B\rho^\beta\right],\end{aligned}$$

其中 $C_1=C_1(A,\alpha,\beta)$.

下面我们将给出常系数齐次椭圆组弱解的二个重要估计.

引理 2.2　设 u 是(2.1)的弱解,其中 $A_{ij}^{\alpha\beta}$ 是常数,满足(2.2),且 $|A_{ij}^{\alpha\beta}|\leqslant\Lambda$ $(i,j=1,\cdots,N;\alpha,\beta=1,\cdots,n)$. 又设 $f_i^\alpha\equiv0(i=1,\cdots,N;\alpha=1,\cdots,n)$. 则存在常数 $C>0$,使得对 $\forall x^0\in\Omega$ 和 $\forall\rho,R:0<\rho\leqslant R<\mathrm{dist}(x^0,\partial\Omega)$,下列二个估计式成立:

$$\int_{B_\rho(x^0)}|u|^2dx\leqslant C\left(\frac{\rho}{R}\right)^n\int_{B_R(x^0)}|u|^2dx,\tag{2.4}$$

$$\int_{B_\rho(x^0)}|u-u_{x^0,\rho}|^2dx\leqslant C\left(\frac{\rho}{R}\right)^{n+2}\int_{B_R(x^0)}|u-u_{x^0,R}|^2dx,\tag{2.5}$$

其中 C 依赖于 n,N,λ,Λ 和 $\mathrm{dist}(x^0,\partial\Omega)$.

证明　先证不等式(2.4).

由第八章推论 2.5 知 $u\in H^k\left(B_{\frac{R}{2}}(x^0),\mathbb{R}^N\right)$且有

$$\|u\|_{H^k\left(B_{\frac{R}{2}}(x^0),\mathbf{R}^N\right)}\leqslant C\|u\|_{L^2(B_R(x^0),\mathbf{R}^N)}(k=1,2,\cdots),\tag{2.6}$$

其中 $C=C(n,N,\lambda,\Lambda,k,R)$.

取 $2k>n$,由 Sobolev 嵌入定理知

$$\sup_{B_{\frac{R}{2}}(x^0)}|u|\leqslant C\|u\|_{H^k\left(B_{\frac{R}{2}}(x^0),\mathbf{R}^N\right)}.\tag{2.7}$$

因此,若 $0<\rho<\dfrac{R}{2}$,则由(2.7)得

$$\int_{B_\rho(x^0)}|u|^2dx\leqslant\omega_n\rho^n\sup_{B_{\frac{R}{2}}(x^0)}|u|^2\leqslant C\rho^n\|u\|^2_{H^k\left(B_{\frac{R}{2}}(x^0),\mathbf{R}^N\right)}.$$

再利用(2.6)便得

$$\int_{B_\rho(x^0)}|u|^2dx\leqslant C(R)\rho^n\int_{B_R(x^0)}|u|^2dx,\tag{2.8}$$

其中常数 $C(R)$除依赖于 R 以外还依赖于 $n,N,\lambda,\Lambda,d,d=\mathrm{dist}(x^0,\partial\Omega)$. 通过

相似变换可以证明 $C(R)=C_1R^{-n}$，其中 $C_1=C_1(n,N,\lambda,\Lambda,d)$. 事实上，我们可以先取定一个常数 $a<\mathrm{dist}(x^0,\partial\Omega)$，由(2.8)知对 $\forall\, r<\frac{a}{2}$，有

$$\int_{B_r(x^0)}|u|^2dx\leqslant C(a)r^n\int_{B_a(x^0)}|u|^2dx.$$

现在令 $y=\frac{ax}{R}$，$r=\frac{a\rho}{R}$，则当 $|x|<\rho$ 时 $|y|<r<\frac{a}{2}$，因而

$$\begin{aligned}\int_{B_\rho(x^0)}|u(x)|^2dx&=\left(\frac{R}{a}\right)^n\int_{B_r(x^0)}\left|u\left(\frac{R}{a}y\right)\right|^2dy\\&\leqslant\left(\frac{R}{a}\right)^nC(a)r^n\int_{B_a(x^0)}\left|u\left(\frac{R}{a}y\right)\right|^2dy\\&=C_1\left(\frac{\rho}{R}\right)^n\int_{B_R(x^0)}|u(x)|^2dx,\end{aligned}$$

其中 $C_1=C_1(n,N,\lambda,\Lambda,d)$. 这表明当 $0<\rho<\frac{R}{2}$ 时(2.4)成立. 至于当 $R\geqslant\rho\geqslant\frac{R}{2}$ 时，(2.4)的成立是显然的.

现在证明不等式(2.5).

由于 u 满足常系数齐次椭圆组，故 Du 仍满足常系数齐次椭圆组，因此由(2.4)知，当 $\rho<\frac{R}{2}$ 时，有

$$\int_{B_\rho(x^0)}|Du|^2dx\leqslant C\left(\frac{\rho}{R}\right)^n\int_{B_R(x^0)}|Du|^2dx.\tag{2.9}$$

由 Poincaré 不等式知(2.9)的左端不小于

$$\frac{1}{C(n)\rho^2}\int_{B_\rho(x^0)}|u-u_{x^0,\rho}|^2dx,$$

而由 Caccioppoli 不等式又知(2.9)的右端不大于

$$C\left(\frac{\rho}{R}\right)^n\frac{C}{R^2}\int_{B_R(x^0)}|u-u_{x^0,R}|^2dx.$$

于是便知当 $0<\rho<\frac{R}{2}$ 时，(2.5)成立.

当 $\frac{R}{2}\leqslant\rho\leqslant R$ 时，我们亦有

$$\begin{aligned}\left(\frac{\rho}{R}\right)^{n+2}\int_{B_R(x^0)}|u-u_{x^0,R}|^2dx&\geqslant\left(\frac{1}{2}\right)^{n+2}\int_{B_R(x^0)}|u-u_{x^0,R}|^2dx\\&\geqslant C(n)\int_{B_\rho(x^0)}|u-u_{x^0,\rho}|^2dx.\end{aligned}$$

这里,最后一个不等式之所以成立,是因为

$$\Phi(\rho) = \int_{B_\rho(x^0)} |u(x) - u_{x^0,\rho}|^2 dx$$

关于 ρ 是单调上升的.事实上,若令

$$\Psi(v) = \int_{B_\rho(x^0)} |u(x) - \nu|^2 dx, \nu \in \mathbb{R}^N,$$

则易证 $\Phi(\rho) = \min\limits_{\nu\in\mathbf{R}^N} \Psi(\nu)$,因而对 $\forall\ \rho \leqslant R$,有

$$\begin{aligned}\int_{B_\rho(x^0)} |u - u_{x^0,\rho}|^2 dx &\leqslant \int_{B_\rho(x^0)} |u - u_{x^0,R}|^2 dx \\ &\leqslant \int_{B_R(x^0)} |u - u_{x^0,R}|^2 dx.\end{aligned}$$

2.2　常系数椭圆组

定理 2.3　假设 u 是(2.1)的弱解,其中 $A_{ij}^{\alpha\beta}$ 是常数,满足(2.2),且 $|A_{ij}^{\alpha\beta}| \leqslant \Lambda$ $(i,j=1,\cdots,N;\alpha,\beta=1,\cdots,n)$,那么,若 $f_i^\alpha \in \mathscr{L}_{\rm loc}^{2,\mu}(\Omega)$, $0 \leqslant \mu < n+2$ $(i=1,\cdots,N;\alpha=1,\cdots,n)$,则 $Du \in \mathscr{L}_{\rm loc}^{2,\mu}(\Omega,\mathbb{R}^{nN})$.特别是,若 $f_i^\alpha \in C_{\rm loc}^{0,\delta}(\Omega)$ $(i=1,\cdots,N;\alpha=1,\cdots,n)$, $0<\delta<1$,则 $Du \in C_{\rm loc}^{0,\delta}(\Omega,\mathbb{R}^{nN})$.

证明　对 $\forall\ \tilde{\Omega} \subset\subset \Omega$, $\forall\ x^0 \in \tilde{\Omega}$, $\forall\ R: 0 < R < \frac{1}{2}d$, $d = \operatorname{dist}(\tilde{\Omega}, \partial\Omega)$,设 $v \in H^1(B_R(x^0),\mathbb{R}^N)$ 是下述齐次椭圆组的 Dirichlet 问题的解

$$\begin{cases}\displaystyle\int_{B_R(x^0)} A_{ij}^{\alpha\beta} D_\beta v^j D_\alpha \varphi^i dx = 0, \forall\ \varphi \in H_0^1(B_R(x^0),\mathbb{R}^N), \\ v - u \in H_0^1(B_R(x^0),\mathbb{R}^N).\end{cases} \tag{2.10}$$

由 Lax Milgram 定理知这个问题有解.

由于 v 满足的是常系数齐次椭圆组,故 Dv 也满足常系数齐次椭圆组,因而估计式(2.5)对 Dv 也成立,即有

$$\int_{B_\rho(x^0)} |Dv - (Dv)_{x^0,\rho}|^2 dx \leqslant C\left(\frac{\rho}{R}\right)^{n+2} \int_{B_R(x^0)} |Dv - (Dv)_{x^0,R}|^2 dx, \tag{2.11}$$

其中 $0<\rho\leqslant R$, $C = C(n,N,\lambda,\Lambda,d)$.

下面为书写简单起见,我们用 B_ρ 记 $B_\rho(x^0)$,用 $(Du)_\rho$ 记 $(Du)_{x^0,\rho}$.

令 $w = u - v$,则有

$$\int_{B_\rho} |Du - (Du)_\rho|^2 dx \leqslant 2\int_{B_\rho} |Dv - (Dv)_\rho|^2 dx + 2\int_{B_\rho} |Dw - (Dw)_\rho|^2 dx$$

$$\leqslant C\left(\frac{\rho}{R}\right)^{n+2}\int_{B_R}|Dv-(Dv)_R|^2dx$$
$$+C\int_{B_\rho}|Dw|^2dx+C\int_{B_\rho}|(Dw)_\rho|^2dx$$
$$\leqslant C\left(\frac{\rho}{R}\right)^{n+2}\int_{B_R}|Du-(Du)_R|^2dx$$
$$+C\left[\int_{B_R}|Dw|^2dx+\int_{B_R}|(Dw)_R|^2dx\right.$$
$$\left.+\int_{B_\rho}|Dw|^2dx+\int_{B_\rho}|(Dw)_\rho|^2dx\right].$$

利用 Hölder 不等式易得

$$\int_{B_\rho}|(Dw)_\rho|^2dx\leqslant\int_{B_\rho}|Dw|^2dx.$$

故有

$$\int_{B_\rho}|Du-(Du)_\rho|^2dx$$
$$\leqslant C\left(\frac{\rho}{R}\right)^{n+2}\int_{B_R}|Du-(Du)_R|^2dx+C\int_{B_R}|Dw|^2dx. \tag{2.12}$$

现在来估计$\int_{B_R}|Dw|^2dx$.由于 $w=u-v\in H_0^1(B_R,\mathbb{R}^N)$ 满足

$$\int_{B_R}A_{ij}^{\alpha\beta}D_\beta w^jD_\alpha\varphi^idx=\int_{B_R}(f_i^\alpha-(f_i^\alpha)_R)D_\alpha\varphi^idx,\ \forall\ \varphi\in H_0^1(B_R,\mathbb{R}^N),$$

故可以在此式中取 $\varphi=w$,再用椭圆性条件和 Hölder 不等式,得

$$\int_{B_R}|Dw|^2dx\leqslant C\int_{B_R}|f-f_R|^2dx, \tag{2.13}$$

其中 $f=(f_i^\alpha)$,又由于 $f_i^\alpha\in\mathscr{L}_{\text{loc}}^{2,\mu}(\Omega)(i=1,\cdots,N;\alpha=1,\cdots,n)$,故

$$\int_{B_R}|f-f_R|^2dx\leqslant[f]_{2,\mu;\Omega'}^2R^\mu,$$

其中 $\Omega'=\left\{x\in\Omega\,|\,\text{dist}(x,\partial\Omega)>\frac{1}{2}\text{dist}(\widetilde{\Omega},\partial\Omega)\right\}$.将此代入(2.13),得

$$\int_{B_R}|Dw|^2dx\leqslant C[f]_{2,\mu;\Omega'}^2R^\mu. \tag{2.14}$$

再将(2.14)代入(2.12),得

$$\int_{B_\rho}|Du-(Du)_\rho|^2dx\leqslant C\left(\frac{\rho}{R}\right)^{n+2}\int_{B_R}|Du-(Du)_R|^2dx+C[f]_{2,\mu;\Omega'}^2R^\mu,$$

其中 $C=C(n,N,\lambda,\Lambda,d)$.

在迭代引理（引理 2.1）中取 $\Phi(\rho)=\int_{B_\rho}|Du-(Du)_\rho|^2dx, A=C, B=C[f]^2_{2,\mu;\Omega'}, \alpha=n+2, \beta=\mu, \varepsilon=0$, 则得

$$\int_{B_\rho}|Du-(Du)_\rho|^2dx\leqslant C\left\{\frac{1}{R^\mu}\int_{B_R}|Du-(Du)_R|^2dx+[f]^2_{2,\mu;\Omega'}\right\}\rho^\mu,$$

因而有

$$\rho^{-\mu}\int_{B_\rho}|Du-(Du)_\rho|^2dx\leqslant C\{\|Du\|^2_{L^2(\Omega',\mathbf{R}^{nN})}+[f]^2_{2,\mu;\Omega'}\},$$

其中 $C=C(n,N,\lambda,\Lambda,\mu,\mathrm{dist}(\widetilde{\Omega},\partial\Omega))$,这表明

$$Du\in\mathscr{L}^{2,\mu}_{\mathrm{loc}}(\Omega,\mathbb{R}^{nN}).$$

定理得证.

注 2.1　若在定理 2.3 中将 f_i^α 满足的条件减弱为 $f_i^\alpha\in L^{2,\mu}_{\mathrm{loc}}(\Omega)$, $0\leqslant\mu<n+2$ $(i=1,\cdots,N;\alpha=1,\cdots,n)$,仍可推出 $Du\in\mathscr{L}^{2,\mu}_{\mathrm{loc}}(\Omega,\mathbb{R}^{nN})$. 事实上,只要将(2.13)改为

$$\int_{B_R(x^0)}|Dw|^2dx\leqslant C\int_{B_R(x^0)}|f|^2dx\leqslant C\|f\|^2_{L^{2,\mu}}\cdot R^\mu$$

即可.

关于全局正则性,我们有下列结果:

定理 2.4　假设 $A_{ij}^{\alpha\beta}(\alpha,\beta=1,\cdots,n;i,j=1,\cdots,N)$满足定理 2.3 的条件, $f_i^\alpha\in\mathscr{L}^{2,\mu}(\Omega)(\alpha=1,\cdots,n;i=1,\cdots,N)$, $0\leqslant\mu<n+2$, $\partial\Omega$ 光滑. 如果 $u\in H_0^1(\Omega,\mathbb{R}^N)$是方程组(2.1)的附加边界条件

$$u|_{\partial\Omega}=0 \tag{2.15}$$

的 Dirichlet 问题的弱解,则 $Du\in\mathscr{L}^{2,\mu}(\Omega,\mathbb{R}^{nN})$且有估计

$$\|Du\|_{\mathscr{L}^{2,\mu}(\Omega,\mathbf{R}^{nN})}\leqslant C\|f\|_{\mathscr{L}^{2,\mu}(\Omega,\mathbf{R}^{nN})},$$

其中 $C=C(n,N,\lambda,\Lambda,\mu)$.

注 2.2　设 $A_{ij}^{\alpha\beta}(\alpha,\beta=1,\cdots,n;i,j=1,\cdots,N)$满足定理 2.3 的条件, $f_i^\alpha\in L^{2,\mu}(\Omega)(\alpha=1,\cdots,n;i=1,\cdots,N)$, $0\leqslant\mu<n+2$, $\partial\Omega$ 光滑,且 $u\in H_0^1(\Omega,\mathbb{R}^N)$是 Dirichlet 问题(2.1),(2.15)的弱解,则 $Du\in\mathscr{L}^{2,\mu}(\Omega,\mathbb{R}^{nN})$且有估计

$$\|Du\|_{\mathscr{L}^{2,\mu}(\Omega,\mathbf{R}^{nN})}\leqslant C\|f\|_{L^{2,\mu}(\Omega,\mathbf{R}^{nN})}$$

其中 $C=C(n,N,\lambda,\Lambda,\mu,\mathrm{diam}\Omega)$.

2.3　变系数椭圆组

定理2.5　设$A_{ij}^{\alpha\beta}(x)$满足(2.2),且$A_{ij}^{\alpha\beta}\in C^0(\overline{\Omega})$, $|A_{ij}^{\alpha\beta}|\leqslant\Lambda(\alpha,\beta=1,\cdots,$

$n;i,j=1,\cdots,N)$，$f_i^\alpha\in L^{2,\mu}(\Omega)(\alpha=1,\cdots,n;i=1,\cdots,N)$，$0<\mu<n$. 如果 $u\in H^1(\Omega,\mathbb{R}^N)$是(2.1)的弱解，则 $Du\in L^{2,\mu}_{\mathrm{loc}}(\Omega,\mathbb{R}^{nN})$，且对 $\forall\,\tilde{\Omega}\subset\subset\Omega$，有估计

$$\|Du\|_{L^{2,\mu}(\tilde{\Omega},\mathbb{R}^{nN})}\leqslant C[\|Du\|_{L^2(\Omega,\mathbb{R}^{nN})}+\|f\|_{L^{2,\mu}(\Omega,\mathbb{R}^{nN})}],$$

其中 C 依赖于 $n,N,\lambda,\Lambda,\mu,\mathrm{dist}(\tilde{\Omega},\partial\Omega)$以及 $A_{ij}^{\alpha\beta}$的连续模.

证明 用凝固系数法.

对 $\forall\,\tilde{\Omega}\subset\subset\Omega$，$\forall\,x^0\in\tilde{\Omega}$，$\forall\,R:0<R<d$，$d=\mathrm{dist}(\tilde{\Omega},\partial\Omega)$，将(2.1)改写为

$$-D_\alpha(A_{ij}^{\alpha\beta}(x^0)D_\beta u^i)+D_\alpha F_i^\alpha=0\quad(i=1,\cdots,N),$$

其中 $F_i^\alpha=f_i^\alpha+[A_{ij}^{\alpha\beta}(x^0)-A_{ij}^{\alpha\beta}(x)]D_\beta u^j(\alpha=1,\cdots,n;i=1,\cdots,N)$.

取 v 满足

$$\begin{cases}\displaystyle\int_{B_R(x^0)}A_{ij}^{\alpha\beta}(x^0)D_\beta v^jD_\alpha\varphi^i dx=0,\ \forall\,\varphi\in H_0^1(B_R(x^0),\mathbb{R}^N),\\ v-u\in H_0^1(B_R(x^0),\mathbb{R}^N).\end{cases}$$

由于 v 满足的是常系数齐次椭圆组，故 Dv 亦满足常系数齐次椭圆组，对 Dv 应用估计式(2.4)，知对 $\forall\,\rho:0<\rho\leqslant R$，有

$$\int_{B_\rho(x^0)}|Dv|^2dx\leqslant C\left(\frac{\rho}{R}\right)^n\int_{B_R(x^0)}|Dv|^2dx,$$

其中 $C=C(n,N,\lambda,\Lambda,d)$.

令 $w=u-v$，则

$$\int_{B_\rho(x^0)}|Du|^2dx\leqslant 2\int_{B_\rho(x^0)}|Dv|^2dx+2\int_{B_\rho(x^0)}|Dw|^2dx,$$

因而对 $\forall\,\rho:0<\rho\leqslant R$，有

$$\int_{B_\rho(x^0)}|Du|^2dx\leqslant C\left(\frac{\rho}{R}\right)^n\int_{B_R(x^0)}|Du|^2dx+C\int_{B_R(x^0)}|Dw|^2dx.\quad(2.16)$$

现在来估计 $\displaystyle\int_{B_R(x^0)}|Dw|^2dx$.

由于 $w\in H_0^1(B_R(x^0),\mathbb{R}^N)$满足

$$\int_{B_R(x^0)}A_{ij}^{\alpha\beta}(x^0)D_\beta w^jD_\alpha\varphi^i dx$$

$$=\int_{B_R(x^0)}\{f_i^\alpha+[A_{ij}^{\alpha\beta}(x^0)-A_{ij}^{\alpha\beta}(x)]D_\beta u^j\}D_\alpha\varphi^i dx,\ \forall\,\varphi\in H_0^1(B_R(x^0),\mathbb{R}^N),$$

在其中取 $\varphi=w$，便得

$$\int_{B_R(x^0)}|Dw|^2dx\leqslant C\int_{B_R(x^0)}|f|^2dx+C\omega^2(R)\int_{B_R(x^0)}|Du|^2dx,\quad(2.17)$$

这里，$\omega(R)=\sup\limits_{x\in B_R(x^0)}\left\{\sum\limits_{i,j=1}^{N}\sum\limits_{\alpha,\beta=1}^{n}|A_{ij}^{\alpha\beta}(x)-A_{ij}^{\alpha\beta}(x^0)|^2\right\}^{1/2}$.

将(2.17)代入(2.16)得

$$\int_{B_\rho(x^0)}|Du|^2dx\leqslant C\left[\left(\frac{\rho}{R}\right)^n+\omega^2(R)\right]\int_{B_R(x^0)}|Du|^2dx+C\|f\|_{L^{2,\mu}}^2\cdot R^\mu.$$

由于 $A_{ij}^{\alpha\beta}\in C^0(\bar{\Omega})$，故存在 $R_0, 0<R_0<d$，使得当 $0<\rho\leqslant R\leqslant R_0$ 时有

$$\int_{B_\rho(x^0)}|Du|^2dx\leqslant C\left[\left(\frac{\rho}{R}\right)^n+\varepsilon\right]\int_{B_R(x^0)}|Du|^2dx+C\|f\|_{L^{2,\mu}}^2\cdot R^\mu,$$

其中 $C=C(n,N,\lambda,\Lambda,d)$.

在迭代引理(引理 2.1)中，取 $\Phi(\rho)=\int_{B_\rho(x^0)}|Du|^2dx, A=C, B=C\|f\|_{L^{2,\mu}}^2, \alpha=n, \beta=\mu$，便知存在 $\tilde{R}_0, 0<\tilde{R}_0<R_0$，使得当 $0<\rho\leqslant R\leqslant\tilde{R}_0$ 时有

$$\int_{B_\rho(x^0)}|Du|^2dx\leqslant C\left[R^{-\mu}\int_\Omega|Du|^2dx+\|f\|_{L^{2,\mu}(\Omega,\mathbf{R}^{nN})}^2\right]\rho^\mu,$$

因而有

$$\|Du\|_{L^{2,\mu}(\tilde{\Omega},\mathbf{R}^{nN})}\leqslant C[\|Du\|_{L^2(\Omega,\mathbf{R}^{nN})}+\|f\|_{L^{2,\mu}(\Omega,\mathbf{R}^{nN})}],$$

其中 C 依赖于 $n,N,\lambda,\Lambda,\mu,\mathrm{dist}(\tilde{\Omega},\partial\Omega)$ 以及 $A_{ij}^{\alpha\beta}$ 的连续模. 定理得证.

定理 2.6　设 $A_{ij}^{\alpha\beta}(x)$ 满足(2.2)且 $A_{ij}^{\alpha\beta}\in C^{0,\delta}(\Omega)$，$|A_{ij}^{\alpha\beta}(x)|\leqslant\Lambda(i,j=1,\cdots,N;\alpha,\beta=1,\cdots,n)$，$f_i^\alpha\in C^{0,\delta}(\Omega)(i=1,\cdots,N;\alpha=1,\cdots,n)$，$0<\delta<1$. 并设 $u\in H^1(\Omega,\mathbb{R}^N)$ 是(2.1)的弱解，那么必有

$$Du\in C_{\mathrm{loc}}^{0,\delta}(\Omega,\mathbb{R}^{nN}),$$

且对 $\forall\tilde{\Omega}\subset\subset\Omega$，有估计式

$$\|Du\|_{C^{0,\delta}(\tilde{\Omega},\mathbf{R}^{nN})}\leqslant C\{\|Du\|_{L^2(\Omega,\mathbf{R}^{nN})}+\|f\|_{C^{0,\delta}(\Omega,\mathbf{R}^{nN})}\},$$

其中 C 依赖于 $n,N,\lambda,\Lambda,\delta,[A_{ij}^{\alpha\beta}]_{0,\delta;\Omega'},\mathrm{dist}(\tilde{\Omega},\partial\Omega)$ 以及 $\mathrm{diam}\Omega$，这里 $\Omega'=\left\{x\in\Omega\,|\,\mathrm{dist}(x,\partial\Omega)>\frac{1}{2}\mathrm{dist}(\tilde{\Omega},\partial\Omega)\right\}$.

证明　对 $\forall\tilde{\Omega}\subset\subset\Omega$，$\forall x^0\in\tilde{\Omega}$，

$$\forall R:0<R<\frac{1}{2}\mathrm{dist}(\tilde{\Omega},\partial\Omega),$$

将(2.1)改写为

$$-D_\alpha(A_{ij}^{\alpha\beta}(x^0)D_\beta u^j)+D_\alpha F_i^\alpha=0\quad(i=1,\cdots,N),$$

其中 $F_i^\alpha=f_i^\alpha-(f_i^\alpha)_{x^0,R}+[A_{ij}^{\alpha\beta}(x^0)-A_{ij}^{\alpha\beta}(x)]D_\beta u^j$.

现在取 v 为下列问题的解：

$$\begin{cases}\int_{B_R(x^0)} A_{ij}^{\alpha\beta}(x^0) D_\beta v^j D_\alpha \varphi^i dx = 0, \forall \varphi \in H_0^1(B_R(x^0), \mathbb{R}^N), \\ v - u \in H_0^1(B_R(x^0), \mathbb{R}^N).\end{cases}$$

对 Dv 应用估计式(2.5)，得

$$\int_{B_\rho(x^0)} |Dv - (Dv)_{x^0,\rho}|^2 dx \leqslant C\left(\frac{\rho}{R}\right)^{n+2} \int_{B_R(x^0)} |Dv - (Dv)_{x^0,R}|^2 dx,$$

其中 $C = C(n, N, \lambda, \Lambda, \mathrm{dist}(\widetilde{\Omega}, \partial\Omega))$.

令 $w = u - v$，与定理 2.3 类似，我们有

$$\begin{aligned}\int_{B_\rho(x^0)} |Du - (Du)_{x^0,\rho}|^2 dx &\leqslant C\left(\frac{\rho}{R}\right)^{n+2} \int_{B_R(x^0)} |Du - (Du)_{x^0,R}|^2 dx + C\int_{B_R(x^0)} |Dw|^2 dx \\ &\leqslant C\left(\frac{\rho}{R}\right)^{n+2} \int_{B_R(x^0)} |Du - (Du)_{x^0,R}|^2 dx \\ &\quad + C\int_{B_R(x^0)} |F - F_{x^0,R}|^2 dx \\ &\leqslant C\left(\frac{\rho}{R}\right)^{n+2} \int_{B_R(x^0)} |Du - (Du)_{x^0,R}|^2 dx \\ &\quad + C\int_{B_R(x^0)} |f - f_{x^0,R}|^2 dx + C \sup_{x \in B_R(x^0)} \sum_{i,j=1}^N \sum_{\alpha,\beta=1}^n \\ &\quad |A_{ij}^{\alpha\beta}(x) - A_{ij}^{\alpha\beta}(x^0)|^2 \times \int_{B_R(x^0)} |Du|^2 dx,\end{aligned}$$

由于 $A_{ij}^{\alpha\beta} \in C^{0,\delta}(\Omega)$，故

$$\sup_{x \in B_R(x^0)} \sum |A_{ij}^{\alpha\beta}(x) - A_{ij}^{\alpha\beta}(x^0)|^2 \leqslant \sum [A_{ij}^{\alpha\beta}]_{0,\delta;\Omega'}^2 R^{2\delta},$$

其中 $\Omega' = \left\{x \in \Omega \,|\, \mathrm{dist}(x, \partial\Omega) > \frac{1}{2}\mathrm{dist}(\widetilde{\Omega}, \partial\Omega)\right\}$. 因而有

$$\begin{aligned}\int_{B_\rho(x^0)} |Du - (Du)_{x^0,\rho}|^2 dx \leqslant\ & C\left(\frac{\rho}{R}\right)^{n+2} \int_{B_R(x^0)} |Du - (Du)_{x^0,R}|^2 dx \\ & + C[f]_{2,n+2\delta;\Omega'}^2 R^{n+2\delta} \\ & + C\sum [A_{ij}^{\alpha\beta}]_{0,\delta;\Omega'}^2 R^{2\delta} \int_{B_R(x^0)} |Du|^2 dx.\end{aligned} \tag{2.18}$$

由 $f \in C^{0,\delta} \simeq \mathscr{L}^{2,n+2\delta} \subset \mathscr{L}^{2,n-\varepsilon} \simeq L^{2,n-\varepsilon}$, $\forall \varepsilon > 0$，知道 $f \in L^{2,n-\varepsilon}(\Omega', \mathbb{R}^{nN})$，故利用定理 2.5 可得

$$Du \in L^{2,n-\varepsilon}(\widetilde{\Omega},\mathbb{R}^{nN}),$$

而且有估计

$$\int_{B_R(x^0)} |Du|^2 dx \leqslant C[\|Du\|^2_{L^2(\Omega',\mathbf{R}^{nN})} + \|f\|^2_{L^{2,n-\varepsilon}(\Omega',\mathbf{R}^{nN})}]R^{n-\varepsilon},$$

其中 ε 是任意小正数，C 依赖于 $n,N,\lambda,\Lambda,\delta,\varepsilon,\mathrm{dist}(\widetilde{\Omega},\partial\Omega)$ 和 $A_{ij}^{\alpha\beta}$ 的连续模. 将此估计代入(2.18)得

$$\begin{aligned}\int_{B_\rho(x^0)} |Du - (Du)_{x^0,\rho}|^2 dx \leqslant & C\left(\frac{\rho}{R}\right)^{n+2}\int_{B_R(x^0)} |Du - (Du)_{x^0,R}|^2 dx \\ & + C[f]^2_{2,n+2\delta;\Omega'}R^{n+2\delta} + C\sum[A_{ij}^{\alpha\beta}]^2_{0,\delta} \\ & \{\|Du\|^2_{L^2(\Omega',\mathbf{R}^{nN})} + \|f\|^2_{L^{2,n-\varepsilon}(\Omega',\mathbf{R}^{nN})}\}R^{n+2\delta-\varepsilon},\end{aligned}$$

由迭代引理知

$$\begin{aligned}&\int_{B_\rho(x^0)} |Du - (Du)_{x^0,\rho}|^2 dx \\ \leqslant & C\{\|Du\|^2_{L^2(\Omega',\mathbf{R}^{nN})} + \|f\|^2_{L^{2,n-\varepsilon}(\Omega',\mathbf{R}^{nN})}\}\rho^{n+2\delta-\varepsilon},\end{aligned}$$

其中 C 依赖于 $n,N,\lambda,\Lambda,\delta,\varepsilon,\|A_{ij}^{\alpha\beta}\|_{C^{0,\delta}},\mathrm{dist}(\widetilde{\Omega},\partial\Omega)$ 及 $\mathrm{diam}\Omega$ 由此知

$$Du \in C^{0,\delta-\frac{\varepsilon}{2}}_{\mathrm{loc}}(\Omega,\mathbb{R}^{nN}),\ \forall\varepsilon > 0,$$

而且

$$\|Du\|_{C^{0,\delta-\frac{\varepsilon}{2}}(\widetilde{\Omega},\mathbf{R}^{nN})} \leqslant C\{\|Du\|_{L^2(\Omega',\mathbf{R}^{nN})} + \|f\|_{\mathscr{L}^{2,n+2\delta}(\Omega',\mathbf{R}^{nN})}\}.$$

特别是，由此可知 Du 是局部有界的且有

$$\int_{B_R(x^0)} |Du|^2 dx \leqslant C[\|Du\|^2_{L^2(\Omega',\mathbf{R}^{nN})} + \|f\|^2_{C^{0,\delta}(\Omega',\mathbf{R}^{nN})}]R^n,$$

其中 C 依赖于 $n,N,\lambda,\Lambda,\delta,\|A_{ij}^{\alpha\beta}\|_{C^{0,\delta}},\mathrm{dist}(\widetilde{\Omega},\partial\Omega)$ 以及 $\mathrm{diam}\Omega$. 将此再代入(2.18)，得

$$\begin{aligned}\int_{B_\rho(x^0)} |Du - (Du)_{x^0,\rho}|^2 dx \leqslant & C\left(\frac{\rho}{R}\right)^{n+2}\int_{B_R(x^0)} |Du - (Du)_{x^0,R}|^2 dx \\ & + C[\|Du\|^2_{L^2(\Omega',\mathbf{R}^{nN})} + \|f\|^2_{C^{0,\delta}(\Omega',\mathbf{R}^{nN})}]R^{n+2\delta}.\end{aligned}$$

再次利用迭代引理和定理 1.5，便得

$$Du \in C^{0,\delta}_{\mathrm{loc}}(\Omega,\mathbb{R}^{nN}),$$

且有所要的估计. 证毕.

关于 Dirichlet 问题(2.1)，(2.15)的弱解的全局正则性，我们有下列结果：

定理 2.7　设 $A_{ij}^{\alpha\beta}(x)$ 满足(2.2)，且 $A_{ij}^{\alpha\beta} \in C^{0,\delta}(\overline{\Omega})(i,j=1,\cdots,N;\alpha,\beta=1,\cdots,n)$，$f_i^\alpha \in C^{0,\delta}(\overline{\Omega})(i=1,\cdots,N;\alpha=1,\cdots,n)$，$\partial\Omega \in C^{1,\delta}$，$0<\delta<1$，并设 $u \in H_0^1(\Omega,\mathbb{R}^N)$ 是 Dirichlet 问题(2.1)，(2.15)的弱解，则

$$Du \in C^{0,\delta}(\bar{\Omega},\mathbb{R}^{nN}).$$

至于弱解的更高正则性,我们有

定理 2.8 设 $A_{ij}^{\alpha\beta}(x)$满足(2.2),且 $A_{ij}^{\alpha\beta} \in C^{k,\delta}(\bar{\Omega})(i,j=1,\cdots,N;\alpha,\beta=1,\cdots,n)$,$f_i^\alpha \in C^{k,\delta}(\bar{\Omega})(i=1,\cdots,N;\alpha=1,\cdots,n)$,$\partial\Omega \in C^{k+1,\delta}$,$k \geqslant 1$,$0<\delta<1$,并设 $u \in H_0^1(\Omega,\mathbb{R}^N)$是 Dirichlet 问题(2.1),(2.15)的弱解,则

$$Du \in C^{k,\delta}(\bar{\Omega},\mathbb{R}^{nN}).$$

第十章　线性散度型椭圆组的 L^p 理论

在本章中,我们将介绍线性散度型椭圆组的 L^p 理论. 在这里我们首先用 Stampacchia 内插定理来建立常系数椭圆组弱解的 L^p 估计. 然后再用凝固系数法得到变系数椭圆组弱解的 L^p 估计.

作为准备工作,我们先介绍 BMO 空间和 Stampacchia 内插定理.

§1　BMO 空间和 Stampacchia 内插定理

和前几章一样,我们仍用 $u_\Omega = ⨍_\Omega u(z)dz$ 表示函数 u 在 Ω 上的平均值.

定义 1.1　设 Q_0 是 $\mathbb{R}^n$ 中的方体,其边平行于坐标轴,$u \in L^1(Q_0)$. 如果对任一与 Q_0 平行的方体 Q,都有

$$|u|_{*Q_0} \triangleq \sup_Q ⨍_{Q\cap Q_0} |u - u_{Q\cap Q_0}| dx < +\infty,$$

则说 $u \in \mathrm{BMO}(Q_0)$.

容易看出,这个定义与下面的定义等价.

定义 1.1′　设 Q_0 和 Q 的定义同上,$u \in L^1(Q_0)$. 如果

$$|u|_{*,Q_0} \triangleq \sup_{Q\subset Q_0} ⨍_Q |u - u_Q| dx < +\infty,$$

则说 $u \in \mathrm{BMO}(Q_0)$.

我们规定 $\mathrm{BMO}(Q_0)$ 中元素的范数为

$$\| u \|_{\mathrm{BMO}(Q_0)} = \| u \|_{L^1(Q_0)} + |u|_{*,Q_0},$$

可以证明关于这个范数 $\mathrm{BMO}(Q_0)$ 是一个 Banach 空间.

由定义知,$\mathrm{BMO}(Q_0) \simeq \mathscr{L}^{1,n}(Q_0)$,其中 $\mathscr{L}^{1,n}(Q_0)$ 是 Campanato 空间(参看第九章定义 1.3).

1961 年,F. John 和 L. Nirenberg[JN]证明了一个十分深刻的结果:

定理 1.1　(John-Nirenberg). 若 $u \in \mathrm{BMO}(Q_0)$,则存在二个仅依赖于 n 的正常数 C_1, C_2,使得对于 $\forall Q \subset Q_0$,有

$$\mathrm{meas}\{x \in Q_0 \,|\, |u(x) - u_Q| > t\} \leqslant C_1 |Q| \exp\left\{-\frac{C_2}{|u|_{*,Q_0}} t\right\}.$$

这个定理的证明请参看附录 3 或[JN]. 利用这个定理容易证明 $\mathrm{BMO}(Q_0) \simeq$

$\mathscr{L}^{p,n}(Q_0)$，$\forall\, p\geqslant 1$. 事实上，若 $u\in\mathscr{L}^{p,n}(Q_0)$，$p\geqslant 1$，则显然 $u\in \mathrm{BMO}(Q_0)$，且 $\|u\|_{\mathrm{BMO}(Q_0)}\leqslant C\|u\|_{\mathscr{L}^{p,n}(Q_0)}$. 反之，若 $u\in\mathrm{BMO}(Q_0)$，则对 $\forall\, p\geqslant 1$ 和 $\forall\, Q\subset Q_0$，有

$$\begin{aligned}\int_Q |u-u_Q|^p dx &= p\int_0^\infty t^{p-1}\mathrm{meas}\{x\in Q \,\|\, u(x)-u_Q|>t\}dt\\ &\leqslant pC_1\int_0^\infty t^{p-1}|Q|\exp\left\{-\frac{C_2}{|u|_{*,Q_0}}t\right\}dt\\ &= pC_1\left(\frac{|u|_{*,Q_0}}{C_2}\right)^p|Q|\int_0^\infty e^{-t}t^{p-1}dt\\ &\leqslant C(p,n)|u|_{*,Q_0}^p|Q|.\end{aligned}$$

因而 $⨍_Q|u-u_Q|^p dx\leqslant C(p,n)|u|^p_{*,Q_0}$. 由此知 $u\in\mathscr{L}^{p,n}(Q_0)$，且 $[u]_{p,n,Q_0}\leqslant C(p,n)|u|_{*,Q_0}$. 此外，还有

$$\begin{aligned}\|u\|^p_{L^p(Q_0)} &\leqslant C\left[\int_{Q_0}|u-u_{Q_0}|^p dx+|u_{Q_0}|^p|Q_0|\right]\\ &\leqslant C(p,n,|Q_0|)\|u\|^p_{\mathrm{BMO}(Q_0)},\end{aligned}$$

因此有

$$\|u\|_{\mathscr{L}^{p,n}(Q_0)}\leqslant C\|u\|_{\mathrm{BMO}(Q_0)}.$$

现在我们叙述一个 L^q 与 BMO 之间的内插定理.

定理 1.2 (Stampacchia 内插定理). 设 $1<q<+\infty$，若 T 既是 $L^q(Q_0)$ 到 $L^q(Q_0)$ 的有界线性算子，又是 $L^\infty(Q_0)$ 到 $\mathrm{BMO}(Q_0)$ 的有界线性算子，即

$$\|Tu\|_{L^q(Q_0)}\leqslant C_1\|u\|_{L^q(Q_0)},\ \forall\, u\in L^q(Q_0),$$

$$\|Tu\|_{\mathrm{BMO}(Q_0)}\leqslant C_2\|u\|_{L^\infty(Q_0)},\ \forall\, u\in L^\infty(Q_0),$$

则 T 是 $L^p(Q_0)$ 到 $L^p(Q_0)$ 的有界线性算子，即

$$\|Tu\|_{L^p(Q_0)}\leqslant C\|u\|_{L^p(Q_0)},\quad \forall\, u\in L^p(Q_0),$$

其中 $q\leqslant p<+\infty$，C 依赖于 n,q,p,C_1,C_2.

这个定理的证明请参看附录 4 或[FS].

注 1.1 在以上定义和定理中，可以用球 B 代替方体 Q.

§2 L^p 理 论

我们首先证明

定理 2.1　设 $u\in H_0^1(B_R,\mathbb{R}^N)$满足

$$\int_{B_R} A_{ij}^{\alpha\beta}D_\beta u^j D_\alpha\varphi^i dx = \int_{B_R} f_i^\alpha(x)D_\alpha\varphi^i dx,\ \forall\ \varphi\in H_0^1(B_R,\mathbb{R}^N), \tag{2.1}$$

其中 B_R 是以 R 为半径的球,$A_{ij}^{\alpha\beta}$是常数,$|A_{ij}^{\alpha\beta}|\leqslant\Lambda(i,j=1,\cdots,N;\alpha,\beta=1,\cdots,n)$,$A_{ij}^{\alpha\beta}\xi_\alpha^i\xi_\beta^j\geqslant\lambda|\xi|^2,\lambda>0,f_i^\alpha\in L^p(B_R)(i=1,\cdots,N;\alpha=1,\cdots,n),p\geqslant2$,则 $Du\in L^p(B_R,\mathbb{R}^{nN})$,且有估计

$$\|Du\|_{L^p(B_R,\mathbb{R}^{nN})}\leqslant C\|f\|_{L^p(B_R,\mathbb{R}^{nN})},$$

这里 $f=(f_i^\alpha),C=C(n,N,\lambda,\Lambda,p)$与 R 无关.

证明　设 $u\in H_0^1(B_R,\mathbb{R}^N)$是与 f 对应的(2.1)的唯一解,定义算子 T 如下:

$$Tf\triangleq Du.$$

由第八章定理 1.1 知若 $f\in L^2(B_R,\mathbb{R}^{nN})$,则 $Du\in L^2(B_R,\mathbb{R}^{nN})$,而且在(2.1)中取 $\varphi=u$ 可得估计

$$\|Du\|_{L^2(B_R,\mathbb{R}^{nN})}\leqslant C\|f\|_{L^2(B_R,\mathbb{R}^{nN})},$$

其中 $C=C(n,N,\lambda)$. 这表明 T 是 $L^2(B_R,\mathbb{R}^{nN})$到 $L^2(B_R,\mathbb{R}^{nN})$的有界线性算子.

另一方面,由第九章注 2.2 知若 $f\in L^{2,n}(B_R,\mathbb{R}^{nN})$,则 $Du\in\mathscr{L}^{2,n}(B_R,\mathbb{R}^{nN})$且有估计

$$\|Du\|_{\mathscr{L}^{2,n}(B_R,\mathbb{R}^{nN})}\leqslant C\|f\|_{L^{2,n}(B_R,\mathbb{R}^{nN})},$$

其中 $C=C(n,N,\lambda,\Lambda)$. 根据第九章引理 1.2 和本章 §1 的论述知此估计式表明 T 是 $L^\infty(B_R,\mathbb{R}^{nN})$到 BMO$(B_R,\mathbb{R}^N)$的有界线性算子.

因此,由 Stampacchia 内插定理知 T 是 $L^p(B_R,\mathbb{R}^{nN})$到 $L^p(B_R,\mathbb{R}^{nN})$的有界线性算子,$2\leqslant p<\infty$,即若 $f\in L^p(B_R,\mathbb{R}^{nN})$,则 $Du\in L^p(B_R,\mathbb{R}^{nN})$,且有估计

$$\|Du\|_{L^p(B_R,\mathbb{R}^{nN})}\leqslant C\|f\|_{L^p(B_R,\mathbb{R}^{nN})},$$

其中 $C=C(n,N,\lambda,\Lambda,p)$. 定理得证.

下面我们研究线性散度型椭圆组弱解的 L^p 局部估计.

定理 2.2　设 $u\in H^1(\Omega,\mathbb{R}^N)$满足

$$\int_\Omega A_{ij}^{\alpha\beta}(x)D_\beta u^j D_\alpha\varphi^i dx = \int_\Omega f_i^\alpha(x)D_\alpha\varphi^i dx,\ \forall\ \varphi\in H_0^1(\Omega,\mathbb{R}^N),$$

其中 $A_{ij}^{\alpha\beta}\in C^0(\bar\Omega),|A_{ij}^{\alpha\beta}(x)|\leqslant\Lambda(i,j=1,\cdots,N;\alpha,\beta=1,\cdots,n)$,且 $A_{ij}^{\alpha\beta}(x)\xi_\alpha^i\xi_\beta^j\geqslant\lambda|\xi|^2,\lambda>0,f_i^\alpha\in L^p(\Omega)(i=1,\cdots,N;\alpha=1,\cdots,n),p\geqslant2$,则 $Du\in L_{\mathrm{loc}}^p(\Omega,\mathbb{R}^{nN})$,且对 $\forall\,\widetilde\Omega\subset\subset\Omega$,有估计

$$\|Du\|_{L^p(\widetilde\Omega,\mathbb{R}^{nN})}\leqslant C[\|u\|_{H^1(\Omega,\mathbb{R}^N)}+\|f\|_{L^p(\Omega,\mathbb{R}^{nN})}],$$

其中 $f=(f_i^\alpha)$,C 依赖于 $n,N,\lambda,\Lambda,p,\mathrm{dist}(\widetilde\Omega,\partial\Omega)$和 $A_{ij}^{\alpha\beta}$的连续模.

证明 只要对 $\forall\,\widetilde{\Omega}\subset\subset\Omega$, $\forall\,x^0\in\widetilde{\Omega}$, $\forall\,R:0<R<\operatorname{dist}(\widetilde{\Omega},\partial\Omega)$,证明 $Du\in L^p\left(B_{\frac{R}{2}}(x^0),\mathbb{R}^{nN}\right)$即可.

由假设知 $u\in H^1(B_R(x^0),\mathbb{R}^N)$满足

$$\int_{B_R(x^0)}A_{ij}^{\alpha\beta}(x)D_\beta u^jD_\alpha\varphi^idx=\int_{B_R(x^0)}f_i^\alpha(x)D_\alpha\varphi^idx,\quad\forall\,\varphi\in C_0^\infty(B_R(x^0),\mathbb{R}^N).\tag{2.2}$$

用凝固系数法将它改写为

$$\begin{aligned}&\int_{B_R(x^0)}A_{ij}^{\alpha\beta}(x^0)D_\beta u^jD_\alpha\varphi^idx\\&=\int_{B_R(x^0)}\{[A_{ij}^{\alpha\beta}(x^0)-A_{ij}^{\alpha\beta}(x)]D_\beta u^jD_\alpha\varphi^i+f_i^\alpha(x)D_\alpha\varphi^i\}dx,\\&\qquad\forall\,\varphi\in C_0^\infty(B_R(x^0),\mathbb{R}^N).\end{aligned}$$

形式上看,这是一个常系数椭圆组,可以应用定理 2.1,但这里 u 在∂B_R 上不为零.因此我们用截断函数 η 去乘u 而考虑 ηu,其中 $\eta\in C_0^\infty(B_R)$满足

$$0\leqslant\eta\leqslant1(\text{在 }B_R\text{ 上}),\ \eta\equiv1(\text{在 }B_\rho\text{ 上}),\ |D_\eta|\leqslant\frac{C}{R-\rho},$$

这里 $0<\rho<R$.

下面分四步来得到我们所要的结果.

第一步:推导 $\eta u\in H_0^1(B_R,\mathbb{R}^N)$满足的积分恒等式.

首先,容易看出,对$\forall\,\varphi\in C_0^\infty(B_R,\mathbb{R}^N)$,有

$$\begin{aligned}\int_{B_R}A_{ij}^{\alpha\beta}(x^0)D_\beta(\eta u^j)D_\alpha\varphi^idx&=\int_{B_R}[A_{ij}^{\alpha\beta}(x^0)-A_{ij}^{\alpha\beta}(x)]D_\beta(\eta u^j)D_\alpha\varphi^idx\\&\quad+\int_{B_R}A_{ij}^{\alpha\beta}(x)D_\beta(\eta u^j)D_\alpha\varphi^idx\\&=\int_{B_R}[A_{ij}^{\alpha\beta}(x^0)-A_{ij}^{\alpha\beta}(x)]D_\beta(\eta u^j)D_\alpha\varphi^idx\\&\quad+\int_{B_R}A_{ij}^{\alpha\beta}(x)\eta D_\beta u^jD_\alpha\varphi^idx+\int_{B_R}A_{ij}^{\alpha\beta}(x)u^jD_\beta\eta D_\alpha\varphi^idx\\&=\int_{B_R}[A_{ij}^{\alpha\beta}(x^0)-A_{ij}^{\alpha\beta}(x)]D_\beta(\eta u^j)D_\alpha\varphi^idx\\&\quad+\int_{B_R}A_{ij}^{\alpha\beta}(x)D_\beta u^jD_\alpha(\eta\varphi^i)dx-\int_{B_R}\varphi^iA_{ij}^{\alpha\beta}(x)D_\beta u^jD_\alpha\eta dx\\&\quad+\int_{B_R}A_j^{\alpha\beta}(x)u^jD_\beta\eta D_\alpha\varphi^idx.\end{aligned}$$

其次,利用(2.2)可得

$$\int_{B_R} A_{ij}^{\alpha\beta}(x^0) D_\beta(\eta u^j) D_\alpha \varphi^i dx = \int_{B_R} [A_{ij}^{\alpha\beta}(x^0) - A_{ij}^{\alpha\beta}(x)] D_\beta(\eta u^j) D_\alpha \varphi^i dx$$
$$+ \int_{B_R} f_i^\alpha D_\alpha(\eta\varphi^i) dx - \int_{B_R} \varphi^i A_{ij}^{\alpha\beta}(x) D_\beta u^j D_\alpha \eta dx$$
$$+ \int_{B_R} A_{ij}^{\alpha\beta}(x) u^j D_\beta \eta D_\alpha \varphi^i dx.$$

若令

$$G_i = f_i^\alpha D_\alpha \eta - A_{ij}^{\alpha\beta}(x) D_\beta u^j D_\alpha \eta, G = (G_i),$$
$$F_i^\alpha = f_i^\alpha \eta + A_{ij}^{\alpha\beta}(x) u^j D_\beta \eta, F = (F_i^\alpha),$$

则 ηu 满足

$$\int_{B_R} A_{ij}^{\alpha\beta}(x^0) D_\beta(\eta u^j) D_\alpha \varphi^i dx = \int_{B_R} [A_{ij}^{\alpha\beta}(x^0) - A_{ij}^{\alpha\beta}(x)] D_\beta(\eta u^j) D_\alpha \varphi^i dx$$
$$+ \int_{B_R} G_i \varphi^i dx + \int_{B_R} F_i^\alpha D_\alpha \varphi^i dx,$$
$$\forall \varphi \in C_0^\infty(B_R, \mathbb{R}^N). \qquad (2.3)$$

最后,我们再将(2.3)改写为

$$\int_{B_R} A_{ij}^{\alpha\beta}(x^0) D_\beta(\eta u^i) D_\alpha \varphi^i dx = \int_{B_R} [A_{ij}^{\alpha\beta}(x^0) - A_{ij}^{\alpha\beta}(x)] D_\beta(\eta u^j) D_\alpha \varphi^i dx$$
$$+ \int_{B_R} \widetilde{F}_i^\alpha D_\alpha \varphi^i dx, \forall \varphi \in C_0^\infty(B_R, \mathbb{R}^N), \qquad (2.4)$$

其中 $\widetilde{F}_i^\alpha = F_i^\alpha + D_\alpha w^i$,而 $D_s w \in H_0^1(B_R, \mathbb{R}^N)$满足

$$-\int_{B_R} \delta^{\alpha\beta} \delta_{ij} D_\beta(D_s w^j) D_\alpha \psi^i dx = \int_{B_R} \delta^{\alpha s} G_i D_\alpha \psi^i dx, \forall \psi \in C_0^\infty(B_R, \mathbb{R}^N),$$

其中 $s = 1, \cdots, n$.

第二步:分析 $\widetilde{F} = (\widetilde{F}_i^\alpha)$的光滑性与 u 的光滑性间的关系.

首先,容易看出 $D_s w$ 是(2.1)型问题的弱解,由定理 2.1 知,若 $G \in L^r(B_R, \mathbb{R}^N)$, $r \geqslant 2$,则 $D(D_s w) \in L^r(B_R, \mathbb{R}^{nN})$,且

$$\| D(D_s w) \|_{L^r(B_R, \mathbb{R}^{nN})} \leqslant C \| G \|_{L^r(B_R, \mathbb{R}^N)} \quad (s = 1, \cdots, n).$$

由 Sobolev 嵌入定理知

$$\| Dw \|_{L^{r^*}(B_R, \mathbb{R}^{nN})} \leqslant C \| G \|_{L^r(B_R, \mathbb{R}^N)}, \qquad (2.5)$$

其中 $C = C(n, N, \lambda, \Lambda, r)$, r^* 是 r 的 Sobolev 共轭指数.

现在来看,如果 $u \in W^{1,l}(B_R, \mathbb{R}^N)$, $l \geqslant 2$,那么 $\widetilde{F}$ 属于什么空间?

为书写简单,下面我们用 $l\wedge p$ 表示 $\min(l,p)$.

由于已知 $f\in L^p(B_R,\mathbb{R}^{nN})$,$p\geqslant 2$,故如果 $u\in W^{1,l}(B_R,\mathbb{R}^N)$,$l\geqslant 2$,则 $G\in L^{l\wedge p}(B_R,\mathbb{R}^N)$,$F\in L^{l^*\wedge p}(B_R,\mathbb{R}^{nN})$.由(2.5)知 $D_s w\in L^{(l\wedge p)*}(B_R,\mathbb{R}^N)$ $(s=1,\cdots,n)$.因此 $\widetilde{F}\in L^{l^*\wedge p}(B_R,\mathbb{R}^{nN})$.

第三步:令 $q=l^*\wedge p$.我们来证明:如果 $u\in W^{1,l}(B_R,\mathbb{R}^N)$,$l\geqslant 2$,那么当 R 充分小时,有 $\eta u\in W_0^{1,q}(B_R,\mathbb{R}^N)$.

为此,定义 $\widetilde{T}:W_0^{1,q}(B_R,\mathbb{R}^N)\to W_0^{1,q}(B_R,\mathbb{R}^N)$如下:对于任意 $V\in W_0^{1,q}(B_R,\mathbb{R}^N)$,令 $\widetilde{T}V=v$,其中 $v\in W_0^{1,q}(B_R,\mathbb{R}^N)$为下列椭圆组的解:

$$\int_{B_R}A_{ij}^{\alpha\beta}(x^0)D_\beta v^j D_\alpha\phi^i dx=\int_{B_R}[A_{ij}^{\alpha\beta}(x^0)-A_{ij}^{\alpha\beta}(x)]D_\beta V^j D_\alpha\phi^i dx+\int_{B_R}\widetilde{F}_i^\alpha D_\alpha\phi^i dx,\quad \forall\phi\in H_0^1(B_R,\mathbb{R}^n).$$

由定理 2.1 知

$$\|Dv\|_{L^q(B_R,\mathbf{R}^{nN})}\leqslant C\|[A(x^0)-A(x)]DV\|_{L^q(B_R,\mathbf{R}^{nN})}+C\|\widetilde{F}\|_{L^q(B_R,\mathbf{R}^{nN})},\tag{2.6}$$

其中 $A(x)DV$ 表示矩阵$(A_{ij}^{\alpha\beta}(x)D_\beta V^i)$,$C=C(n,N,\lambda,\Lambda,q)$.

下面证明当 R 充分小时,$\widetilde{T}$ 是压缩映射,因而有唯一不动点.

对 $\forall V_1,V_2\in W_0^{1,q}(B_R,\mathbb{R}^n)$,利用 v_1 和 v_2 满足的椭圆组和Poincaré不等式以及估计式(2.6)得

$$\begin{aligned}\|\widetilde{T}V_1-\widetilde{T}V_2\|_{W_0^{1,q}(B_R,\mathbf{R}^N)}&=\|v_1-v_2\|_{W_0^{1,q}(B_R,\mathbf{R}^N)}\leqslant C\|Dv_1-Dv_2\|_{L^q(B_R,\mathbf{R}^{nN})}\\&\leqslant C\|[A(x^0)-A(x)]D(V_1-V_2)\|_{L^q(B_R,\mathbf{R}^{nN})}\\&\leqslant C\max_{x\in B_R(x^0)}|A(x^0)-A(x)|\,\|V_1-V_2\|_{W_0^{1,q}(B_R,\mathbf{R}^N)}.\end{aligned}$$

由于 $A_{ij}^{\alpha\beta}\in C^0(\overline{\Omega})$,故当 R 充分小时,有

$$\|\widetilde{T}V_1-\widetilde{T}V_2\|_{W_0^{1,q}(B_R,\mathbf{R}^N)}\leqslant\theta\|V_1-V_2\|_{W_0^{1,q}(B_R,\mathbf{R}^N)},$$

其中 $0<\theta<1$.因此,当 R 充分小时,$\widetilde{T}$ 是压缩映射,因而有唯一不动点 $V\in W_0^{1,q}(B_R,\mathbb{R}^N)$,使 $\widetilde{T}V=V$.

显然,V 就是(2.4)的解,$V=\eta u$,因而由(2.6)知

$$\|D(\eta u)\|_{L^q(B_R,\mathbf{R}^{nN})}\leqslant C\|[A(x^0)-A(x)]D(\eta u)\|_{L^q(B_R,\mathbf{R}^{nN})}+C\|\widetilde{F}\|_{L^q(B_R,\mathbf{R}^{nN})}.$$

于是,当 R 充分小时有

$$\|D(\eta u)\|_{L^q(B_R,\mathbf{R}^{nN})}\leqslant C\|\widetilde{F}\|_{L^q(B_R,\mathbf{R}^{nN})}$$

$$
\begin{aligned}
&\leqslant C\{\|Dw\|_{L^q(B_R,\mathbf{R}^{nN})}+\|F\|_{L^q(B_R,\mathbf{R}^{nN})}\}\\
&\leqslant C\{\|G\|_{L^{l\wedge p}(B_R,\mathbf{R}^{N})}+\|F\|_{L^q(B_R,\mathbf{R}^{nN})}\}\\
&\leqslant \frac{C}{R-\rho}\{\|f\|_{L^p(B_R,\mathbf{R}^{nN})}+\|Du\|_{L^l(B_R,\mathbf{R}^{nN})}+\|u\|_{L^{l^*}(B_R,\mathbf{R}^{N})}\}\\
&\leqslant \frac{C}{R-\rho}\{\|f\|_{L^p(B_R,\mathbf{R}^{nN})}+\|u\|_{W^{1,l}(B_R,\mathbf{R}^{N})}\},
\end{aligned}
$$

其中 C 依赖于 n,N,λ,Λ,l,p 和 $A_{ij}^{\alpha\beta}$ 的连续模. 因而有

$$
\|Du\|_{L^q(B_\rho,\mathbf{R}^{nN})}\leqslant \frac{C}{R-\rho}\{\|f\|_{L^p(B_R,\mathbf{R}^{nN})}+\|u\|_{W^{1,l}(B_R,\mathbf{R}^{N})}\}. \tag{2.7}
$$

这里 $q=l^*\wedge p$, C 仍依赖于上述诸量.

第四步:证明 $Du\in L^p\left(B_{\frac{R}{2}}(x^0),\mathbb{R}^{nN}\right)$.

取一串球,半径为

$$
\frac{R}{2}<\cdots<R_k<\cdots<R_2<R_1<R.
$$

首先在(2.7)中取 $\rho=R_1$, $l=2$,则有

$$
\|Du\|_{L^{2^*\wedge p}(B_{R_1},\mathbf{R}^{nN})}\leqslant \frac{C}{R-R_1}\{\|f\|_{L^p(B_R,\mathbf{R}^{nN})}+\|u\|_{W^{1,2}(B_R,\mathbf{R}^{N})}\}.
$$

若 $p\leqslant 2^*$,则 $Du\in L^p(B_{R_1},\mathbb{R}^{nN})$,因而 $Du\in L^p(B_{\frac{R}{2}},\mathbb{R}^{nN})$.

若 $p>2^*$,则 $Du\in L^{2^*}(B_R,\mathbb{R}^{nN})$且有估计

$$
\|Du\|_{L^{2^*}(B_{R_1},\mathbf{R}^{nN})}\leqslant \frac{C}{R-R_1}\{\|f\|_{L^p(B_R,\mathbf{R}^{nN})}+\|u\|_{W^{1,2}(B_R,\mathbf{R}^{N})}\}.
$$

然后,再在(2.7)中取 $R=R_1$, $\rho=R_2$, $l=2^*$,则有

$$
\begin{aligned}
\|Du\|_{L^{2^{**}\wedge p}(B_{R_2},\mathbf{R}^{nN})}&\leqslant \frac{C}{R_2-R_1}\{\|f\|_{L^p(B_R,\mathbf{R}^{nN})}+\|u\|_{W^{1,2^*}(B_{R_1},\mathbf{R}^{N})}\}\\
&\leqslant \frac{C}{(R-R_1)(R_1-R_2)}\{\|f\|_{L^p(B_R,\mathbf{R}^{nN})}+\|u\|_{W^{1,2}(B_R,\mathbf{R}^{N})}\}.
\end{aligned}
$$

现在,若 $p\leqslant 2^{**}$,则 $Du\in L^p(B_{R_2},\mathbb{R}^{nN})$,因而 $Du\in L^p(B_{\frac{R}{2}},\mathbb{R}^{nN})$.

若 $p>2^{**}$,则 $Du\in L^{2^{**}}(B_{R_2},\mathbb{R}^{nN})$,于是继续进行上述步骤,经有限步以后,总可得到 $Du\in L^p(B_{\frac{R}{2}},\mathbb{R}^{nN})$且有估计

$$
\|Du\|_{L^p(B_{\frac{R}{2}},\mathbf{R}^{nN})}\leqslant C\{\|f\|_{L^p(\Omega,\mathbf{R}^{nN})}+\|u\|_{H^1(\Omega,\mathbf{R}^{N})}\},
$$

其中 C 依赖于 $n,N,\lambda,\Lambda,p,\operatorname{dist}(\widetilde{\Omega},\partial\Omega)$和 $A_{ij}^{\alpha\beta}$ 的连续模. 证毕.

注 2.1　在定理 2.2 中,$A_{ij}^{\alpha\beta}\in C^0(\overline{\Omega})$这一条件是不可少的,请参看第十二章 §4 中 N. G. Meyers 的例子.

第十一章　非线性椭圆组弱解的存在性

§1　引　　言

在本章中，我们考虑散度型非线性椭圆组

$$- D_\alpha A_i^\alpha(x,u,Du) + B_i(x,u,Du) = 0 (i = 1,\cdots,N) \tag{1.1}$$

弱解的存在性问题．其中 $A_i^\alpha, B_i: \Omega \times \mathbb{R}^N \times \mathbb{R}^{nN} \to \mathbb{R}$，$\Omega$ 是$\mathbb{R}^n$ 中的有界区域．“椭圆性”的意思将在下面说明．

(1.1)的弱解的定义与 A_i^α, B_i 满足什么样的结构条件有关．在这里，和在第五章中一样，结构条件是指椭圆性条件和增长条件的总和．

定义 1.1　若 A_i^α, B_i 满足下列结构条件

$$A_i^\alpha(x,u,p) p_\alpha^i \geqslant \lambda |p|^2 - \Lambda |u|^r - f^2(x), \tag{1.2}$$

$$\begin{cases} |A_i^\alpha(x,u,p)| \leqslant \Lambda_1(|p| + |u|^{\frac{r}{2}} + f_i^\alpha(x)), \\ |B_i(x,u,p)| \leqslant \Lambda(|p|^{2\left(1-\frac{1}{r}\right)} + |u|^{r-1} + f_i(x)), \end{cases} \tag{1.3}$$

其中 $\lambda, \Lambda, \Lambda_1$ 是正常数，$f_i^\alpha, f_i \geqslant 0$，$f, f_i^\alpha \in L^2(\Omega)$，$f_i \in L^{\frac{r}{r-1}}(\Omega)$，而 $r = 2^*$ 是 2 的 Sobolev 共轭指数$\left(当 n>2 时，它等于\dfrac{2n}{n-2}，当 n=2 时，它可为[2,+\infty)内任一实数\right)$，则我们说 A_i^α, B_i 满足可控制的结构条件．这里，(1.2)是椭圆性条件，(1.3)是增长条件，我们称其为可控制的增长条件．

在 A_i^α, B_i 满足可控制的结构条件时，我们可以在 $H^1(\Omega, \mathbb{R}^N)$中寻找(1,1)的弱解．

定义 1.2　当 A_i^α, B_i 满足(1.2)，(1.3)时，若 $u \in H^i(\Omega, \mathbb{R}^N)$满足

$$\int_\Omega [A_i^\alpha(x,u,Du) D_\alpha \varphi^i + B_i(x,u,Du) \varphi^i] dx = 0, \tag{1.4}$$

$$\forall \varphi \in H_0^1(\Omega, \mathbb{R}^N),$$

则说 u 是椭圆组(1.1)的弱解．

可控制的增长条件(1.3)保证了积分恒等式(1.4)有意义，但这组增长条件不十分自然，在 $N=1$(单个方程)的情形，我们知道，自然的增长条件是

$$|A^\alpha(x,u,p)| \leqslant \Lambda_1(|p| + g(x)),$$

$$|B(x,u,p)| \leqslant \Lambda(|p|^2 + f(x)),$$

其中 $f,g\geqslant 0$,且 $f,g\in L^1(\Omega)$.

现在我们也来考虑与此相应的自然结构条件.

定义 1.3 若 A_i^α,B_i 当 $|u|\leqslant M$ 时满足

$$A_i^\alpha(x,u,p)p_\alpha^i\geqslant\lambda|p|^2-\Lambda_1 f^2(x),\tag{1.5}$$

$$\begin{cases}|A_i^\alpha(x,u,p)|\leqslant\Lambda_1(|p|+f_i^\alpha(x)),\\ |B_i(x,u,p)|\leqslant\Lambda(|p|^2+f_i(x)),\end{cases}\tag{1.6}$$

其中 $\lambda,\Lambda,\Lambda_1$ 是正常数(可与 M 有关),$f_i^\alpha,f_i\geqslant 0$,$f,f_i^\alpha\in L^2(\Omega)$,$f_i\in L^1(\Omega)$,则说 A_i^α,B_i 满足自然结构条件,而(1.6)则被称为自然增长条件.

在自然增长条件之下,积分恒等式(1.4)对 $u\in H^1(\Omega,\mathbb{R}^N)$ 和 $\varphi\in H_0^1(\Omega,\mathbb{R}^N)$不一定有意义,这时我们将在 $H^1\cap L^\infty(\Omega,\mathbb{R}^N)$中寻找解.

定义 1.4 在 A_i^α,B_i 满足自然结构条件的情况下,若 $u\in H^1\cap L^\infty(\Omega,\mathbb{R}^N)$且积分恒等式(1.4)对任意 $\varphi\in H_0^1\cap L^\infty(\Omega,\mathbb{R}^N)$均成立,则说 u 是(1.1)的弱解.

这样给弱解下定义还有更深刻的原因,请参看 O. A. Ladyženskaya 和 N. N. Ural'ceva的书[LU,第一章]和 S. Hildebrandt 的综合报告[HB, §2].

证明非线性椭圆组弱解存在性的方法很多,例如变分方法,拓扑度方法,单调算子法以及用抛物组的解逼近椭圆组的解的方法,等等.每种方法都有其优点和局限性.本书中我们主要介绍变分方法,此法不需要先验估计,但需要所考虑的椭圆组与某个变分问题有联系(或说“具有变分结构”).至于不一定与变分问题有联系的椭圆组的弱解的存在性结果,可参看[NC],[ZK].

§2 变分方法

2.1 正则变分问题解的存在性

本小节先考虑正则变分问题解的存在性,在后面两小节中再将它与某个椭圆组的弱解联系起来.

在这里,变分问题是指在一个允许函数类 $\mathscr{K}$ 中求泛函

$$J[u]=\int_\Omega F(x,u,Du)dx$$

的极小点的问题.其中 $F(x,u,p):\Omega\times\mathbb{R}^N\times\mathbb{R}^{nN}\to\mathbb{R}$,如果 F 关于 p 是凸的,我们就说这个变分问题是一个正则变分问题.

我们取允许函数类为 Sobolev 空间 $H^1(\Omega,\mathbb{R}^N)$中的一个子集:

$$\mathscr{K}=\{u\in H^1(\Omega,\mathbb{R}^N)\mid u-g\in H_0^1(\Omega,\mathbb{R}^N)\},\tag{2.1}$$

其中 $g\in H^1(\Omega,\mathbb{R}^N)$,$J[g]<+\infty$.

显然,$\mathscr{K}$是 $H^1(\Omega,\mathbb{R}^N)$中的一个闭凸集.

于是现在变分问题的确切提法是

$$\begin{cases}\text{寻找 } u \in \mathscr{K}, \text{使得} \\ J[u] \leqslant J[v], \forall v \in \mathscr{K}.\end{cases} \tag{2.2}$$

为了使证明的思路清晰,我们在较强的条件下证明存在性定理,至于更好的结果,将在本小节末作一简单介绍.

定理 2.1 假设 $F(x,u,p)$和 $F_p(x,u,p)$在 $\Omega\times\mathbb{R}^N\times\mathbb{R}_N^n$中连续,$F$ 关于 p 是凸的,且 $F(x,u,p)\geqslant\lambda|p|^2,\lambda>0$,则问题(2.2)有解.

证明 我们将这个定理的证明分为两步.

第一步:证明 $J[u]$在 $H^1_{\text{loc}}(\Omega,\mathbb{R}^N)$中是弱列下半连续的,即证明:若 $u_k,u\in H^1(\Omega,\mathbb{R}^N)$且$\{u_k\}$在 $H^1(D,\mathbb{R}^N)$中弱收敛到 u,($\forall D\subset\subset\Omega,\partial D$ 光滑),则

$$J[u] \leqslant \liminf_{k\to\infty} J[u_k]. \tag{2.3}$$

首先,由定理假设知 $J[u_k]\geqslant 0$,因而$\liminf\limits_{k\to\infty} J[u_k]$存在.若$\liminf\limits_{k\to\infty} J[u_k]=+\infty$,则(2.3)显然成立.若$\liminf\limits_{k\to\infty} J[u_k]<+\infty$,则可先取$\{u_k\}$的一个子序列$\{u_{k_j}\}$,使

$$\liminf_{k\to\infty} J[u_k] = \lim_{k_j\to\infty} J[u k_j]. \tag{2.4}$$

由于$\{u_{k_j}\}$在 $W^{1,2}(D,\mathbb{R}^N)$中弱收敛到 u,故$\{u_{k_j}\}$在 $W^{1,1}(D,\mathbb{R}^N)$中弱收敛到 u,因而$\{u_{k_j}\}$在 $W^{1,1}(D,\mathbb{R}^N)$中弱有界,由共鸣定理知$\{u_{k_j}\}$在 $W^{1,1}(D,\mathbb{R}^N)$中有界.利用紧嵌入定理,知$\{u_{k_j}\}$有子列,不妨仍记作$\{u_{k_j}\}$,它在 $L^1(D,\mathbb{R}^N)$中强收敛,因而$\{u_{k_j}\}$又有几乎处处收敛的子例,仍不妨用$\{u_{k_j}\}$表示这个子列,于是我们有

$$u_{k_j}(x)\to u(x), \text{a.e. } x\in D.$$

现在任意固定 $D\subset\subset\Omega$,由$\liminf\limits_{k\to\infty} J[u_k]<+\infty$知

$$\int_D F(x,u,Du)dx <+\infty.$$

由 Egorov 定理①、Lusin 定理②和 Lebesgue 积分的绝对连续性知,对任意 $\varepsilon>0$,都存在一个紧子集 $K\subset D$,使 $\text{meas}(D\setminus K)<\varepsilon$,且

(i) $u_{k_j}\to u$(在 K 上一致收敛),

---

① Egorov 定理 设 E 是$\mathbf{R}^n$ 中的 $\mathscr{L}$可测集,$\text{meas}E<\infty$,$f(x)$,$f_k(x)(k=1,2,\cdots)$是 E 上几乎处处有限的可测函数.若 $f_k(x)$在 E 上几乎处处收敛于$f(x)$,则对任意 $\varepsilon>0$,存在 E 中可测子集B,$\text{meas}(E\setminus B)<\varepsilon$,使$\{f_k(x)\}$在 B 上一致收敛于$f(x)$.

② Lusin 定理 设 E 同上.若 $f(x)$是 E 上几乎处处有限的可测函数,则对任意 $\varepsilon>0$,存在 E 中的一个紧子集C,$\text{meas}(E\setminus C)<\varepsilon$,使 $f(x)$是 C 上的连续函数.

(ii) u 和 Du 在 K 上连续,

(iii) $\int_K F(x,u,Du)dx \geqslant \int_D F(x,u,Du)dx - \varepsilon$.

其次,因为 F 关于 p 是凸的,故有

$$\int_K F(x,u_{k_j},Du_{k_j})dx \geqslant \int_K F(x,u_{k_j},Du)dx + \int_K Fp_\alpha^i(x,u_{k_j},Du)(D_\alpha u_{k_j}^i - D_\alpha u^i)dx.$$

经过简单计算,可得

$$\begin{aligned}\int_K F(x,u_{k_j},Du_{k_j})dx \geqslant & \int_K F(x,u_{k_j},Du)dx \\ & + \int_K F_{p_\alpha^i}(x,u,Du)(D_\alpha u_{k_j}^i - D_\alpha u^i)dx \\ & + \int_K [F_{p_\alpha^i}(x,u_{k_j},Du) - F_{p_\alpha^i}(x,u,Du)] \\ & (D_\alpha u_{k_j}^i - D_\alpha u^i)dx. \end{aligned} \tag{2.5}$$

由于在 K 上 u_{k_j} 一致收敛到 u,而 F 连续,故

$$\int_K F(x,u_{k_j},Du)dx \to \int_K F(x,u,Du)dx \quad (k_j \to \infty).$$

由于 $F_p(x,u(x),Du(x))$ 在 K 上有界,而 Du_{k_j} 在 $L^1(D,\mathbb{R}^N)$ 中弱收敛到 Du,故 $\int_K F_{p_\alpha^i}(x,u,Du)(D_\alpha u_{k_j}^i - D_\alpha u^i)dx \to 0(k_j \to \infty)$.

又由于 $F_{p_\alpha^i}(x,u_{k_j}(x),Du(x)) \to F_{p_\alpha^i}(x,u(x),Du(x))$(在 K 上一致收敛),而 $D_\alpha u_{k_j}^i - D_\alpha u^i$ 的 L^1 范数一致有界,故

$$\int_K \left[F_{p_\alpha^i}(x,u_{k_j},Du) - F_{p_\alpha^i}(x,u,Du)\right](D_\alpha u_{kj}^i - D_\alpha u^i)dx \to 0(k_j \to \infty).$$

因此在(2.5)中令 $k_j \to \infty$,得

$$\liminf_{k_j\to\infty}\int_K F(x,u_{k_j},Du_{k_j})dx \geqslant \int_K F(x,u,Du)dx.$$

由于 $F \geqslant 0, K \subset D \subset\subset \Omega$,故有

$$\liminf_{k_j\to\infty}\int_\Omega F(x,u_{k_j},Du_{k_j})dx \geqslant \int_D F(x,u,Du)dx - \varepsilon.$$

此不等式对 $\forall D \subset\subset \Omega$($\partial D$ 光滑)和 $\forall \varepsilon > 0$ 均成立,因此有

$$\liminf_{k_j\to\infty}\int_\Omega F(x,u_{k_j},Du_{k_j})dx \geqslant \int_\Omega F(x,u,Du)dx.$$

考虑到(2.4),便知(2.3)成立.

第二步:证明变分问题(2.2)的解存在.

由假设知 $J[u]\geqslant 0$,故 $J[u]$ 在 $\mathscr{K}$ 中有下界,因而有下确界 μ. 而且由于 $J[g]<+\infty$,故 $\mu<+\infty$.

设 $\{u_k\}$ 是一个极小化序列,即 $u_k\in\mathscr{K}$,且

$$\lim_{k\to\infty}J[u_k]=\mu,$$

则由假设知当 k 充分大时有

$$\lambda\int_\Omega|Du_k|^2dx\leqslant J[u_k]\leqslant\mu+1. \tag{2.6}$$

又因

$$\int_\Omega|u_k|^2dx\leqslant C\left\{\int_\Omega|u_k-g|^2dx+\int_\Omega|g|^2dx\right\},$$

而利用 Poincaré 不等式,有

$$\int_\Omega|u_k-g|^2dx\leqslant C\int_\Omega|D(u_k-g)|^2dx,$$

故我们得到

$$\begin{aligned}\int_\Omega|u_k|^2dx&\leqslant C\int_\Omega|D(u_k-g)|^2dx+C\int_\Omega|g|^2dx\\&\leqslant C\int_\Omega|Du_k|^2dx+C\|g\|^2_{H^1(\Omega,\mathbf{R}^N)}.\end{aligned} \tag{2.7}$$

综合(2.6)和(2.7),便有

$$\|u_k\|_{H^1(\Omega,\mathbf{R}^N)}\leqslant C.$$

这里 C 依赖于 $n,\lambda,\mu,\Omega,\|g\|_{H^1(\Omega,\mathbf{R}^N)}$,而与 k 无关. 因此 $\{u_k\}$ 有子列 $\{u_{k_j}\}$,它在 $H^1(\Omega,\mathbb{R}^N)$ 中弱收敛到 u,且 $u\in\mathscr{K}$. 应用第一步中得到的 J 的弱列下半连续性,又知

$$J[u]\leqslant\liminf_{k_j\to\infty}J[u_{k_j}]=\lim_{k_j\to\infty}J[u_{k_j}]=\mu,$$

因而

$$J[u]=\mu.$$

这表明 u 是 J 在 $\mathscr{K}$ 中的极小点. 定理得证.

定理 2.1 中关于 F 的假设是可以减弱的,目前在这方面较好的结果是

定理 2.2 (E. Acerbi, N. Fusco). 设 $F(x,u,p);\Omega\times\mathbb{R}^N\times\mathbb{R}^{nN}\to\mathbb{R}$ 对任意 $(u,p)\in\mathbb{R}^N\times\mathbb{R}^{nN}$ 关于 x 可测,对于几乎所有的 $x\in\Omega$ 关于 (u,p) 连续,且 F 关于 p 拟凸,即对 a. e. $x^0\in\Omega$ 和 $\forall\, u_0\in\mathbb{R}^N$ 以及 $\forall\, p_0\in\mathbb{R}^{nN}$,有

$$\int_\Omega F(x^0,u_0,p_0)dx\leqslant\int_\Omega F(x^0,u_0,p_0+D\varphi)dx,\ \forall\,\varphi\in C_0^\infty(\Omega,\mathbb{R}^N).$$

而且还设

$$\lambda |p|^s \leqslant F(x,u,p) \leqslant \Lambda(|p|^2+1)^{\frac{s}{2}},$$

其中 $s>1, \lambda>0, \Lambda>0$,则泛函

$$J[u]=\int_\Omega F(x,u,Du)dx$$

在集合

$$\mathscr{K}=\{u\in W^{1,s}(\Omega,\mathbb{R}^N) \mid u-g\in W_0^{1,s}(\Omega,\mathbb{R}^N)\}$$

中存在极小点,其中 $g\in W^{1,s}(\Omega,\mathbb{R}^N)$.

关于这个定理的证明,请参看[AF$_1$].

2.2 正则变分问题与椭圆组边值问题的联系

在本小节中,我们将在古典变分学的范围内讨论正则变分问题与椭圆组边值问题之间的联系.仍考虑下列积分泛函

$$J[u]=\int_\Omega F(x,u,Du)dx.$$

在古典变分学中,设 $F\in C^1(\bar{\Omega}\times\mathbb{R}^N\times\mathbb{R}^{nN})$并取

$$\mathscr{C}=\{u\in C^1(\bar{\Omega},\mathbb{R}^N) \mid u=g(\text{在 }\partial\Omega\text{ 上})\} \tag{2.8}$$

为允许函数类,其中 $g\in C^1(\bar{\Omega})$.

2.2.1 第一个必要条件

我们知道,若 $u\in\mathscr{C}$,使

$$J[u]\leqslant J[v], \quad \forall v\in\mathscr{C},$$

则有

$$\frac{d}{dt}J[u+t\varphi]\big|_{t=0}=0, \quad \forall \varphi\in C_0^1(\Omega,\mathbb{R}^N). \tag{2.9}$$

由此推出

$$\int_\Omega [F_{p_\alpha^i}(x,u,Du)D_\alpha\varphi^i+F_{u^i}(x,u,Du)\varphi^i]dx=0,$$

$$\forall \varphi\in C_0^1(\Omega,\mathbb{R}^N). \tag{2.10}$$

我们称(2.10)为 J 在 u 处的 Euler 方程组的弱形式.

若进一步还假设 F,u,Ω 属于C^2,那么将(2.10)左端分部积分可得

$$\int_\Omega [-D_\alpha F_{p_\alpha^i}(x,u,Du)+F_{u^i}(x,u,Du)]\varphi^i dx=0,$$

$$\forall \varphi\in C_0^1(\Omega,\mathbb{R}^N),$$

因而有

$$-D_\alpha F_{p_\alpha^i}(x,u,Du)+Fu^i(x,u,Du)=0$$
$$(i=1,\cdots,N),x\in\Omega. \tag{2.11}$$

亦即

$$F_{p_\alpha^i p_\beta^j}(x,u,Du)D_\alpha D_\beta u^j+F_{p_\alpha^i u^j}(x,u,Du)D_\alpha u^j$$
$$+F_{p_\alpha^i x_\alpha}(x,u,Du)-Fu^i(x,u,Du)=0$$
$$(i=1,\cdots,N),\quad x\in\Omega. \tag{2.11$'$}$$

我们称(2.11)和(2.11)$'$为J在u处的Euler方程组.

(2.9)和由它导出的Euler方程组是古典变分学中给出的u为J的极小点的一个必要条件.

2.2.2 第二个必要条件

在$F\in C^2$的假设下,另一个必要条件是所谓的Legendre-Hadamard条件,即对$\forall x\in\Omega$,有

$$F_{p_\alpha^h p_\beta^k}(x,u(x),Du(x))\xi_\alpha\xi_\beta\eta^h\eta^k\geqslant 0,$$
$$\forall\xi\in\mathbb{R}^n,\quad \eta\in\mathbb{R}^N. \tag{2.12}$$

事实上,若$u\in\mathscr{C}$,使

$$J[u]\leqslant J[v],\quad \forall v\in\mathscr{C},$$

那么除(2.9)外,还有

$$\frac{d^2}{dt^2}J[u+t\varphi]|_{t=0}\geqslant 0,\quad \forall\varphi\in C_0^\infty(\Omega,\mathbb{R}^N).$$

因此有

$$\int_\Omega[F_{p_\alpha^h p_\beta^k}(x,u,Du)D_\alpha\varphi^h D_\beta\varphi^k+2F_{p_\alpha^h u^k}(x,u,Du)\varphi^k D_\alpha\varphi^h$$
$$+F_{u^h u^k}(x,u,Du)\varphi^k\varphi^h]dx\geqslant 0,\forall\varphi\in C_0^\infty(\Omega,\mathbb{R}^N). \tag{2.13}$$

由此知,对复值函数$\varphi=\varphi_1+i\varphi_2$,其中$\varphi_l\in C_0^\infty(\Omega,\mathbb{R}^N)$,$l=1,2$,我们有

$$\mathrm{Re}\int_\Omega[F_{p_\alpha^h p_\beta^k}(x,u,Du)\overline{D_\beta\varphi^k}D_\alpha\varphi^h+2F_{p_\alpha^h u^k}(x,u,Du)\overline{\varphi^k}D_\alpha\varphi^h$$
$$+F_{u^h u^k}(x,u,Du)\overline{\varphi^k}\varphi^h]dx\geqslant 0, \tag{2.14}$$

取$\varphi^h(x)=\eta^h\psi(x)e^{\tau ix\cdot\xi}(h=1,\cdots,N)$,其中$\xi\in\mathbb{R}^n$,$\eta\in\mathbb{R}^N$,$\psi\in C_0^\infty(\Omega)$,通过简单计算,可得

$$\int_\Omega[F_{p_\alpha^h p_\beta^k}(x,u,Du)(D_\alpha\psi\cdot D_\beta\psi+\tau^2\xi_\alpha\xi_\beta\psi^2)\eta^h\eta^k$$
$$+2F_{p_\alpha^h u^k}(x,u,Du)\eta^h\eta^k\psi D_\alpha\psi+F_{u^h u^k}(x,u,Du)\eta^h\eta^k\psi^2]dx\geqslant 0.$$

用 τ^2 除此不等式两端,并令 $\tau\to\infty$,得

$$\int_\Omega F_{p_\alpha^h p_\beta^k}(x,u(x),Du(x))\xi_\alpha\xi_\beta\eta^h\eta^k\psi^2(x)dx \geqslant 0, \forall \psi \in C_0^\infty(\Omega). \quad (2.15)$$

与第八章定理 1.2 中类似,适当地取 $\psi(x)$,即可得(2.12).

2.2.3 小结

从以上讨论可以看出,若 u 是J 的极小点,则 u 满足椭圆组(2.10),这里椭圆性的意思是 Legendre-Hadamard 条件(2.12)成立.因此椭圆组(2.10)的解的存在性问题可以通过研究正则泛涵 J 的极小点的存在性问题来解决,这就是变分方法的思想.

须要注意的是,在定理 2.1 中,为了证明 J 的极小点的存在性我们假设了 F 关于p 是凸的,但在定理 2.2 中,我们说这个条件可以减弱为 F 关于p 拟凸.拟凸性的概念(参看定理 2.2)是 C. B. Morrey 于 1952 年引进的(可参看[MR]),他指出,在 $N\geqslant 1$ 时,J 的极小点存在的必要条件是F 关于p 拟凸而不是F 关于p 凸(当 $N=1$ 时,拟凸性与凸性一致,当 $N>1$ 时,一般讲拟凸性(比凸性弱).可以证明,当 $F\in C^2$ 时,F 关于p 的拟凸性蕴涵 Legendre-Hadamard 条件(2.12)成立.因此,更为自然的是称满足 Legendre-Hadamard 条件的积分泛函为正则积分泛函,而不是称满足 Legendre 条件:$F_{p_\alpha^i p_\beta^j}\xi_\alpha^i\xi_\beta^j\geqslant 0$(即 F 关于p 凸)的积分泛函为正则积分泛函.但是由于下面研究椭圆组弱解正则性问题的需要,我们常常还是假设 Legendre 条件成立,甚至假设强 Legendre 条件

$$F_{p_\alpha^i p_\beta^j}\xi_\alpha^i\xi_\beta^j \geqslant \lambda|\xi|^2, \lambda>0, \forall \xi\in\mathbb{R}^{nN}$$

成立,而不是假设 Legendre-Hadamard 条件成立.即使在强 Legendre-Hadamard 条件

$$F_{p_\alpha^i p_\beta^j}\xi_\alpha\xi_\beta\eta^i\eta^j \geqslant \lambda|\xi|^2|\eta|^2, \lambda>0 \quad \forall \xi\in\mathbb{R}^n, \eta\in\mathbb{R}^N$$

下,也不能得到后面第十二章中所述的正则性结果,关于这方面的讨论请参看[GS],[FU].

当然,在 $N=1$(单个方程)的情形,Legendre-Hadamard 条件与 Legendre 条件是等价的.

2.3 正则积分泛函在 H^1 中的可微性

在第 2.2 小节中我们研究了

$$J[u]=\int_\Omega F(x,u,Du)dx$$

在 $u\in C^1(\bar\Omega,\mathbb{R}^N)$处的一阶变分的存在性(以下简称 J 的可微性),并导出了 J 在 u 处的 Euler 方程组.但一般讲,J 在$C^1(\bar\Omega,\mathbb{R}^N)$中不一定有极小点,我们在第 2.1

小节中证明了在一定条件下 J 在 $H^1(\Omega,\mathbb{R}^N)$ 的闭凸集 $\mathscr{K}$ 中有极小点. 现在我们要研究 $J[u]$ 在 $u\in H^1(\Omega,\mathbb{R}^N)$ 处的可微性并导出 J 在 $u\in H^1(\Omega,\mathbb{R}^N)$ 处的 Euler 方程组. 须要注意的是, 在这里, 要泛函 J 可微, 不但要求 F 有一定的可微性, 而且还要求 F 满足适当的增长条件.

定理 2.3 假设

1° $F:\Omega\times\mathbb{R}^N\times\mathbb{R}^{nN}\to\mathbb{R}$ 关于 x 可测, 且对 a.e. $x\in\Omega$, 关于 (u,p) 属于 C^1.

2° $\lambda V^2-g_1(x)\leqslant F(x,u,p)\leqslant\Lambda V^2+g_2(x)$, 其中 λ,Λ 是正常数, $V=(1+|u|^2+|p|^2)^{\frac{1}{2}}$, $g_i(x)\geqslant 0$, $g_i\in L^1(\Omega)(i=1,2)$, 且

$$\begin{cases}\left|F_{p_\alpha^i}(x,u,p)\right|\leqslant C(|p|+|u|^{\frac{r}{2}}+f_i^\alpha(x)),\\ |Fu^i(x,u,p)|\leqslant C(|p|^{2\left(1-\frac{1}{r}\right)}+|u|^{r-1}+f_i(x)),\end{cases}\tag{2.16}$$

其中 $f_i^\alpha,f_i\geqslant 0$, $f_i^\alpha\in L^2(\Omega)$, $f_i\in L^{\frac{r}{r-1}}(\Omega)(i=1,\cdots,N;\alpha=1,\cdots,n)$, $r=2^*$ 是 2 的 Sobolev 共轭指数.

则 $J[u]$ 在 $u\in H^1(\Omega,\mathbb{R}^N)$ 处可微且其一阶变分由

$$\varphi\in H_0^1(\Omega,\mathbb{R}^N)\to\int_\Omega[F_{p_\alpha^i}(x,u,Du)D_\alpha\varphi^i+F_{u^i}(x,u,Du)\varphi^i]dx\tag{2.17}$$

给出.

证明 设 $u\in H^1(\Omega,\mathbb{R}^N)$ 是 $J[u]$ 在 $H^1(\Omega,\mathbb{R}^N)$ 的某个子集 $\mathscr{K}$ 中的极小点, 且设 $u+t\varphi$ 也属于 $\mathscr{K}$(对一切 $\varphi\in H_0^1(\Omega,\mathbb{R}^N)$ 和 $t\in\mathbb{R}$). 考虑

$$j(t)\triangleq J[u+t\varphi]$$

在 $t=0$ 处的差商:

$$\begin{aligned}\frac{j(t)-j(0)}{t}&=\frac{1}{t}\int_\Omega[F(x,u+t\varphi,Du+tD\varphi)-F(x,u,Du)]dx\\&=\frac{1}{t}\int_\Omega dx\int_0^1\frac{d}{d\xi}F(x,u+\xi t\varphi,Du+\xi tD\varphi)d\xi\\&=\int_\Omega dx\int_0^1[F_{p_\alpha^i}(x,u+\xi t\varphi,Du+\xi tD\varphi)D_\alpha\varphi^i\\&\quad+F_{u^i}(x,u+\xi t\varphi,Du+\xi tD\varphi)\varphi^i]d\xi.\end{aligned}$$

现在考察当 $t\to 0$ 时这个差商是否有极限. 令

$$u^t(x)=u(x)+\xi t\varphi(x),$$

易见, 当 $t\to 0$ 时, $u^t(x)\to u(x)$, $Du^t(x)\to Du(x)$(a.e. $x\in\Omega$). 因此, 当 $t\to 0$ 时, 有

$$F_{u^i}(x,u^t(x),Du^t(x))\to F_{u^i}(x,u(x),Du(x)),\ \text{a.e. } x\in\Omega,$$

$$F_{p_\alpha^i}(x,u^t(x),Du^t(x)) \to F_{p_\alpha^i}(x,u(x),Du(x)), \text{a.e. } x \in \Omega.$$

由于 F_{u^i} 和 $F_{p_\alpha^i}$ 满足可控制的增长条件(2.16),故应用控制收敛定理,即知

$$\lim_{t\to 0}\frac{j(t)-j(0)}{t} = \int_\Omega [F_{u^i}(x,u,Du)\varphi^i + F_{p_\alpha^i}(x,u,Du)D_\alpha\varphi^i]dx. \quad (2.18)$$

证毕.

在自然增长条件下,我们要研究 $J[u]$ 在 $u\in H^1\cap L^\infty(\Omega,\mathbb{R}^N)$ 处的可微性.与定理 2.3 类似,可以证明

定理 2.4　假设

1° $F:\Omega\times\mathbb{R}^N\times\mathbb{R}^{nN}\to\mathbb{R}$ 关于 x 可测,且对 a.e. $x\in\Omega$,关于(u,p)属于 C^1.

2° 当$|u|\leqslant M$ 时,有

$$\lambda|p|^2-\mu\leqslant F(x,u,p)\leqslant\Lambda(1+|p|^2),$$

$$\begin{cases}\left|F_{p_\alpha^i}(x,u,p)\right|\leqslant\Lambda(1+|p|),\\ \left|F_{u^i}(x,u,p)\right|\leqslant\Lambda(1+|p|^2),\end{cases} \quad (2.19)$$

其中 λ,μ,Λ 为正常数,Λ 可与 M 有关.

则 $J[u]$在 $u\in H^1\cap L^\infty(\Omega,\mathbb{R}^N)$处可微,且其一阶变分由

$$\varphi\in H_0^1\cap L^\infty(\Omega,\mathbb{R}^N)\to\int_\Omega[F_{p_\alpha^i}(x,u,Du)D_\alpha\varphi^i+F_{u^i}(x,u,Du)\varphi^i]dx$$

给出.

关于这个定理的证明可以参看[MR].

因此关于 J 的 Euler 方程组的弱解,我们可定义如下:

定义 2.1　在 F 满足可控制的增长条件(确切些说,满足定理 2.3 的条件)的情况下,若 $u\in H^1(\Omega,\mathbb{R}^N)$满足

$$\int_\Omega[F_{p_\alpha^i}(x,u,Du)D_\alpha\varphi^i+F_{u^i}(x,u,Du)\varphi^i]dx=0,$$

$$\forall\varphi\in H_0^1(\Omega,\mathbb{R}^N), \quad (2.20)$$

则称 u 为$J[u]$的 Euler 方程组的弱解.在 F 满足自然增长条件(确切些说,满足定理2.4 的条件)的情况下,若 $u\in H^1\cap L^\infty(\Omega,\mathbb{R}^N)$且对一切 $\varphi\in H_0^1\cap L^\infty(\Omega,\mathbb{R}^N)$积分恒等式(2.20)成立,则称 u 为$J[u]$的 Euler 方程组的弱解.

(2.20)被称为 J 在 u 处在 Euler 方程组的弱形式.如果 J 是正则积分泛函,那么(2.20)为椭圆型方程组.

如果一个椭圆组是某个正则积分泛函的 Euler 方程组,那么定理 2.1 和定理 2.2 可给出其弱解存在的条件.如果这个椭圆组不是某个正则积分泛函的 Euler 方程组,其存在性结果可参看[NC],[ZK].

第十二章　非线性椭圆组弱解的正则性

§1　H^2 正则性

本章中，我们考虑散度型椭圆组

$$-D_\alpha A_i^\alpha(x,u,Du)+B_i(x,u,Du)=0$$
$$(i=1,\cdots,N) \tag{1.1}$$

弱解的正则性问题．"椭圆性"的意思将在下面说明．

和线性椭圆组一样，我们还是从 H^2 正则性的研究开始．在这里，一个有趣的现象是 H^2 正则性的结果与 A_i^α, B_i 满足什么样的结构条件有关．

在本章中，为研究正则性问题的需要，我们有时也分别称下列两组条件为可控制的和自然的结构条件．

为书写简单起见，我们记 $A=(A_i^\alpha), B=(B_i)$．

首先，如果 $A,B\in C^1$ 且满足

$$A_{ip_\beta^j}^\alpha(x,u,p)\xi_\alpha^i\xi_\beta^j\geqslant\lambda|\xi|^2, \tag{1.2}$$

$$\begin{cases}|A|,|A_x|,|B|,|B_x|\leqslant\Lambda(1+|u|^2+|p|^2)^{1/2},\\ |A_u|,|B_u|,|A_p|,|B_p|\leqslant\Lambda,\end{cases} \tag{1.3}$$

其中 λ,Λ 是正常数，则我们说 A,B 满足可控制的结构条件，并称(1.3)为可控制的增长条件．

其次，如果 $A,B\in C^1$，且当 $|u|\leqslant M$ 时满足

$$A_{ip_\beta^j}^\alpha(x,u,p)\xi_\alpha^i\xi_\beta^j\geqslant\lambda|\xi|^2, \tag{1.4}$$

$$\begin{cases}|A|,|A_x|,|A_u|\leqslant\Lambda(1+|p|),\\ |A_p|\leqslant\Lambda,\\ |B|,|B_x|,|B_u|\leqslant\Lambda(1+|p|^2),\\ |B_p|\leqslant\Lambda(1+|p|),\end{cases} \tag{1.5}$$

其中 λ,Λ 是正常数，它们可与 M 有关，则我们说 A,B 满足自然结构条件，并称(1.5)为自然增长条件．

显然，这里的增长条件(1.3)和(1.5)分别比第十一章的增长条件(1.3)和(1.6)强．

定理 1.1　设 $A,B\in C^1$，满足可控制的结构条件(1.2)，(1.3)，且设 $u\in H^1$

$(\Omega,\mathbb{R}^N)$满足

$$\int_\Omega [A_i^\alpha(x,u,Du)D_\alpha\varphi^i + B_i(x,u,Du)\varphi^i]dx = 0,$$

$$\forall\,\varphi\in H_0^1(\Omega,\mathbb{R}^N), \tag{1.6}$$

则 $u\in H^2_{\mathrm{loc}}(\Omega,\mathbb{R}^N)$，且导数 $D_s u(s=1,\cdots,n)$满足

$$\int_\Omega [A^\alpha_{ip^j_\beta}(x,u,Du)D_\beta D_s u^j + A^\alpha_{iu^j}(x,u,Du)D_s u^j$$

$$+ A^\alpha_{ix_s}(x,u,Du) - \delta_{\alpha s}B_i(x,u,Du)]D_\alpha\varphi^i dx = 0,$$

$$\forall\,\varphi\in H_0^1(\Omega,\mathbb{R}^N),\mathrm{spt}\varphi\subset\Omega. \tag{1.7}$$

其中 $\delta_{\alpha s}=\begin{cases}1,\alpha=s,\\0,\alpha\neq s.\end{cases}$

证明　先就 $A_i^\alpha(x,u,p)=A_i^\alpha(p)$，$B_i(x,u,p)\equiv0$ 这一简单情形进行证明. 这时(1.6)为

$$\int_\Omega A_i^\alpha(Du)D_\alpha\varphi^i dx = 0,\forall\,\varphi\in H_0^1(\Omega,\mathbb{R}^N). \tag{1.6$'$}$$

设 φ 的支集 $\mathrm{spt}\varphi\subset\Omega$，则当$|h|$充分小时有

$$\int_\Omega [A_i^\alpha(Du(x+he_s)) - A_i^\alpha(Du(x))]D_\alpha\varphi^i dx = 0,$$

因而有

$$\int_\Omega A^{\alpha\beta}_{ij(h)}(x)D_\beta\Delta_{h,s}u^j D_\alpha\varphi^i dx = 0,\forall\,\varphi\in H_0^1(\Omega,\mathbb{R}^N),\mathrm{spt}\varphi\subset\Omega, \tag{1.8}$$

其中

$$A^{\alpha\beta}_{ij(h)}(x) = \int_0^1 A^\alpha_{ip^j_\beta}(tDu(x+he_s)+(1-t)Du(x))dt,$$

$$\Delta_{h,s}u^j = \frac{u^j(x+he_s)-u^j(x)}{h},$$

由于 A_i^α 满足(1.2)和(1.3)，故 $A^{\alpha\beta}_{ij(h)}$满足

$$\begin{cases}A^{\alpha\beta}_{ij(h)}\xi^i_\alpha\xi^j_\beta\geqslant\lambda|\xi|^2,\lambda>0,\\ |A^{\alpha\beta}_{ij(h)}|\leqslant\Lambda.\end{cases} \tag{1.9}$$

现在，对 $\forall\,\tilde\Omega\subset\subset\Omega$，$\forall\,x^0\in\tilde\Omega$，$\forall\,R:0<R<\frac{1}{2}\mathrm{dist}(\tilde\Omega,\partial\Omega)$，在(1.8)中取 $\varphi=\eta^2\Delta_{h,s}u$，其中 $\eta\in C_0^\infty(B_R(x^0))$为截断函数：

$0\leqslant\eta\leqslant1$(在 $B_R(x^0)$中)，$\eta\equiv1$(在 $B_{\frac{R}{2}}(x^0)$中)，

$$|D_\eta|\leqslant\frac{C}{R}. \tag{1.10}$$

通过简单计算并利用(1.9)可得

$$\int_{B_{\frac{R}{2}}(x^0)} |D\Delta_{h,s}u|^2 dx \leqslant C\|u\|^2_{H^1(\Omega,\mathbb{R}^N)}, \tag{1.11}$$

其中 C 依赖于 $n, N, \lambda, \Lambda, \mathrm{dist}(\widetilde{\Omega}, \partial\Omega)$，因而有

$$u \in H^2_{\mathrm{loc}}(\Omega, \mathbb{R}^N).$$

而且在(1.8)中令 $h \to 0$，便可得

$$\int_\Omega A^\alpha_{ip^j_\beta}(Du)D_\beta(D_s u^j)D_\alpha \varphi^i dx = 0, \forall \varphi \in H^1_0(\Omega, \mathbb{R}^N), \mathrm{spt}\varphi \subset \Omega,$$

其中 $s=1,\cdots,n$. 这就是在这个简单情形下的积分等式(1.7).

上面的过程，若形式地用微商代替差商来书写，则可简单得多. 事实上，若在(1.6)′中取 $\varphi = D_s\psi$，并形式地进行分部积分，则得

$$\int_\Omega A^\alpha_{ip^j_\beta}(Du)D_\beta D_s u^j D_\alpha \psi^i dx = 0.$$

若再取 $\psi = \eta^2 D_s u$，则通过简单计算并利用条件(1.2)和(1.3)可得

$$\int_{B_{\frac{R}{2}}(x^0)} |DD_s u|^2 dx \leqslant C\|u\|^2_{H^1(\Omega,\mathbb{R}^N)},$$

其中 C 依赖于 $n, N, \lambda, \Lambda, \mathrm{dist}(\widetilde{\Omega}, \partial\Omega)$. 最后，将微商 $D_s u$ 换成差商 $\Delta_{h,s}u$，就得到(1.11).

下面为书写简单起见，我们就用这种方法来处理一般情况.

首先，在(1.6)中形式地取 $\varphi = D_s\psi$，并形式地进行分部积分，得

$$\begin{aligned}\int_\Omega \{[A^\alpha_{ix_s} + A^\alpha_{iu^j}D_s u^j + A^\alpha_{ip^j_\beta}D_s D_\beta u^j]D_\alpha\psi^i \\ + [B_{ix_s} + B_{iu^j}D_s u^j + B_{ip^j_\beta}D_s D_\beta u^j]\psi^i\}dx = 0.\end{aligned}$$

其次，对 $\forall \widetilde{\Omega} \subset\subset \Omega$，$\forall x^0 \in \widetilde{\Omega}$，$\forall R: 0 < R < \frac{1}{2}\mathrm{dist}(\widetilde{\Omega}, \partial\Omega)$，取 $\psi = \eta^2 D_s u$，其中 $\eta \in C^\infty_0(B_R(x^0))$ 满足(1.10)，则得

$$\begin{aligned}&\int_\Omega \eta^2 A^\alpha_{ip^j_\beta}D_\beta D_s u^j D_\alpha D_s u^i dx + \int_\Omega A^\alpha_{ip^j_\beta}D_\beta D_s u^j \cdot 2\eta D_\alpha\eta \cdot D_s u^i dx \\ &+ \int_\Omega \eta^2 A^\alpha_{ix_s}D_\alpha D_s u^i dx + \int_\Omega A^\alpha_{ix_s} \cdot 2\eta D_\alpha \eta \cdot D_s u^i dx \\ &+ \int_\Omega \eta^2 A^\alpha_{iu^j}D_s u^j D_\alpha D_s u^i dx + \int_\Omega A^\alpha_{iu^j} \cdot 2\eta D_\alpha\eta \cdot D_s u^j D_s u^i dx \\ &+ \int_\Omega \eta^2 B_{ix_s}D_s u^i dx + \int_\Omega \eta^2 B_{iu^j}D_s u^j D_s u^i dx\end{aligned}$$

$$+\int_{\Omega}\eta^2 B_{ip_\beta^j}D_\beta D_s u^j D_s u^i dx = 0. \tag{1.12}$$

通过简单的计算并利用(1.2)和(1.3)可得

$$\int_{B_R(x^0)}|\eta DD_s u|^2 dx \leqslant C\int_{B_R(x^0)}(1+|D\eta|^2)|Du|^2 dx,$$

因而有

$$\int_{B_{\frac{R}{2}}(x^0)}|DD_s u|^2 dx \leqslant C\|u\|^2_{H^1(\Omega,\mathbf{R}^N)},$$

其中 C 依赖于 $n,N,\lambda,\Lambda,\mathrm{dist}(\tilde{\Omega},\partial\Omega)$.

将对 s 的微商改为差商 $\Delta_{h,s}u$,以上过程可以严密化而得到

$$\int_{B_{\frac{R}{2}}(x^0)}|D\Delta_{h,s}u|^2 dx \leqslant C\|u\|^2_{H^1(\Omega,\mathbf{R}^N)},$$

其中 C 仍依赖于上述诸量而与 h 无关.因此有 $u\in H^2_{\mathrm{loc}}(\Omega,\mathbb{R}^N)$ 而且可得 $D_s u$ 满足(1.7).定理得证.

但在自然结构条件下,上述结果一般讲不成立,这时只能证明连续弱解属于 H^2,即我们有

定理 1.2　假设 $A,B\in C^1$,满足自然结构条件(1.4),(1.5),且 $u\in H^1\cap L^\infty(\Omega,\mathbb{R}^N)$ 满足

$$\int_{\Omega}[A_i^\alpha(x,u,Du)D_\alpha\varphi^i + B_i(x,u,Du)\varphi^i]dx = 0,$$

$$\forall\varphi\in H_0^1\cap L^\infty(\Omega,\mathbb{R}^N), \tag{1.13}$$

而且还假设 $u\in C^0(\Omega,\mathbb{R}^N)$.则 $u\in H^2_{\mathrm{loc}}(\Omega,\mathbb{R}^N)$,且导数 $D_s u\,(s=1,\cdots,n)$ 对任意 $\varphi\in H_0^1\cap L^\infty(\Omega,\mathbb{R}^N)$,$\mathrm{spt}\varphi\subset\Omega$ 满足积分恒等式(1.7).

证明　首先,与定理 1.1 类似,对 $\forall\tilde{\Omega}\subset\subset\Omega$, $\forall x^0\in\tilde{\Omega}$, $\forall R:0<R<\frac{1}{2}\mathrm{dist}(\tilde{\Omega},\partial\Omega)$,在(1.13)中形式地取 $\varphi=D_s(\eta^2 D_s u)\,(s=1,\cdots,n)$,其中 $\eta\in C_0^\infty(B_R(x^0))$ 满足(1.10).于是,经过计算也可得到(1.12),但这时 A_i^α, B_i 满足的结构条件与定理 1.1 中不同,因此最后得到的估计式是

$$\begin{aligned}\int_{B_R(x^0)}|\eta DD_s u|^2 dx \leqslant\ & C\int_{B_R(x^0)}[\eta^2(1+|Du|^2)+|D\eta|^2|Du|^2]dx\\ &+C\int_{B_R(x^0)}\eta^2|D_s u|^2|Du|^2 dx\\ &(s=1,\cdots,n).\end{aligned} \tag{1.14}$$

其次,为处理上式右端最后一个积分,再在(1.13)中形式地取 $\varphi=\eta^2(u-$

$u_R)|D_s u|^2$，其中 $\eta \in C_0^\infty(B_R(x^0))$ 仍满足(1.10)，$u_R = \fint_{B_R(x^0)} u dx$ 是 u 在 $B_R(x^0)$ 上的平均值. 于是又得到

$$\int_{B_R(x^0)} \eta^2 A_i^\alpha D_\alpha u^i |D_s u|^2 dx + \int_{B_R(x^0)} 2\eta^2 A_i^\alpha \cdot (u^i - u_R^i) D_s u D_\alpha D_s u dx$$
$$+ \int_{B_R(x^0)} 2\eta D_\alpha \eta \cdot A_i^\alpha \cdot (u^i - u_R^i)|D_s u|^2 dx$$
$$+ \int_{B_R(x^0)} \eta^2 B_i \cdot (u^i - u_R^i)|D_s u|^2 dx = 0 \quad (s = 1, \cdots, n).$$

经过简单计算并利用结构条件(1.4)(1.5)可得

$$\int_{B_R(x^0)} \eta^2 |D_s u|^2 |Du|^2 dx \leqslant C \int_{B_R(x^0)} (\eta^2 + |D\eta|^2 |u - u_R|^2)|Du|^2 dx$$
$$+ C \operatorname*{osc}_{B_R(x^0)} u \int_{B_R(x^0)} \eta^2 |DD_s u|^2 dx (s = 1, \cdots, n). \tag{1.15}$$

联合(1.14)与(1.15)，便有

$$\int_{B_R(x^0)} \eta^2 |DD_s u|^2 dx \leqslant C \int_{B_R(x^0)} [\eta^2 (1 + |Du|^2) + |D\eta|^2 |Du|^2] dx$$
$$+ C\left\{\int_{B_R(x^0)} (\eta^2 + |D\eta|^2 |u - u_R|^2)|Du|^2 dx\right.$$
$$\left. + \operatorname*{osc}_{B_R(x^0)} u \int_{B_R(x^0)} \eta^2 |DD_s u|^2 dx\right\} \quad (s = 1, \cdots, n), \tag{1.16}$$

其中 C 依赖于 n, N, λ, Λ. 由于 $u \in C^0(\Omega, \mathbb{R}^N)$，故当 $R > 0$ 充分小时 $\operatorname*{osc}_{B_R(x^0)} u < \frac{1}{2}$，因而有

$$\int_{B_{\frac{R}{2}}(x^0)} |DD_s u|^2 dx \leqslant C \| u \|_{H^1(\Omega, \mathbf{R}^N)}^2,$$

其中 C 依赖于 n, N, λ, Λ 和 $\operatorname{dist}(\widetilde{\Omega}, \partial\Omega)$，$\lambda, \Lambda$ 可与 M 有关，$M = \sup_{\Omega} |u|$.

将 $D_s u$ 改为差商 $\Delta_{h,s} u$，上述过程可以严密化并得到

$$\int_{B_{\frac{R}{2}}(x^0)} |D\Delta_{h,s} u|^2 dx \leqslant C \| u \|_{H^1(\Omega, \mathbf{R}^N)}^2 \quad (s = 1, \cdots, n),$$

其中 C 与 h 无关，因而可得 $u \in H_{\mathrm{loc}}^2(\Omega, \mathbb{R}^N)$，且对任意 $\varphi \in H_0^1 \cap L^\infty(\Omega, \mathbb{R}^N)$，

$D_s u$ 满足(1.7).

注意,积分等式(1.7)是有意义的,因为在(1.15)和(1.16)中将 η 换成 η^2,并对 s 求和,再利用 Hölder 不等式,可知当 R 充分小时有

$$\int_{B_R(x^0)} \eta^4 |Du|^4 dx + \int_{B_R(x^0)} \eta^4 |D^2 u|^2 dx$$
$$\leqslant C\int_{B_R(x^0)} [\eta^2 + |D\eta|^4 |u - u_R|^4 + \eta^2 |D\eta|^2 |Du|^2] dx < +\infty.$$

证毕.

注 在自然结构条件下,如果 $u \in H^1 \cap L^\infty(\Omega, \mathbb{R}^N)$ 是(1.1)的弱解,但 $u \notin C^0(\Omega, \mathbb{R}^N)$,那么有反例说明:此时即使系数十分光滑,$u$ 也不一定属于 $H^2_{\mathrm{loc}}(\Omega, \mathbb{R}^N)$,请参看§2 例 3.

§2 进一步的正则性、不正则的例子

现在来研究弱解的更高的正则性,即考察:若 A_i^α, B_i 更光滑,弱解是否更光滑? 说得极端一些,若 A_i^α, B_i 属于 C^∞,弱解是否属于 C^∞?

这个问题可以归结为研究当 A_i^α, B_i 属于 C^∞ 时弱解是否属于 $C^{1,\delta}(0<\delta<1)$ 的问题.为阐明这一点,仍以下面的简单椭圆组为例:

$$- D_\alpha A_i^\alpha(Du) = 0 \quad (i = 1, \cdots, N). \tag{2.1}$$

假设其中 $A_i^\alpha(p) \in C^\infty(\mathbb{R}^{nN})$,$A^\alpha_{ip^j_\beta}(p)\xi^i_\alpha\xi^j_\beta \geqslant \lambda|\xi|^2, \lambda > 0$.现在我们暂时设(2.1)的弱解 $u \in C^{1,\delta}(\Omega, \mathbb{R}^N)$,并分别考虑下面两种情况:

(i) 在可控制的结构条件下,容易证明 $u \in C^\infty(\Omega, \mathbb{R}^N)$.事实上,由定理 1.1 知 $u \in H^2_{\mathrm{loc}}(\Omega, \mathbb{R}^N)$ 且 $D_s u$ 满足

$$\int_\Omega A^\alpha_{ip^j_\beta}(Du) D_\beta(D_s u^j) D_\alpha \varphi^i dx = 0,$$
$$\forall \varphi \in H^1_0(\Omega, \mathbb{R}^N), \mathrm{spt}\varphi \subset \Omega. \tag{2.2}$$

由于 $A^\alpha_{ip^j_\beta} \in C^\infty$,$u \in C^{1,\delta}$,故 $A^\alpha_{ip^j_\beta}(Du(x)) \in C^{0,\delta}$,由 Schauder 理论(参看第九章)知 $D_s u^j \in C^{1,\delta}$,由此又知 $A^\alpha_{ip^j_\beta}(Du(x)) \in C^{1,\delta}$,再用 Schauder 理论知 $D_s u^j \in C^{2,\delta}$,…,如此继续下去,可知 $u \in C^\infty(\Omega, \mathbb{R}^N)$.

(ii) 在自然结构条件下也可以证明 $u \in C^\infty(\Omega, \mathbb{R}^N)$.事实上,由于设 $u \in C^{1,\delta}(\Omega, \mathbb{R}^N)$,所以 $u \in H^1 \cap L^\infty \cap C^0(\Omega, \mathbb{R}^N)$,因此由定理 1.2 知 $u \in H^2_{\mathrm{loc}}(\Omega, \mathbb{R}^N)$ 且 $D_s u$ 满足积分恒等式(1.7),其中 φ 为 $H^1_0 \cap L^\infty(\Omega, \mathbb{R}^N)$ 中任意函数.和(i)中一样,利用 Schauder 理论可知 u 的光滑性可随 A_i^α 光滑性的抬高而抬高,

以至于达到 C^{∞}.

对于一般的散度型椭圆组(1.1),亦有类似的结果.因此,研究弱解的更高的正则性问题,就归结为研究当 A_i^{α}, B_i 光滑时,弱解是否属于 $C^{1,\delta}$ 的问题了(对拟线性椭圆组[①],归结为研究弱解是否属于 $C^{0,\delta}$ 的问题).

在单个方程($N=1$)的情形,当 A_i^{α}, B_i 光滑时弱解是否属于 $C^{1,\delta}$ 的问题在 1957 年由 De Giorgi 彻底解决(关于 De Giorgi 的定理请参看第四章§2—§3).但 1957 年以后,许多数学家想推广 De Giorgi 的结果到方程组($N>1$)的情形,却没有成功.虽然许多人给了 De Giorgi 定理以各种各样新的证明,但这些新方法中仍无一能用来证明 $N>1$ 时的 De Giorgi 定理.1968 年 De Giorgi 自己举出一个反例,说明他 1957 年证明的定理实际上在 $N>1$ 的情形并不成立.

例 1　(De Giorgi,1968).设 $\Omega = B_1(0) \subset \mathbb{R}^n$, $N=n\geqslant 3$.考虑

$$\int_{B_1(0)} A_{ij}^{\alpha\beta}(x) D_\beta u^j D_\alpha \varphi^i dx = 0, \forall \varphi \in H_0^1(B_1(0), \mathbb{R}^n), \tag{2.3}$$

其中

$$A_{ij}^{\alpha\beta}(x) = \delta_{\alpha\beta}\delta_{ij} + \left[(n-2)\delta_{\alpha i} + n\frac{x_i x_\alpha}{|x|^2}\right] \times \left[(n-2)\delta_{\beta j} + n\frac{x_j x_\beta}{|x|^2}\right]$$
$$(i,j=1,\cdots,n;\alpha,\beta=1,\cdots,n).$$

这里 $\delta_{\alpha\beta} = \begin{cases} 1, \alpha=\beta, \\ 0, \alpha\neq\beta. \end{cases}$

容易看出,$A_{ij}^{\alpha\beta} \in L^{\infty}(B_1(0))$,而且

$$A_{ij}^{\alpha\beta}(x)\xi_\alpha^i \xi_\beta^j = \sum_{i,\alpha=1}^n (\xi_\alpha^i)^2 + \left\{\sum_{i,\alpha=1}^n \left[(n-2)\xi_\alpha^\alpha + n\frac{x_i x_\alpha \xi_\alpha^i}{|x|^2}\right]\right\}^2 \geqslant |\xi|^2.$$

但是可以证明向量值函数 $u_r(x) = \dfrac{x}{|x|^\gamma}$ 是(2.3)的弱解,却无界,其中

$$r = \frac{n}{2}\left\{1 - \left[(2n-2)^2+1\right]^{-\frac{1}{2}}\right\}. \tag{2.4}$$

首先,由(2.4)知 $n-2\gamma>0$,因而

$$\int_{B_1(0)} [|u_r|^2 + |Du_r|^2] dx \leqslant C\int_0^1 [r^{n-2\gamma+1} + r^{n-2\gamma-1}] dr < +\infty,$$

故 $u_r \in H^1(B_1(0), \mathbb{R}^n)$.

其次,容易证明 u_γ 满足积分等式(2.3),事实上,u_γ 在 $B_1(0)\setminus\{0\}$ 中属于 C^2 且在古典意义下满足

$$-D_\alpha(A_{ij}^{\alpha\beta}(x) D_\beta u_r^j) = 0. \tag{2.3$'$}$$

① 若在(1.1)中,$A_i^\alpha(x,u,Du) = A_{ij}^{\alpha\beta}(x,u)D_\beta u^j$,则称(1.1)为拟线性方程组.

将(2.3)′乘 $\varphi\in C_0^\infty(B_1(0),\mathbb{R}^n)$,然后在 $B_1(0)\backslash B_\varepsilon(0))$上积分并分部积分,得

$$\int_{B_1(0)\backslash B_\varepsilon(0)} A_{ij}^{\alpha\beta}(x)D_\beta u_r^j D_\alpha\varphi^i dx - \int_{\Gamma_\varepsilon}\varphi^i A_{ij}^{\alpha\beta}(x)D_\beta u_\gamma^j\cdot\cos(n,x_\alpha)dS = 0,$$

其中 $\Gamma_\varepsilon=\{x\in\mathbb{R}^n \mid |x|=\varepsilon\}$.在此式中令 $\varepsilon\to 0$ 取极限,由(2.4)知 $n-\gamma-1>0$,因而

$$\left|\int_{\Gamma_\varepsilon}\varphi^i A_{ij}^{\alpha\beta}(x)D_\beta u_\gamma^j\cos(n,x_\alpha)dS\right|\leqslant C\varepsilon^{n-\gamma-1}\to 0,$$

于是有

$$\int_{B_1(0)} A_{ij}^{\alpha\beta}(x)D_\beta u_\gamma^j D_\alpha\varphi^i dx = 0,\ \forall\,\varphi\in C_0^\infty(B_1(0),\mathbb{R}^n).$$

最后,由于 $n\geqslant 3$ 时 $\gamma>1$,所以 u_γ 无界.

这个例子说明:De Giorgi 的关于系数有界可测的散度型二阶椭圆型方程的弱解必定 Hölder 连续的结论在椭圆组($N>1$)的情形是不成立的,因而不能用第五章的方法去研究散度型非线性椭圆组弱解的 $C^{1,\delta}$正则性.

但是在系数充分光滑的情况下,究竟散度型非线性椭圆组的弱解是否具有 $C^{1,\delta}$正则性? 或者,散度型拟线性椭圆组的弱解是否具有 $C^{0,\delta}$正则性? 这些问题从例 1 中仍然找不到答案.1968 年,E. Giusti 和 M. Miranda 将 De Giorgi 的例子作了一些修改,得到一个散度型拟线性椭圆组的例子,说明了上述问题的答案是否定的.

例 2 (Giusti-Miranda,1968).设 $\Omega=B_1(0)\subset\mathbb{R}^n$,$N=n\geqslant 3$.考虑

$$\int_{B_1(0)} A_{ij}^{\alpha\beta}(u)D_\beta u^j D_\alpha\varphi^i dx = 0,\ \forall\,\varphi\in H_0^1(B_1(0),\mathbb{R}^n),\tag{2.5}$$

其中

$$A_{ij}^{\alpha\beta}(u)=\delta_{\alpha\beta}\delta_{ij}+\left[\delta_{\alpha i}+\frac{4}{n-2}\frac{u^i u^\alpha}{1+|u|^2}\right]\times\left[\delta_{\beta j}+\frac{4}{n-2}\frac{u^j u^\beta}{1+|u|^2}\right]^2,$$

这里 $\delta_{\alpha\beta}=\begin{cases}1,\alpha=\beta,\\0,\alpha\neq\beta.\end{cases}$

容易证明,$A_{ij}^{\alpha\beta}(u)\xi_\alpha^i\xi_\beta^j\geqslant|\xi|^2$,且 $A_{ij}^{\alpha\beta}(u)$是 u 的实解析函数.但是向量值函数 $u_1(x)=\dfrac{x}{|x|}\in H^1(B_1(0),\mathbb{R}^n)$是(2.5)的弱解,却不连续.

还可以举出其系数十分光滑但其弱解不属于 $H^2(\Omega,\mathbb{R}^N)$的散度型拟线性椭圆组的例子.

例 3 (Nečas,1972).设 $\Omega=B_1(0)\subset\mathbb{R}^n$,$N=n\geqslant 5$.考虑

$$\int_{B_1(0)} A_{ij}^{\alpha\beta}(x,u)D_\beta u^j D_\alpha\varphi^i dx = 0,\ \forall\,\varphi\in H_0^1(B_1(0),\mathbb{R}^n),\tag{2.6}$$

其中

$$A_{ij}^{\alpha\beta}(x,u)=\delta_{\alpha\beta}\delta_{ij}+c^2\left[\delta_{\alpha i}+b\,\frac{u^iu^\alpha|x|^{2r-2}}{1+|u|^2|x|^{2r-2}}\right]$$
$$\left[\delta_{\beta j}+b\,\frac{u^ju^\beta|x|^{2\gamma-2}}{1+|u|^2|x|^{2\gamma-2}}\right],$$

这里 $r\in\left[2,\frac{n}{2}\right)$，$b=\frac{2n}{n-2}$，$c^2=\frac{r(n-r)(n-2)^2}{(n-2r)^2(n-1)^2}$.

容易看出，$A_{ij}^{\alpha\beta}(x,u)\xi_\alpha^i\xi_\beta^j\geqslant|\xi|^2$，$A_{ij}^{\alpha\beta}(x,u)$十分光滑，且 $u_\gamma=\frac{x}{|x|^\gamma}\in H^1(B_1(0),\mathbb{R}^n)$是(2.6)的弱解. 但是当 $r\geqslant\frac{n-2}{2}$时，u_γ 不属于$H^2(B_1(0),\mathbb{R}^n)$.

另外还有许多例子说明椭圆组弱解的正则性问题要比二阶椭圆型方程弱解的正则性问题复杂得多，读者可以参看[GQ_1].

因此，1968 年以后，一方面，对一般形式的散度型椭圆组，从 C. B. Morrey 开始，研究弱解的所谓"部分正则性"(即证明弱解在 Ω 的一个开子集Ω_0 上具有 $C^{1,\delta}$ 正则性，而 $\mathrm{meas}(\Omega\setminus\Omega_0)=0$). 另一方面，对特殊形式的椭圆组进行具体分析，其中有许多椭圆组的弱解仍具有"处处正则性"，例如可以参看[HB].

下面我们将在§3 和§4—§5 中分别介绍对一般形式的散度型椭圆组研究弱解部分正则性的间接方法和直接方法.

§3 研究正则性的间接方法

本节中我们以下列散度型拟线性椭圆组为例来介绍研究弱解的部分正则性的间接方法. 考虑

$$-D_\alpha(A_{ij}^{\alpha\beta}(x,u)D_\beta u^j)=0. \tag{3.1}$$

在本节中，我们总假设当$(x,u)\in\Omega\times\mathbb{R}^N$ 时，有

$$A_{ij}^{\alpha\beta}(x,u)\xi_\alpha^i\xi_\beta^j\geqslant\lambda|\xi|^2,\lambda>0, \tag{3.2}$$

$$|A_{ij}^{\alpha\beta}(x,u)|\leqslant\Lambda, \tag{3.3}$$

其中 λ,Λ 为常数.

我们要证明的主要结果是

定理 3.1 假设 $A_{ij}^{\alpha\beta}(x,u)$满足(3.2)，(3.3)，且 $A_{ij}^{\alpha\beta}(x,u)$在 $\bar{\Omega}\times\mathbb{R}^N$ 上一致连续，并设 $u\in H_{\mathrm{loc}}^1(\Omega,\mathbb{R}^N)$是(3.1)的弱解，则存在开集 $\Omega_0\subset\Omega$，使 $u\in C_{\mathrm{loc}}^{0,\delta}(\Omega_0,\mathbb{R}^N)$，$\forall\,0<\delta<1$，且 $\mathrm{meas}(\Omega\setminus\Omega_0)=0$.

为了证明这个定理，我们需要下面几个引理.

引理 3.2 (Caccioppoli 不等式). 设 $u\in H_{\mathrm{loc}}^1(\Omega,\mathbb{R}^N)$是(3.1)的弱解，其中系数 $A_{ij}^{\alpha\beta}(x,u)$满足(3.2)，(3.3)，则对 $\forall\,x^0\in\Omega$，$\forall\,\rho,R:0<\rho<R<\mathrm{dist}(x^0,\partial\Omega)$，

有

$$\int_{B_\rho(x^0)}|Du|^2dx \leqslant \frac{C}{(R-\rho)^2}\int_{B_R(x^0)}|u|^2dx, \tag{3.4}$$

其中 $C=C(n,N,\lambda,\Lambda)$.

这个引理可以和第八章定理 2.1 一样地进行证明.

引理 3.3　设 $b_{ij}^{\alpha\beta}$是常数,满足 $b_{ij}^{\alpha\beta}\xi_\alpha^i\xi_\beta^j\geqslant\lambda|\xi|^2,\lambda>0,|b_{ij}^{\alpha\beta}|\leqslant\Lambda(i,j=1,\cdots,N;\alpha,\beta=1,\cdots,n)$. 并且设 $u\in H_{\mathrm{loc}}^1\cap L^2(B_1(0),\mathbb{R}^N)$满足

$$\int_{B_1(0)}b_{ij}^{\alpha\beta}D_\beta u^jD_\alpha\varphi^idx=0,\ \forall\varphi\in C_0^\infty(B_1(0),\mathbb{R}^N),$$

则存在 $c_0=c_0(n,N,\lambda,\Lambda)>1$,使得对 $\forall\rho:0<\rho<1$,有

$$\Phi(0,\rho)\leqslant c_0\rho^2\Phi(0,1), \tag{3.5}$$

其中 $\Phi(x^0,\rho)=\rho^{-n}\int_{B_\rho(x^0)}|u(x)-u_{x^0,\rho}|^2dx$,

$$u_{x^0,\rho}=⨍_{B_\rho(x^0)}u(x)dx.$$

这个引理可以和第九章引理 2.2 中估计式(2.5)一样地进行证明.

引理 3.4　假设:

1° $a_{ij(k)}^{\alpha\beta}(x)(i,j=1,\cdots,N;\alpha,\beta=1,\cdots,n;k=1,2,\cdots)$满足

$$a_{ij(k)}^{\alpha\beta}(x)\xi_\alpha^i\xi_\beta^j\geqslant\lambda|\xi|^2,\lambda>0, \tag{3.6}$$

$$a_{ij(k)}^{\alpha\beta}\in L^\infty(B_1(0)),|a_{ij(k)}^{\alpha\beta}|\leqslant\Lambda, \tag{3.7}$$

$$\begin{cases}\text{当 } k\to\infty \text{ 时}, a_{ij(k)}^{\alpha\beta}(x)\to a_{ij}^{\alpha\beta}(x),\text{a.e. } x\in B_1(0),\\ \text{而且 } a_{ij}^{\alpha\beta}(x) \text{ 也满足(3.6),(3.7)};\end{cases} \tag{3.8}$$

2° $u_k\in H_{\mathrm{loc}}^1\cap L^2(B_1(0),\mathbb{R}^N)$满足

$$A_k(u_k,\varphi)\triangleq\int_{B_1(0)}a_{ij(k)}^{\alpha\beta}(x)D_\beta u_k^jD_\alpha\varphi^idx=0\quad(k=1,2,\cdots),$$

$$\forall\varphi\in C_0^\infty(B_1(0),\mathbb{R}^N), \tag{3.9}$$

而且当 $k\to\infty$时

$$u_k\rightharpoonup u(\text{在 } L^2(B_1(0),\mathbb{R}^N) \text{ 中弱收敛}). \tag{3.10}$$

则 $u\in H_{\mathrm{loc}}^1(B_1(0),\mathbb{R}^N)$且对 $\forall\rho:0<\rho<1$,有子列$\{u_{k_j}\}$,具有性质:当 $k_j\to\infty$时

$$\begin{cases}u_{k_j}\to u\quad(\text{在 } L^2(B_\rho(0),\mathbb{R}^N) \text{ 中强收敛}),\\ Du_{k_j}\rightharpoonup Du\quad(\text{在 } L^2(B_\rho(0),\mathbb{R}^{nN}) \text{ 中弱收敛},)\end{cases} \tag{3.11}$$

而且,u 还满足　$A(u,\varphi)\triangleq\int_{B_1(0)}a_{ij}^{\alpha\beta}(x)D_\beta u^jD_\alpha\varphi^idx=0,$

$$\forall\, \varphi \in C_0^{\infty}(B_1(0), \mathbb{R}^N\,). \tag{3.12}$$

证明 由引理 3.2 和(3.10)知对 $\forall\, \rho: 0<\rho<1$,有

$$\int_{B_\rho(0)} |Du_k|^2 dx \leqslant \frac{C}{(1-\rho)^2}\int_{B_1(0)} |u_k|^2 dx \leqslant C_1, \tag{3.13}$$

其中 C_1 与 k 无关,因而 $\{u_k\}$ 在 $H^1(B_\rho(0), \mathbb{R}^N\,)$ 中一致有界. 于是由紧嵌入定理知 $\{u_k\}$ 有子列 $\{u_{k_j}\}$ 满足(3.11).

现在来证(3.12).

对 $\forall\, \varphi \in C_0^{\infty}(B_1(0), \mathbb{R}^N\,)$,我们有

$$\begin{aligned} A(u, \varphi) &= A(u-u_{k_j}, \varphi) + A(u_{k_j}, \varphi) \\ &= A(u-u_{k_j}, \varphi) + [A(u_{k_j}, \varphi) - A_{k_j}(u_{k_j}, \varphi)]. \end{aligned} \tag{3.14}$$

现在取 ρ 充分接近 1,使 φ 的支集 $\mathrm{spt}\varphi \subset B_\rho(0)$,于是由(3.11)知 $A(u-u_{k_j}, \varphi) \to 0$,当 $k_j \to \infty$ 时,此外

$$\begin{aligned} &\left| A(u_{k_j}, \varphi) - A_{k_j}(u_{k_j}, \varphi) \right| \\ &\leqslant C\left[\int_{B_\rho(0)} \sum \left| a_{ij(k_j)}^{\alpha\beta} - a_{ij}^{\alpha\beta} \right|^2 dx\right]^{\frac{1}{2}} \left[\int_{B_\rho(0)} \left| Du_{k_j} \right|^2 dx\right]^{\frac{1}{2}}. \end{aligned}$$

由(3.7),(3.8),(3.13)知当 $k_j \to \infty$ 时,有

$$A(u_{k_j}, \varphi) - A_{k_j}(u_{k_j}, \varphi) \to 0.$$

因此在(3.14)中令 $k_j \to \infty$,便得(3.12).

定理 3.1 的证明 我们将证明分为两步.

第一步:证明对 $\forall\, \tau: 0<\tau<1$,都存在 $R_0 = R_0(\tau, n, N, \Lambda) > 0$ 和 $\varepsilon_0 = \varepsilon_0(\tau, n, N, \Lambda) > 0$,使得如果 $u \in H^1(\Omega, \mathbb{R}^N\,)$ 是(3.1)的弱解且对某个 $x^0 \in \Omega$ 和某个满足 $0<R<R_0 \wedge \mathrm{dist}(x^0, \partial\Omega)$ 的 R 有

$$\Phi(x^0, R) < \varepsilon_0^2,$$

那么必有

$$\Phi(x^0, \tau R) \leqslant 2c_0\tau^2 \Phi(x^0, R),$$

其中 $\Phi(x^0, R) = R^{-n}\int_{B_R(x^0)} \left| u(x) - u_{x^0,R} \right|^2 dx$ 代表在 $B_R(x^0)$ 上向量 u 的“平方平均振幅”,c_0 是(3.5) 中的常数,记号 $a \wedge b$ 表示 $\min(a, b)$.

我们用间接方法(即反证法)来证明这个结论. 假若这结论不真,那么必存在 $\tau: 0<\tau<1$,且存在 $\{x_k\} \subset \Omega$, $R_k \to 0$ 和 $\varepsilon_k \to 0$,还存在(3.1)的弱解序列 $\{u_k\}$,使

$$\Phi^{(k)}(x_k, R_k) = \varepsilon_k^2,$$

$$\Phi^{(k)}(x_k, \tau R_k) > 2c_0\tau^2\varepsilon_k^2,$$

其中

$$\Phi^{(k)}(x_k,R_k) = R_k^{-n}\int_{B_{R_k}(x_k)} \left| u_k(x) - (u_k)_{x_k,R_k} \right|^2 dx.$$

现在把 x_k 平移到原点 0,并作相似变换将某些量规范化(通常称这种技巧为 blow-up 技巧):

$$x = x_k + R_k y,$$

$$v_k(y) = \frac{u_k(x_k + R_k y) - (u_k)_{x_k,R_k}}{\varepsilon_k},$$

则容易验证 v_k 有下列性质:

(i) $(v_k)_{0,\tau} = \dfrac{(u_k)_{x_k,\tau R_k} - (u_k)_{x_k,R_k}}{\varepsilon_k}$,

(ii) $(v_k)_{0.1} = 0$,

(iii) $\Psi^{(k)}(0,1) \triangleq \int_{B_1(0)} |v_k(y) - (v_k)_{0.1}|^2 dy = 1$,

(iv) $\Psi^{(k)}(0,\tau) > 2c_0\tau^2$,

(v) $v_k \in H^1(B_1(0),\mathbb{R}^N)$满足

$$\int_{B_1(0)} A_{ij}^{\alpha\beta}(x_k + R_k y, \varepsilon_k v_k(y) + (u_k)_{x_k,R_k}) D_\beta v_k^j D_\alpha \varphi^i dy = 0,$$

$$\forall \varphi \in C_0^\infty(B_1(0),\mathbb{R}^N).$$

因此,一方面,由 v_k 的性质(ii),(iii)知 $\| v_k \|^2_{L^2(B_1(0),\mathbb{R}^N)} = 1$,因而$\{v_k\}$有子列,不妨仍记作$\{v_k\}$,当 $k\to\infty$时

$$v_k \rightharpoonup v(\text{在 } L^2(B_1(0),\mathbb{R}^N) \text{ 中弱收敛}). \tag{3.15}$$

又由

$$\int_{B_1(0)} |\varepsilon_k v_k(y)|^2 dy = \varepsilon_k^2 \to 0, \quad \text{当 } k \to \infty \text{ 时},$$

知$\{\varepsilon_k v_k(y)\}$有子列,不妨仍记作$\{\varepsilon_k v_k(y)\}$,它在 $B_1(0)$中几乎处处收敛到 0. 令

$$b_{ij(k)}^{\alpha\beta} = A_{ij}^{\alpha\beta}(x_k,(u_k)_{x_k,R_k}).$$

由(3.2),(3.3)知

$$b_{ij(k)}^{\alpha\beta}\xi_\alpha^i\xi_\beta^j \geqslant \lambda|\xi|^2, \lambda > 0, \tag{3.16}$$

$$|b_{ij(k)}^{\alpha\beta}| \leqslant \Lambda. \tag{3.17}$$

因此存在 $b_{ij}^{\alpha\beta}$和$\{b_{ij(k)}^{\alpha\beta}\}$的子列(不妨仍记作$\{b_{ij(k)}^{\alpha\beta}\}$),使得当 $k\to\infty$时有

$$b_{ij(k)}^{\alpha\beta} \to b_{ij}^{\alpha\beta},$$

且 $b_{ij}^{\alpha\beta}$仍满足(3.16),(3.17). 又由于 $A_{ij}^{\alpha\beta}(x,u)$在 $\bar{\Omega}\times\mathbb{R}^N$ 上一致连续,故当$k\to\infty$

时

$$A_{ij}^{\alpha\beta}(x_k + R_k y, \varepsilon_k v_k(y) + (u_k)_{x_k, R_k}) \to b_{ij}^{\alpha\beta} \quad \text{a.e. } y \in B_1(0).$$

于是由(3.15)和 v_k 的性质(v),利用引理 3.4,知 $v \in H^1_{\mathrm{loc}}(B_1(0), \mathbb{R}^N)$,且对 $\forall \rho$: $0<\rho<1$, $\{v_k\}$ 有子列,不妨仍记作 $\{v_k\}$,它有下列性质:

$$v_k \to v \quad (\text{在 } L^2(B_\rho(0), \mathbb{R}^N) \text{ 中强收敛}),$$

$$Dv_k \rightharpoonup Dv \quad (\text{在 } L^2(B_\rho(0), \mathbb{R}^N) \text{ 中弱收敛}),$$

且 v 满足

$$\int_{B_1(0)} b_{ij}^{\alpha\beta} D_\beta v^j D_\alpha \varphi^i dy = 0, \forall \varphi \in C_0^\infty(B_1(0), \mathbb{R}^N).$$

因此由引理 3.3 知,对 $\forall \tau: 0<\tau<1$,有

$$\Psi(0,\tau) \leqslant c_0 \tau^2 \Psi(0,1). \tag{3.18}$$

另一方面,由 v_k 的性质(iv)知

$$\tau^{-n} \int_{B_\tau(0)} |v_k(y) - (v_k)_{0,\tau}|^2 dy > 2c_0\tau^2, \tag{3.19}$$

而由引理 3.4 和(3.15)知,当 $k \to \infty$ 时

$$v_k \to v (\text{在 } L^2(B_\tau(0), \mathbb{R}^N) \text{ 中强收敛}),$$

$$v_k \rightharpoonup v (\text{在 } L^2(B_1(0), \mathbb{R}^N) \text{ 中弱收敛}).$$

因而在(3.19)中令 $k \to \infty$ 取极限,可得

$$\Psi(0,\tau) = \tau^{-n} \int_{B_\tau(0)} |v(y) - v_{0,\tau}|^2 dy \geqslant 2c_0\tau^2, \tag{3.20}$$

此外,利用 L^2 范数关于弱收敛的下半连续性知

$$\| v \|^2_{L^2(B_1(0), \mathbb{R}^N)} \leqslant \liminf_{k \to \infty} \| v_k \|^2_{L^2(B_1(0), \mathbb{R}^N)} = 1,$$

因此有

$$\Psi(0,1) \leqslant 1. \tag{3.21}$$

由(3.20),(3.21)得

$$\Psi(0,\tau) \geqslant 2c_0\tau^2 \Psi(0,1), \tag{3.22}$$

又由(3.20)知 $\Psi(0,\tau) \neq 0$,故(3.22)与(3.18)矛盾.

第二步:证明存在开集 $\Omega_0 \subset \Omega$,使 $u \in C^{0,\delta}_{\mathrm{loc}}(\Omega_0, \mathbb{R}^N)$, $\forall \delta: 0<\delta<1$,且 $\mathrm{meas}(\Omega \setminus \Omega_0) = 0$.

为此,对 $\forall \delta \in (0,1)$,选 $\tau \in (0,1)$,使

$$2c_0\tau^2 = \tau^{2\delta},$$

其中 c_0 仍是(3.5)中的常数. 于是由第一步知:若 u 是(3.1)的弱解,则对 $\forall \delta \in (0,1)$,存在 $R_0 = R_0(n, N, \Lambda, c_0, \delta) > 0$ 和 $\varepsilon_0 = \varepsilon_0(n, N, \Lambda, c_0, \delta) > 0$,使得如果

对某个 $x^0 \in \Omega$ 和某个 $R < R_0 \wedge \mathrm{dist}(x^0, \partial\Omega)$，有

$$\Phi(x^0, R) < \varepsilon_0^2,$$

则对这个 x^0 和这个 R，必有

$$\Phi(x^0, \tau R) \leqslant 2c_0\tau^2\Phi(x^0, R) = \tau^{2\delta}\Phi(x^0, R).$$

进行迭代，得

$$\Phi(x^0, \tau^k R) \leqslant \tau^{2\delta k}\Phi(x^0, R).$$

由于对 $\forall \rho: 0 < \rho < R$，都存在非负整数 k，使

$$\tau^{k+1}R < \rho \leqslant \tau^k R,$$

故有

$$\begin{aligned}\Phi(x^0, \rho) &= \rho^{-n}\int_{B(x^0,\rho)} |u(x) - u_{x^0,\rho}|^2 dx \\ &\leqslant (\tau^{k+1}R)^{-n}\int_{B(x^0,\tau^k R)} |u(x) - u_{x^0,\tau^k R}|^2 dx \\ &\leqslant \tau^{-n}\Phi(x^0, \tau^k R) \leqslant \tau^{-n}\tau^{2\delta k}\Phi(x^0, R) \\ &\leqslant \tau^{-n-2\delta}\left(\frac{\rho}{R}\right)^{2\delta}\Phi(x^0, R).\end{aligned}$$

这表明，如果对某个 $x^0 \in \Omega$ 和某个 $R < R_0 \wedge \mathrm{dist}(x^0, \partial\Omega)$，有 $\Phi(x^0, R) < \varepsilon_0^2$，则对 $\forall \rho: 0 < \rho < R$，有

$$\Phi(x^0, \rho) < C\left(\frac{\rho}{R}\right)^{2\delta}\Phi(x^0, R),$$

其中 $C = C(n, N, \lambda, \Lambda, \delta)$.

由于 $\Phi(x, R)$ 是 x 的连续函数，故若对 $x^0 \in \Omega$，有 $\Phi(x^0, R) < \varepsilon_0^2$，则存在一个 x^0 的邻域 $B_r(x^0)$，使得对一切 $x \in B_r(x^0)$ 有

$$\Phi(x, R) < \varepsilon_0^2,$$

因而对一切 $x \in B_r(x^0)$ 和任意 $\rho: 0 < \rho < R$，有

$$\Phi(x, \rho) \leqslant C\left(\frac{\rho}{R}\right)^{2\delta}\Phi(x, R),$$

即

$$\int_{B_\rho(x)} |u(z) - u_{x,\rho}|^2 dz \leqslant C\left(\frac{\rho}{R}\right)^{n+2\delta}\int_{B_R(x)} |u(z) - u_{x,R}|^2 dz,$$

其中 $C = C(n, N, \lambda, \Lambda, \delta)$. 由此及第九章定理 1.5 知

$$u \in C^{0,\delta}(B_r(x^0), \mathbb{R}^N).$$

现在，对于上述由任给的 $\delta \in (0,1)$ 而得到的 $R_0 = R_0(n, N, \lambda, \Lambda, \delta)$ 和 $\varepsilon_0 = \varepsilon_0(n, N, \lambda, \Lambda, \delta)$，令

$$\Omega_0 = \{x^0 \in \Omega \mid 对某个 R < R_0, 有 \Phi(x^0,R) < \varepsilon_0^2\},$$

则 Ω_0 具有下列性质:

(i) $\Omega_0 \subset \Omega$, Ω_0 是开集.

(ii) $u \in C^{0,\delta}_{\mathrm{loc}}(\Omega_0, \mathbb{R}^N)$.

(iii) $\mathrm{meas}(\Omega \setminus \Omega_0) = 0$,事实上,由 poincaré 不等式知

$$R^{-n}\int_{B_R(x^0)} |u(x) - u_{x^0,R}|^2 dx \leqslant CR^{2-n}\int_{B_R(x^0)} |Du|^2 dx,$$

而由 Lebesgue 微分定理知对 a.e. $x^0 \in \Omega$,有

$$\lim_{R\to 0}\omega_n^{-1}R^{-n}\int_{B_R(x^0)} |Du|^2 dx = |Du(x^0)|^2 < +\infty,$$

故

$$\lim_{R\to 0}R^{-n}\int_{B_R(x^0)} |u(x) - u_{x^0,R}|^2 dx = 0.$$

因此,对 a.e. $x^0 \in \Omega$ 和 $\forall\, \delta \in (0,1)$,对上述 $R_0(\delta)$ 和 $\varepsilon_0(\delta)$,都存在 $R < R_0$,使

$$\Phi(x^0,R) = R^{-n}\int_{B_R(x^0)} |u(x) - u_{x^0,R}|^2 dx < \varepsilon_0^2,$$

因而 $x^0 \in \Omega_0$. 这表明 $\mathrm{meas}(\Omega \setminus \Omega_0) = 0$.

(iv) Ω_0 与 δ 无关. 事实上,可以证明当且仅当

$$\liminf_{\rho\to 0}\rho^{-n}\int_{B_\rho(x^0)} |u(x) - u_{x^0,\rho}|^2 dx = 0$$

时 $x^0 \in \Omega_0$. 因为当

$$\liminf_{\rho\to 0}\rho^{-n}\int_{B_\rho(x^0)} |u(x) - u_{x^0,\rho}|^2 dx = 0$$

时,一定存在 $R < R_0$,使

$$R^{-n}\int_{B_R(x^0)} |u(x) - u_{x^0,R}|^2 dx < \varepsilon_0^2,$$

故 $x^0 \in \Omega_0$. 反之,当 $x^0 \in \Omega_0$ 时,存在 $R < R_0$,使

$$R^{-n}\int_{B_R(x^0)} |u(x) - u_{x^0,R}|^2 dx < \varepsilon_0^2.$$

因而对 $\forall\, \rho < R$,有

$$\rho^{-n}\int_{B_\rho(x^0)} |u(x) - u_{x^0,\rho}|^2 dx \leqslant C\left(\frac{\rho}{R}\right)^{2\delta} R^{-n}\int_{B_R(x^0)} |u(x) - u_{x^0,R}|^2 dx,$$

固定 R,令 $\rho \to 0$,得

$$\liminf_{\rho\to 0}\rho^{-n}\int_{B_\rho(x^0)} |u(x) - u_{x^0,\rho}|^2 dx = 0.$$

定理 3.1 证毕.

注 利用 poincaré 不等式和 Caccioppoli 不等式还可以证明

$$\Omega_0 = \left\{ x \in \Omega \,\middle|\, \liminf_{\rho \to 0} \rho^{2-n} \int_{B_\rho(x)} |Du(z)|^2 dz = 0 \right\}.$$

§4 反向 Hölder 不等式和 Du 的 L^p 估计

我们知道,如果 $u \in L^p(\Omega)$, $p > q \geqslant 1$,那么由 Hölder 不等式可得

$$\| u \|_{L^q(\Omega)} \leqslant C \| u \|_{L^p(\Omega)},$$

其中 $C = C(p, q, |\Omega|)$. 但是,如果反过来: $q > p$,那么,一般讲,此不等式就不成立了. 不过,在前面我们也遇到过 $q > p$ 的情形,第四章定理 1.4 中的 Harnack 不等式就是一例. 这表明在某些情况下反向 Hölder 不等式也会成立. 而且以后我们会看到,它在弱解正则性的研究中有重要应用.

定理 4.1 (反向 Hölder 不等式). 设 B 是 $\mathbb{R}^n$ 中的球,并设

1° $g \geqslant 0$, $g \in L^q(B)$, $q > 1$; $f \geqslant 0$, $f \in L^r(B)$, $r > q$;

2° 对 $\forall\, x^0 \in B$ 和 $\forall\, R$: $0 < R < \operatorname{dist}(x^0, \partial B) \wedge R_0$,有

$$⨍_{B_{\frac{R}{2}}(x^0)} g^q dx \leqslant b \left[⨍_{B_R(x^0)} g dx \right]^q + ⨍_{B_R(x^0)} f^p dx + \theta ⨍_{B_R(x^0)} g^q dx,$$

其中 R_0, b, θ 是常数, $b > 1$, $R_0 > 0$, $0 \leqslant \theta < 1$,

则存在 $\varepsilon > 0$ 和 $C > 0$,使

$$g \in L^p_{\mathrm{loc}}(B), \quad \forall\, p \in [q, q + \varepsilon),$$

而且对 $\forall\, B_R \subset B$, $R < R_0$,有

$$\left[⨍_{B_{\frac{R}{2}}} g^p dx \right]^{\frac{1}{p}} \leqslant C \left\{ \left[⨍_{B_R} g^q dx \right]^{\frac{1}{q}} + \left[⨍_{B_R} f^p dx \right]^{\frac{1}{p}} \right\},$$

其中 C 和 ε 依赖于 b, θ, n, q, r,而 $B_{\frac{R}{2}}$ 和 B_R 是同心球.

关于这个定理的证明,请参看附录 5 或[GQ1].

下面我们利用定理 4.1 来证明椭圆组的弱解在一定条件下属于 $W^{1,p}$, $p > 2$. 为使证明的思路清晰,先研究线性齐次椭圆组.

定理 4.2 若

1° $A_{ij}^{\alpha\beta}(x)$ 满足

$$A_{ij}^{\alpha\beta}(x) \xi_\alpha^i \xi_\beta^j \geqslant \lambda |\xi|^2, \lambda > 0; A_{ij}^{\alpha\beta} \in L^\infty(\Omega), |A_{ij}^{\alpha\beta}| \leqslant \Lambda;$$

2° $u \in H^1(\Omega, \mathbb{R}^N)$ 满足

$$\int_\Omega A_{ij}^{\alpha\beta}(x)D_\beta u^j D_\alpha \varphi^i dx = 0, \forall \varphi \in H_0^1(\Omega,\mathbb{R}^N), \tag{4.1}$$

则存在 $p>2$，使 $|Du| \in L_{\mathrm{loc}}^p(\Omega)$，而且对任意 $B_R \subset \Omega$，有

$$\left[⨍_{B_{\frac{R}{2}}} |Du|^p dx\right]^{\frac{1}{p}} \leqslant C\left[⨍_{B_R} |Du|^2 dx\right]^{\frac{1}{2}}, \tag{4.2}$$

其中 C 和 p 依赖于 n,N,λ,Λ.

证明 对 $\forall B \subset \Omega$, $\forall x^0 \in B$, $\forall R: 0<R<\mathrm{dist}(x^0,\partial B)$，由 Caccioppoli 不等式(第八章定理 2.1)知

$$\int_{B_{\frac{R}{2}}(x^0)} |Du|^2 dx \leqslant \frac{C}{R^2}\int_{B_R(x^0)} |u-u_R|^2 dx, \tag{4.3}$$

其中 $C = C(n,N,\lambda,\Lambda)$, $u_R = ⨍_{B_R(x^0)} u dx$.

在 Sobolev-Poincaré 不等式①中取 $q=\frac{2n}{n+2}$, $v=u$，则有

$$\left[\int_{B_R(x^0)} |u-u_R|^2 dx\right]^{\frac{1}{2}} \leqslant C(n)\left[\int_{B_R(x^0)} |Du|^{\frac{2n}{n+2}} dx\right]^{\frac{n+2}{2n}}. \tag{4.4}$$

于是由(4.3)和(4.4)得

$$\int_{B_{\frac{R}{2}}(x^0)} |Du|^2 dx \leqslant \frac{C}{R^2}\left[\int_{B_R(x^0)} |Du|^{\frac{2n}{n+2}} dx\right]^{\frac{n+2}{n}}.$$

用 R^n 去除此不等式得

---

① Sobolev-Poincaré 不等式. 设 $v \in W^{1,q}(B_R)$, $1 \leqslant q < n$，则 $v \in L^p(B_R)$, $p = \frac{nq}{n-q}$，而且有

$$\left[\int_{B_R} |v-v_R|^p dx\right]^{1/p} \leqslant C\left[\int_{B_R} |Dv|^q dx\right]^{1/q},$$

其中 $v_R = ⨍_{B_R} v dx$, C 依赖于 n,q.

证明，对于 $R=1$ 的情形，由 Sobolev 嵌入定理知

$$\| v - v_{B_1} \|_{L^p(B_1)} \leqslant C(n) \| v - v_{B_1} \|_{W^{1,q}(B_1)},$$

其中 $v_{B_1} = ⨍_{B_1} v dx$. 而由 Poincaré 不等式又知

$$\| v - v_{B_1} \|_{L^q(B_1)} \leqslant C(n,q) \| Dv \|_{L^q(B_1)},$$

联合此二不等式便有所要结果. 对于 R 为任意正数的情形，经过相似变换容易归结为 $R=1$ 的情形.

$$\fint_{B_{\frac{R}{2}}(x^0)} |Du|^2 dx \leqslant C\left[\fint_{B_R(x^0)} |Du|^{\frac{2n}{n+2}} dx\right]^{\frac{n+2}{n}},$$

其中 $C = C(n, N, \lambda, \Lambda)$.

现在,在定理 4.1 中取 $g = |Du|^{\frac{2n}{n+2}}$, $q = \frac{n+2}{n}$, $f \equiv 0$, $\theta = 0$,则可推知

$$|Du|^{\frac{2n}{n+2}} \in L^r_{\text{loc}}(B), \forall r \in \left[\frac{n+2}{n}, \frac{n+2}{n} + \varepsilon\right],$$

而且对 $\forall B_R \subset B$,有

$$\left[\fint_{B_{\frac{R}{2}}} |Du|^{\frac{2nr}{n+2}} dx\right]^{\frac{1}{r}} \leqslant C\left[\fint_{B_R} |Du|^2 dx\right]^{\frac{n}{n+2}}.$$

令 $p = \frac{2nr}{n+2}$,则 $p > 2$ 且有

$$\left[\fint_{B_{\frac{R}{2}}} |Du|^p dx\right]^{\frac{1}{p}} \leqslant C\left[\fint_{B_R} |Du|^2 dx\right]^{\frac{1}{2}},$$

其中 $C = C(n, N, \lambda, \Lambda)$. 定理得证.

须要注意的是,定理 4.2 中的 p 不能任意大,请参看下面的例子.

例　(N. G. Meyers, 1963). 设 $N = 1$, $n = 2$, $\Omega = B_1(0)$. 考虑

$$(au_x + bu_y)_x + (bu_x + cu_y)_y = 0, (x, y) \in B_1(0), \tag{4.5}$$

其中

$$a = 1 - (1 - \mu^2)\frac{y^2}{x^2 + y^2},$$

$$b = (1 - \mu^2)\frac{xy}{x^2 + y^2},$$

$$c = 1 - (1 - \mu^2)\frac{x^2}{x^2 + y^2},$$

这里 $\mu \in (0,1)$ 是固定常数. 容易验证系数矩阵 $(A_{ij}) = \begin{pmatrix} a & b \\ b & c \end{pmatrix}$ 的特征值是 μ^2 和 1. 可以证明函数

$$u(x, y) = x(x^2 + y^2)^{\frac{\mu - 1}{2}}$$

是方程(4.5)的弱解,而且

$$|Du| \in L^p_{\text{loc}}(B_1(0)), 2 \leqslant p < \frac{2}{1 - \mu},$$

但是 $\int_{B_1(0)} |Du|^{\frac{2}{1-\mu}} dxdy = +\infty$. 因此只当 $2 \leqslant p < \frac{2}{1 - \mu}$ 时 $|Du| \in$

$L^p_{\mathrm{loc}}(B_1(0))$,而且当 $\mu\to 0$ 时,$p\to 2$.

现在考虑非线性椭圆组

$$-D_\alpha A_i^\alpha(x,u,Du)+B_i(x,u,Du)=0\quad(i=1,\cdots,N).\tag{4.6}$$

先考虑 A_i^α,B_i 满足可控制的结构条件的情形.

定理 4.3 设 A_i^α,B_i 满足下列可控制的结构条件:

$$A_i^\alpha(x,u,p)p_\alpha^i\geqslant\lambda|p|^2-\Lambda|u|^r-f^2(x),\tag{4.7}$$

$$\begin{cases}|A_i^\alpha(x,u,p)|\leqslant\Lambda_1(|p|+|u|^{\frac{r}{2}}+f_i^\alpha(x)),\\ |B_i(x,u,p)|\leqslant\Lambda(|p|^{2\left(1-\frac{1}{r}\right)}+|u|^{r-1}+f_i(x)),\end{cases}\tag{4.8}$$

其中 $\lambda,\Lambda,\Lambda_1$ 是正常数,$r=2^*$(即当 $n>2$ 时,$r=\dfrac{2n}{n-2}$,当 $n=2$ 时,$2\leqslant r<+\infty$),$f_i^\alpha,f_i\geqslant 0,f,f_i^\alpha\in L^\sigma(\Omega),\sigma>2,f_i\in L^s(\Omega),s>\dfrac{r}{r-1}$. 又设 $u\in H^1(\Omega,\mathbb{R}^N)$是(4.6)的弱解. 则存在 $p>2$,使 $u\in W^{1,p}_{\mathrm{loc}}(\Omega,\mathbb{R}^N)$. 而且对任意同心球 $B_{\frac{R}{2}}\subset B_R\subset\Omega$,当 $R<R_0$ 时,有

$$\begin{aligned}\left\{⨍_{B_{\frac{R}{2}}}(|u|^r+|Du|^2)^{\frac{p}{2}}dx\right\}^{\frac{1}{p}}\leqslant C\Bigg\{&\left[⨍_{B_R}(|u|^r+|Du|^2)dx\right]^{\frac{1}{2}}\\&+\left[⨍_{B_R}(f^2+|\tilde{\tilde{f}}|^2)^{\frac{p}{2}}dx\right]^{\frac{1}{p}}\\&+R\left[⨍_{B_R}|\tilde{f}|^{\frac{p}{2}\frac{r}{2r-1}}dx\right]^{\frac{2r-1}{p}\frac{}{r}}\Bigg\},\end{aligned}\tag{4.9}$$

其中 $\tilde{\tilde{f}}=(f_i^\alpha),\tilde{f}=(f_i)$,$C$ 依赖于 $n,N,\lambda,\Lambda,\Lambda_1$;$p$ 依赖于 $n,N,\lambda,\Lambda,\Lambda_1,\sigma,s$;$R_0$ 依赖于 u.

证明 对 $\forall B\subset\Omega,\forall x^0\in B,\forall R:0<R<\mathrm{dist}(x^0,\partial B)$,在积分恒等式

$$\int_\Omega[A_i^\alpha(x,u,Du)D_\alpha\varphi^i+B_i(x,u,Du)\varphi^i]dx=0,$$

$$\forall\varphi\in H_0^1(\Omega,\mathbb{R}^N)$$

中取 $\varphi=\eta^2(u-u_R)$,其中 $\eta\in C_0^\infty(B_R(x^0))$是截断函数:

$$0\leqslant\eta\leqslant 1(\text{在 }B_R(x^0)\text{ 上}),\eta\equiv 1(\text{在 }B_{\frac{R}{2}}(x^0)\text{ 上}),$$

$$|D_\eta|\leqslant\frac{C}{R}.\tag{4.10}$$

于是有

$$\int_{B_R}\eta^2 A_i^\alpha(x,u,Du)D_\alpha u^i dx = -\int_{B_R}2\eta D_\alpha\eta\cdot(u^i-u_R^i)A_i^\alpha(x,u,Du)dx$$
$$-\int_{B_R}\eta^2(u^i-u_R^i)B_i(x,u,Du)dx.$$

由结构条件(4.7),(4.8)知

$$\begin{aligned}\lambda\int_{B_R}\eta^2|Du|^2dx \leqslant \Lambda\int_{B_R}\eta^2|u|^r dx &+ \int_{B_R}\eta^2 f^2dx + \Lambda_1\int_{B_R}2\eta|D\eta|\cdot|u-u_R|\cdot|Du|dx\\ &+\Lambda_1\int_{B_R}2\eta|D\eta|\cdot|u-u_R|\cdot|u|^{\frac{r}{2}}dx\\ &+\Lambda_1\int_{B_R}2\eta|D\eta|\cdot|u-u_R|\cdot|\widetilde{\widetilde{f}}|dx\\ &+\Lambda\int_{B_R}\eta^2|u-u_R|\cdot|Du|^{2\left(1-\frac{1}{r}\right)}dx\\ &+\Lambda\int_{B_R}\eta^2|u-u_R|\cdot|u|^{r-1}dx\\ &+\Lambda\int_{B_R}\eta^2|u-u_R|\cdot|\widetilde{f}|dx. \end{aligned}\tag{4.11}$$

为确定起见,我们考虑 $n>2$ 的情形. 此时, $r=\frac{2n}{n-2}, 2\left(1-\frac{1}{r}\right)=\frac{n+2}{n}, r-1=\frac{n+2}{n-2}$. 利用 Hölder 不等式和 Sobolev-Poincaré 不等式,我们得到

$$\begin{aligned}\int_{B_R}\eta^2|u-u_R|\cdot|\widetilde{f}|dx &\leqslant\left[\int_{B_R}|u-u_R|^{\frac{2n}{n-2}}dx\right]^{\frac{n-2}{2n}}\left[\int_{B_R}|\widetilde{f}|^{\frac{2n}{n+2}}dx\right]^{\frac{n+2}{2n}}\\ &\leqslant C(n)\left[\int_{B_R}|Du|^2dx\right]^{\frac{1}{2}}\left[\int_{B_R}|\widetilde{f}|^{\frac{2n}{n+2}}dx\right]^{\frac{n+2}{2n}}\\ &\leqslant\varepsilon\int_{B_R}|Du|^2dx+\frac{C(n)}{\varepsilon}\left[\int_{B_R}|\widetilde{f}|^{\frac{2n}{n+2}}dx\right]^{\frac{n+2}{n}},\end{aligned}$$

$$\begin{aligned}\int_{B_R}\eta^2|u-u_R|\cdot|u|^{r-1}dx &= \int_{B_R}\eta^2|u-u_R|\cdot|u|^{\frac{n+2}{n-2}}dx\\ &\leqslant\left[\int_{B_R}|u-u_R|^{\frac{2n}{n-2}}dx\right]^{\frac{n-2}{2n}}\left[\int_{B_R}|u|^{\frac{2n}{n-2}}dx\right]^{\frac{n+2}{2n}}\end{aligned}$$

$$\leqslant \frac{n-2}{2n}\int_{B_R}|u-u_R|^{\frac{2n}{n-2}}dx+\frac{n+2}{2n}\int_{B_R}|u|^{\frac{2n}{n-2}}dx$$

$$\leqslant C\left[\int_{B_R}|Du|^2dx\right]^{\frac{n}{n-2}}+C\int_{B_R}|u|^{\frac{2n}{n-2}}dx,$$

$$\int_{B_R}\eta^2|u-u_R|\cdot|Du|^{2\left(1-\frac{1}{r}\right)}dx=\int_{B_R}\eta^2|u-u_R|\cdot|Du|^{\frac{n+2}{n}}dx$$

$$\leqslant\left[\int_{B_R}|u-u_R|^{\frac{2n}{n-2}}dx\right]^{\frac{n-2}{2n}}\left[\int_{B_R}|Du|^2dx\right]^{\frac{n+2}{2n}}$$

$$\leqslant C\left[\int_{B_R}|Du|^2dx\right]^{\frac{1}{2}+\frac{n+2}{2n}},$$

$$\int_{B_R}\eta^2|u|^rdx\leqslant\int_{B_R}|u|^{\frac{2n}{n-2}}dx$$

$$\leqslant C\int_{B_R}|u-u_R|^{\frac{2n}{n-2}}dx+C\int_{B_R}|u_R|^{\frac{2n}{n-2}}dx$$

$$\leqslant C\left[\int_{B_R}|Du|^2dx\right]^{\frac{n}{n-2}}+C|B_R|\cdot\left|⨍_{B_R}udx\right|^{\frac{2n}{n-2}}$$

$$\leqslant C\left[\int_{B_R}|Du|^2dx\right]^{\frac{n}{n-2}}+CR^n\left[⨍_{B_R}|u|^{\frac{2n}{n-2}\cdot\frac{n}{n+2}}dx\right]^{\frac{n+2}{n}},$$

$$\int_{B_R}2\eta|D\eta|\cdot|u-u_R|\cdot|Du|dx\leqslant\varepsilon\int_{B_R}\eta^2|Du|^2dx+\frac{C}{\varepsilon}\frac{1}{R^2}\int_{B_R}|u-u_R|^2dx$$

$$\leqslant\varepsilon\int_{B_R}\eta^2|Du|^2dx+\frac{C}{\varepsilon}\frac{1}{R^2}$$

$$\left[\int_{B_R}|Du|^{\frac{2n}{n+2}}dx\right]^{\frac{n+2}{n}},$$

$$\int_{B_R}2\eta|D\eta|\cdot|u-u_R|\cdot|u|^{\frac{r}{2}}dx=\int_{B_R}2\eta|D\eta|\cdot|u-u_R|\cdot|u|^{\frac{n}{n-2}}dx$$

$$\leqslant C\int_{B_R}|u|^{\frac{2n}{n-2}}dx+\frac{C}{R^2}\int_{B_R}|u-u_R|^2dx$$

$$\leqslant C\left[\int_{B_R}|Du|^2dx\right]^{\frac{n}{n-2}}$$

$$+ CR^n\left[⨍_{B_R} |u|^{\frac{2n}{n-2}\cdot\frac{n}{n+2}}dx\right]^{\frac{n+2}{n}}$$

$$+ \frac{C}{R^2}\left[\int_{B_R} |Du|^{\frac{2n}{n+2}}dx\right]^{\frac{n+2}{n}},$$

$$\int_{B_R} 2\eta|D\eta|\cdot|u-u_R|\cdot|\tilde{\tilde{f}}|dx \leqslant \int_{B_R}|\tilde{\tilde{f}}|^2dx + \frac{C}{R^2}\int_{B_R}|u-u_R|^2dx$$

$$\leqslant \int_{B_R}|\tilde{\tilde{f}}|^2dx + \frac{C}{R^2}\left[\int_{B_R}|Du|^{\frac{2n}{n+2}}dx\right]^{\frac{n+2}{n}},$$

将这些估计式代入(4.11)并在其两端加上$\int_{B_R}\eta^2|u|^{\frac{2n}{n-2}}dx$,得到:对任意 $\varepsilon>0$,有

$$\int_{B_{\frac{R}{2}}}(|Du|^2+|u|^{\frac{2n}{n-2}})dx$$

$$\leqslant \frac{C}{R^2}\left[\int_{B_R}|Du|^{\frac{2n}{n+2}}dx\right]^{\frac{n+2}{n}} + CR^n\left[⨍_{B_R}|u|^{\frac{2n}{n-2}\cdot\frac{n}{n+2}}dx\right]^{\frac{n+2}{n}}$$

$$+ C\left\{\varepsilon + \left[\int_{B_R}|Du|^2dx\right]^{\frac{2}{n-2}} + \left[⨍_{B_R}|Du|^2dx\right]^{\frac{1}{n}}\right\}$$

$$\times\int_{B_R}|Du|^2dx + C\int_{B_R}(|f|^2+|\tilde{\tilde{f}}|^2+|\tilde{F}|^2)dx,$$

其中 $\tilde{F} = \left[\int_{B_R}|\tilde{f}|^{\frac{2n}{n+2}}dx\right]^{\frac{1}{n}}\tilde{f}^{\frac{n}{n+2}}$, C 依赖于 $n, N, \lambda, \Lambda, \Lambda_1$ 和 ε.

由 Lebesgue 积分的绝对连续性知当 $R\to 0$ 时

$$\int_{B_R}|Du|^2dx\to 0,$$

故取 $\varepsilon>0$ 和 $R_0>0$ 充分小(R_0 与 u 有关),可使当 $R<R_0$ 时有

$$\int_{B_{\frac{R}{2}}}(|Du|^2+|u|^{\frac{2n}{n-2}})dx$$

$$\leqslant \frac{C}{R^2}\left[\int_{B_R}|Du|^{\frac{2n}{n+2}}dx\right]^{\frac{n+2}{n}} + CR^n\left[⨍_{B_R}|u|^{\frac{2n}{n-2}\cdot\frac{n}{n+2}}dx\right]^{\frac{n+2}{n}}$$

$$+ \frac{1}{2}\int_{B_R}|Du|^2dx + C\int_{B_R}(|f|^2+|\tilde{\tilde{f}}|^2+|\tilde{F}|^2)dx,$$

两端除以 R^n,得

$$\begin{aligned}
&⨍_{B_{\frac{R}{2}}}[|Du|^2+|u|^{\frac{2n}{n-2}}]dx \\
&\leqslant C\left[⨍_{B_R}|Du|^{\frac{2n}{n+2}}dx\right]^{\frac{n+2}{n}}+C\left[⨍_{B_R}|u|^{\frac{2n}{n-2}\cdot\frac{n}{n+2}}dx\right]^{\frac{n+2}{n}} \\
&\quad+\frac{1}{2}⨍_{B_R}|Du|^2dx+C⨍_{B_R}(|f|^2+|\widetilde{\widetilde{f}}|^2+|\widetilde{F}|^2)dx \\
&\leqslant C\left[⨍_{B_R}(|Du|^{\frac{2n}{n+2}}+|u|^{\frac{2n}{n-2}\cdot\frac{n}{n+2}})dx\right]^{\frac{n+2}{n}} \\
&\quad+C⨍_{B_R}(|\widetilde{f}|^2+|\widetilde{\widetilde{f}}|^2+|\widetilde{F}|^2)dx+\frac{1}{2}⨍_{B_R}|Du|^2dx.
\end{aligned}$$

在定理 4.1 中取 $g=|Du|^{\frac{2n}{n+2}}+|u|^{\frac{2n}{n-2}\cdot\frac{n}{n+2}}$, $q=\frac{n+2}{n}$,并取 f 为$(|f|^2+|\widetilde{\widetilde{f}}|^2+|\widetilde{F}|^2)^{\frac{n}{n+2}}$, $\theta=\frac{1}{2}$,则可知存在 $\hat{p}>\frac{n+2}{n}$使

$$\begin{aligned}
&\left\{⨍_{B_{\frac{R}{2}}}[|Du|^{\frac{2\hat{p}n}{n+2}}+|u|^{\frac{2\hat{p}n}{n+2}\frac{n}{n-2}}]dx\right\}^{\frac{1}{\hat{p}}} \\
&\leqslant C\left\{\left[⨍_{B_R}(|Du|^2+|u|^{\frac{2n}{n-2}})dx\right]^{\frac{n}{n+2}}\right. \\
&\quad\left.+\left[⨍_{B_R}(|f|^2+|\widetilde{\widetilde{f}}|^2+|\widetilde{F}|^2)^{\frac{\hat{p}n}{n+2}}dx\right]^{\frac{1}{\hat{p}}}\right\}.
\end{aligned}$$

令 $p=\frac{2\hat{p}n}{n+2}$,由 $\hat{p}>\frac{n+2}{n}$知$p>2$,而且有

$$\begin{aligned}
&\left\{⨍_{B_{\frac{R}{2}}}(|Du|^p+|u|^{\frac{pn}{n-2}})dx\right\}^{\frac{1}{p}\frac{2n}{n+2}} \\
&\leqslant C\left\{\left[⨍_{B_R}(|Du|^2+|u|^{\frac{2n}{n-2}})dx\right]^{\frac{n}{n+2}}\right. \\
&\quad\left.+\left[⨍_{B_R}(|f|^p+|\widetilde{\widetilde{f}}|^p+|\widetilde{F}|^p)dx\right]^{\frac{1}{p}\cdot\frac{2n}{n+2}}\right\}.
\end{aligned}\tag{4.12}$$

现在,将$⨍_{B_R}|\widetilde{F}|^pdx$ 用$\widetilde{f}$ 的积分来估计:

$$\fint_{B_R} |\widetilde{F}|^p dx = R^p \left[\fint_{B_R} |\widetilde{f}|^{\frac{2n}{n+2}} dx\right]^{\frac{p}{n}} \fint_{B_R} |\widetilde{f}|^{\frac{pn}{n+2}} dx$$
$$\leqslant CR^p \left[\fint_{B_R} |\widetilde{f}|^{\frac{pn}{n+2}} dx\right]^{\frac{n+2}{n}},$$

因此

$$\left[\fint_{B_R} |\widetilde{F}|^p dx\right]^{\frac{1}{p}} \leqslant CR\left[\fint_{B_R} |\widetilde{f}|^{\frac{pn}{n+2}} dx\right]^{\frac{n+2}{pn}},$$

于是,当 $R<R_0$ 时,便有

$$\left\{\fint_{B_{\frac{R}{2}}} [|Du|^2 + |u|^{\frac{2n}{n-2}}]^{\frac{p}{2}} dx\right\}^{\frac{1}{p}}$$
$$\leqslant C\left\{\left[\fint_{B_R} (|Du|^2 + |u|^{\frac{2n}{n-2}}) dx\right]^{\frac{1}{2}} + \left[\fint_{B_R} (|f|^2 + |\widetilde{\widetilde{f}}|^2)^{\frac{p}{2}} dx\right]^{\frac{1}{p}}\right.$$
$$\left. + R\left[\fint_{B_R} |\widetilde{f}|^{\frac{pn}{n+2}} dx\right]^{\frac{n+2}{pn}}\right\},$$

其中 C 依赖于 $n,N,\lambda,\Lambda,\Lambda_1$;$R_0$ 依赖于 u;p 除依赖于 $n,N,\lambda,\Lambda,\Lambda_1$ 外,还依赖于 σ,s,因为要积分 $\int_{B_R} |\widetilde{\widetilde{f}}|^p dx$ 和 $\int_{B_R} |\widetilde{f}|^{\frac{pn}{n+2}} dx$ 有意义,应有 $p\leqslant\sigma$ 且 $\frac{pn}{n+2}\leqslant s$,即 $p\leqslant\sigma\wedge s\frac{n+2}{n}$.

这就是当 $n>2$ 时所要证明的结果. $n=2$ 的情形,作为练习请读者自己证明,也可以参看[GQ1].

用类似的方法,可以证明

定理 4.3′　设 A_i^α, B_i 满足

$$A_i^\alpha(x,u,p)p_\alpha^i \geqslant \lambda |p|^2 - f^2(x),$$
$$|A_i^\alpha(x,u,p)| \leqslant \Lambda_1(|p| + f_i^\alpha(x)),$$
$$|B_i(x,u,p)| \leqslant \Lambda(|p|^{2\left(1-\frac{1}{r}\right)} + f_i(x)),$$

其中 $\lambda,\Lambda,\Lambda_1$ 是正常数 $r=2^*$(即当 $n>2$ 时,$r=\frac{2n}{n-2}$,当 $n=2$ 时,$2\leqslant r<+\infty$),$f_i^\alpha, f_i\geqslant 0$, $f, f_i^\alpha\in L^\sigma(\Omega)$, $\sigma>2$, $f_i\in L^s(\Omega)$, $s>\frac{r}{r-1}$. 又设 $u\in H^1(\Omega,\mathbb{R}^N)$ 是(4.6)的弱解. 则存在 $p>2$,使 $u\in W^{1,p}_{\rm loc}(\Omega,\mathbb{R}^N)$,而且对任意同心球 $B_{\frac{R}{2}}\subset B_R\subset\Omega$,当 $R<R_0$ 时有

$$\left\{\fint_{B_{\frac{R}{2}}} |Du|^p dx\right\}^{\frac{1}{p}}$$

$$\leqslant C\left\{\left[\fint_{B_R} |Du|^2 dx\right]^{\frac{1}{2}} + \left[\fint_{B_R} (f^2 + |\tilde{\tilde{f}}|^2)^{\frac{p}{2}} dx\right]^{\frac{1}{p}}\right.$$

$$\left. + R\left[\fint_{B_R} |\tilde{f}|^{\frac{p}{2}\frac{r}{2r-1}} dx\right]^{\frac{2}{p}\frac{r-1}{r}}\right\},$$

其中 $\tilde{\tilde{f}}=(f_i^\alpha)$，$\tilde{f}=(f_i)$，$C$ 依赖于 $n,N,\lambda,\Lambda,\Lambda_1$；$p$ 依赖于 $n,N,\lambda,\Lambda,\Lambda_1,\sigma,s$；$R_0$ 依赖于 u.

现在考虑在自然结构条件下，非线性椭圆组(4.6)弱解梯度的 L^p 估计，$p>2$.

定理 4.4 假设：

1° 当 $|u|\leqslant M$ 时

$$A_i^\alpha(x,u,p)p_\alpha^i \geqslant \lambda |p|^2 - f^2(x), \tag{4.13}$$

$$\begin{cases} |A_i^\alpha(x,u,p)| \leqslant \Lambda_1 |p| + f_i^\alpha(x), \\ |B_i(x,u,p)| \leqslant \Lambda |p|^2 + f_i(x), \end{cases} \tag{4.14}$$

其中 $\lambda,\Lambda,\Lambda_1$ 是与 M 有关的正常数，$f_i,f_i^\alpha\geqslant 0$，$f,f_i^\alpha\in L^\sigma(\Omega)$，$\sigma>2$，$f_i\in L^s(\Omega)$，$s>1$；

2° $u\in H^1\cap L^\infty(\Omega,\mathbb{R}^N)$满足

$$\int_\Omega [A_i^\alpha(x,u,Du)D_\alpha\varphi^i + B_i(x,u,Du)\varphi^i]dx = 0,$$

$$\forall \varphi \in H_0^1 \cap L^\infty(\Omega,\mathbb{R}^N); \tag{4.15}$$

3° $2\Lambda M<\lambda$.

则存在 $p>2$，使 $u\in W_{\text{loc}}^{1,p}(\Omega,\mathbb{R}^N)$，且对任意同心球 $B_{\frac{R}{2}}\subset B_R\subset\Omega$，有估计

$$\left\{\fint_{B_{\frac{R}{2}}} |Du|^p dx\right\}^{\frac{1}{p}} \leqslant C\left\{\left[\fint_{B_R} |Du|^2 dx\right]^{\frac{1}{2}}\right.$$

$$\left. + \left[\fint_{B_R} (|f|^2 + |\tilde{f}| + |\tilde{\tilde{f}}|^2)^{\frac{p}{2}} dx\right]^{\frac{1}{p}}\right\}, \tag{4.16}$$

其中 $\tilde{\tilde{f}}=(f_i^\alpha)$，$\tilde{f}=(f_i)$；$C$ 依赖于 $n,N,\lambda,\Lambda,\Lambda_1,M$；$p$ 除依赖于 $n,N,\lambda,\Lambda,\Lambda_1,M$ 以外还与 σ,s 有关.

证明 对 $\forall B\subset\Omega$，$\forall x^0\in B$，$\forall R:0<R<\text{dist}(x^0,\partial B)$，在积分恒等式(4.15)中取 $\varphi=\eta^2(u-u_R)$，其中 $\eta\in C_0^\infty(B_R(x^0))$满足(4.10). 于是有

$$\int_{B_R(x^0)} \eta^2 A_i^\alpha(x,u,Du) D_\alpha u^i dx = -\int_{B_R(x^0)} 2\eta A_i^\alpha(x,u,Du)(u^i - u_R^i) D_\alpha \eta dx$$
$$- \int_{B_R(x^0)} \eta^2 B_i(x,u,Du)(u^i - u_R^i) dx.$$

利用结构条件(4.13),(4.14),得

$$\lambda\int_{B_R} \eta^2 |Du|^2 dx \leqslant \int_{B_R} \eta^2 f^2 dx$$
$$+ \Lambda_1 \int_{B_R} 2\eta |D\eta| \cdot |u - u_R| \cdot |Du| dx$$
$$+ \int_{B_R} 2\eta |D\eta| \cdot |u - u_R| \cdot |\tilde{\tilde{f}}| dx$$
$$+ \int_{B_R} \eta^2 |u - u_R| \cdot |\tilde{f}| dx$$
$$+ \Lambda \int_{B_R} \eta^2 |u - u_R| \cdot |Du|^2 dx. \qquad (4.17)$$

利用 Cauchy 不等式和定理的假设,易得

$$\int_{B_R} 2\eta |D\eta| \cdot |u - u_R| \cdot |Du| dx$$
$$\leqslant \varepsilon \int_{B_R} \eta^2 |Du|^2 dx + \frac{C}{\varepsilon}\frac{1}{R^2}\int_{B_R} |u - u_R|^2 dx,$$
$$\int_{B_R} 2\eta |D\eta| \cdot |u - u_R| \cdot |\tilde{\tilde{f}}| dx$$
$$\leqslant \int_{B_R} \eta^2 |\tilde{\tilde{f}}|^2 dx + \frac{C}{R^2}\int_{B_R} |u - u_R|^2 dx,$$
$$\int_{B_R} \eta^2 |u - u_R| \cdot |\tilde{f}| dx \leqslant 2M \int_{B_R} |\tilde{f}| dx,$$
$$\int_{B_R} \eta^2 |u - u_R| \cdot |Du|^2 dx \leqslant 2M \int_{B_R} \eta^2 |Du|^2 dx,$$

将这些估计式代入(4.17),并利用 Sobolev-Poincaré 不等式,得

$$\lambda\int_{B_R} \eta^2 |Du|^2 dx \leqslant (2\Lambda M + \varepsilon\Lambda_1)\int_{B_R} \eta^2 |Du|^2 dx$$
$$+ \frac{C}{\varepsilon}\frac{\Lambda_1}{R^2}\left[\int_{B_R} |Du|^{\frac{2n}{n+2}} dx\right]^{\frac{n+2}{2n}}$$

$$+\int_{B_R}(f^2+|\tilde{\tilde{f}}|^2)dx+2M\int_{B_R}|\tilde{f}|dx,$$

由假设 3°知 $\lambda-2\Lambda M>0$,故取 $\varepsilon=(\lambda-2\Lambda M)/2\Lambda_1$ 便有

$$\int_{B_R}\eta^2|Du|^2dx\leqslant C\left\{\frac{1}{R^2}\left[\int_{B_R}|Du|^{\frac{2n}{n+2}}dx\right]^{\frac{n+2}{2n}}+\int_{B_R}(|f|^2+|\tilde{\tilde{f}}|^2+|\tilde{f}|)dx\right\},$$

其中 $C=C(n,N,\lambda,\Lambda,\Lambda_1,M)$. 将此不等式两端除以 R^n,得

$$⨍_{B_{\frac{R}{2}}(x^0)}|Du|^2dx\leqslant C\left\{\left[⨍_{B_R(x^0)}|Du|^{\frac{2n}{n+2}}dx\right]^{\frac{n+2}{2n}}+⨍_{B_R(x^0)}(|f|^2+|\tilde{\tilde{f}}|^2+|\tilde{f}|)dx\right\},$$

然后,和定理 4.3 类似,应用定理 4.1,即可得所要结果.

注 4.1　定理 4.4 中的条件 3°(即 $2\Lambda M<\lambda$)是不能随便去掉的,但是否可以减弱为 $\Lambda M<\lambda$? 这是一个尚未解决的问题,有例子说明如果不满足 $\Lambda M<\lambda$,定理 4.4 不成立,请参看[HB],[GQ1].

注 4.2　如果在定理 4.4 中将增长条件(4.14)加强为

$$\begin{cases}|A_i^\alpha(x,u,p)|\leqslant\Lambda_1(M)|p|+f_i^\alpha(x),\\|B_i(x,u,p)|\leqslant\Lambda(M)|p|^{2-\delta}+f_i(x),\end{cases}\tag{4.14'}$$

其中 δ 为任意小正数,那么条件 3°是可以去掉的(这时我们仍在 $H^1\cap L^\infty(\Omega,\mathbb{R}^N)$中寻找弱解). 事实上,这时不等式(4.17)变为

$$\begin{aligned}\lambda\int_{B_R}\eta^2|Du|^2dx\leqslant&\int_{B_R}\eta^2f^2dx+\Lambda_1\int_{B_R}2\eta|D\eta|\cdot|u-u_R|\cdot|Du|dx\\&+\int_{B_R}2\eta|D\eta|\cdot|u-u_R|\cdot|\tilde{\tilde{f}}|dx\\&+\int_{B_R}\eta^2|u-u_R|\cdot|\tilde{f}|dx\\&+\Lambda\int_{B_R}\eta^2|u-u_R|\cdot|Du|^{2-\delta}dx,\end{aligned}\tag{4.17'}$$

此不等式右端最后一项可估计如下:

$$\int_{B_R}\eta^2|u-u_R|\cdot|Du|^{2-\delta}dx$$

$$\leqslant C\left[\int_{B_R}|u-u_R|^{\frac{2}{\delta}}dx\right]^{\frac{\delta}{2}}\left[\int_{B_R}|Du|^2dx\right]^{\frac{2-\delta}{2}}$$

$$\leqslant C(M)\left[\int_{B_R}|u-u_R|^2dx\right]^{\frac{\delta}{2}}\left[\int_{B_R}|Du|^2dx\right]^{\frac{2-\delta}{2}}$$

$$\leqslant C(M)\left[R^2\int_{B_R}|Du|^2dx\right]^{\frac{\delta}{2}}\left[\int_{B_R}|Du|^2dx\right]^{\frac{2-\delta}{2}}$$

$$= C(M)R^{\delta}\int_{B_R}|Du|^2dx.$$

因此由(4.17)′可知,当 $R<R_0$ 时,有估计式

$$\begin{aligned}\fint_{B_{\frac{R}{2}}(x^0)}|Du|^2dx\leqslant C\left[\fint_{B_R(x^0)}|Du|^{\frac{2n}{n+2}}dx\right]^{\frac{n+2}{2n}}\\+C\fint_{B_R(x^0)}(f^2+|\tilde{\tilde{f}}|^2+|\tilde{f}|)dx\\+\frac{1}{2}\fint_{B_R(x^0)}|Du|^2dx,\end{aligned}$$

其中 R_0 依赖于 M,δ.然后应用定理 4.1,即可知存在 $p>2$ 使得对 $\forall B_R\subset\Omega$,有 $|Du|\in L^p\left(B_{\frac{R}{2}}\right)$,这里 $B_{\frac{R}{2}}$ 与 B_R 是同心球.

§5 研究正则性的直接方法

本节以下列拟线性椭圆组为例来介绍研究弱解的部分正则性的直接方法.考虑

$$-D_\alpha(A_{ij}^{\alpha\beta}(x,u)D_\beta u^j)=-D_\alpha f_i^\alpha(x)+f_i(x)$$
$$(i=1,\cdots,N)\tag{5.1}$$

在本节中我们总假设当$(x,u)\in\Omega\times\mathbb{R}^N$ 时,有

$$A_{ij}^{\alpha\beta}(x,u)\xi_\alpha^i\xi_\beta^j\geqslant\lambda|\xi|^2,\lambda>0,\tag{5.2}$$

$$|A_{ij}^{\alpha\beta}(x,u)|\leqslant\Lambda$$
$$(\alpha,\beta=1,\cdots,n;i,j=1,\cdots,N),\tag{5.3}$$

其中 λ,Λ 为常数.

定理 5.1 假设 $A_{ij}^{\alpha\beta}(x,u)$满足(5.2),(5.3),且 $A_{ij}^{\alpha\beta}(x,u)$在 $\bar{\Omega}\times\mathbb{R}^N$ 上一致连续,$f_i^\alpha\in L^p(\Omega)$,$p>n$,$f_i\in L^q(\Omega)$,$q>\frac{n}{2}(n\geqslant2)$,并设 $u\in H_{\mathrm{loc}}^1(\Omega,\mathbb{R}^N)$是(5.1)

的弱解,则存在开集 $\Omega_0 \subset \Omega$,使 $u \in C_{\mathrm{loc}}^{0,\delta}(\Omega_0, \mathbb{R}^N)$,其中 $\delta = \min\left(1 - \frac{n}{p}, 2 - \frac{n}{q}\right)$,且 $\mathrm{meas}(\Omega \setminus \Omega_0) = 0$.

证明 我们将这个定理的证明分为二步.

第一步:证明对 $\forall \tilde{\Omega} \subset\subset \Omega$, $\forall x^0 \in \tilde{\Omega}$, $\forall \rho, R: 0 < \rho < R < \mathrm{dist}(\tilde{\Omega}, \partial\Omega) \wedge R_0$,有

$$\int_{B_\rho(x^0)} |Du|^2 dx \leqslant C\left[\left(\frac{\rho}{R}\right)^n + \chi(x^0, R)\right]\int_{B_R(x^0)} |Du|^2 dx + CR^{n-2+2\delta}, \tag{5.4}$$

其中 $\delta = \min\left(1 - \frac{n}{p}, 2 - \frac{n}{q}\right)$,$C$ 依赖于 $n, N, \lambda, \Lambda, p, q, \mathrm{dist}(\tilde{\Omega}, \partial\Omega)$, $\|\tilde{\tilde{f}}\|_{L^p}$, $\|\tilde{f}\|_{L^q}$,而 $\tilde{\tilde{f}} = (f_i^\alpha)$, $\tilde{f} = (f_i)$,函数 $\chi(x^0, R) = \omega^{\frac{\sigma-2}{\sigma}}\left[R^2 + R^{2-n}\int_{B_R(x^0)} |Du|^2 dx\right]$, $\sigma > 2$, $\omega(t)$ 是一个连续、有界、非负、单调增的凹函数,$R_0 < 1$ 与 u 有关.

对此,对 $\forall x^0 \in \tilde{\Omega}$, $\forall R: 0 < R < \mathrm{dist}(\tilde{\Omega}, \partial\Omega) \wedge 1$,取 v 为下列 Dirichlet 问题的解:

$$\begin{cases} \int_{B_{\frac{R}{2}}(x^0)} A_{ij}^{\alpha\beta}(x^0, u_R) D_\beta v^j D_\alpha \varphi^i dx = 0, \forall \varphi \in H_0^1\left(B_{\frac{R}{2}}(x^0), \mathbb{R}^N\right), \\ v - u \in H_0^1\left(B_{\frac{R}{2}}(x^0), \mathbb{R}^N\right). \end{cases}$$

由于 v 满足的是常系数齐次椭圆组,故 Dv 也满足常系数齐次椭圆组,因此由第九章引理 2.2 中的估计式(2.4)知,对 $\forall \rho < \frac{R}{2}$,有

$$\int_{B_\rho(x^0)} |Dv|^2 dx \leqslant C\left(\frac{\rho}{R}\right)^n \int_{B_{\frac{R}{2}}(x^0)} |Dv|^2 dx, \tag{5.5}$$

令 $w = u - v$,则有

$$\int_{B_\rho(x^0)} |Du|^2 dx \leqslant C\left(\frac{\rho}{R}\right)^n \int_{B_{\frac{R}{2}}(x^0)} |Du|^2 dx + C\int_{B_{\frac{R}{2}}(x^0)} |Dw|^2 dx, \tag{5.6}$$

其中 $C = C(n, N, \lambda, \Lambda, \mathrm{dist}(\tilde{\Omega}, \partial\Omega))$. 现在我们来估计 $\int_{B_{\frac{R}{2}}(x^0)} |Dw|^2 dx$. 由于 $w \in H_0^1\left(B_{\frac{R}{2}}(x^0), \mathbb{R}^N\right)$ 满足

$$\begin{aligned}&\int_{B_{\frac{R}{2}}(x^0)} A_{ij}^{\alpha\beta}(x^0,u_R)D_\beta w^j D_\alpha \varphi^i dx\\&=\int_{B_{\frac{R}{2}}(x^0)}[A_{ij}^{\alpha\beta}(x^0,u_R)-A_{ij}^{\alpha\beta}(x,u)]D_\beta u^j D_\alpha\varphi^i dx\\&\quad+\int_{B_{\frac{R}{2}}(x^0)}[f_i^\alpha D_\alpha\varphi^i+f_i\varphi^i]dx,\end{aligned}$$

$$\forall\varphi\in H_0^1\left(B_{\frac{R}{2}}(x^0),\mathbb{R}^N\right),$$

故在其中取 $\varphi=w$,可得

$$\begin{aligned}&\int_{B_{\frac{R}{2}}(x^0)}|Dw|^2dx\\&\leqslant C\int_{B_{\frac{R}{2}}(x^0)}\sum\left|A_{ij}^{\alpha\beta}(x,u)-A_{ij}^{\alpha\beta}(x^0,u_R)\right|^2|Du|^2dx\\&\quad+C\int_{B_{\frac{R}{2}}(x^0)}|\tilde{\tilde{f}}|^2dx+\left[\int_{B_{\frac{R}{2}}(x^0)}|w|^r dx\right]^{\frac{1}{r}}\\&\quad\times\left[\int_{B_{\frac{R}{2}}(x^0)}|\tilde{f}|^{\frac{r}{r-1}}dx\right]^{1-\frac{1}{r}}.\end{aligned}\tag{5.7}$$

取 $r=2^*\left(\text{即当 } n>2 \text{ 时}, r=\dfrac{2n}{n-2}, \text{当 } n=2 \text{ 时}, 2\leqslant r<+\infty\right)$,并且为确定起见,我们考虑 $n>2$ 的情形,$n=2$ 的情形留给读者作为练习.这时利用 Sobolev 嵌入定理,有

$$\begin{aligned}&\left[\int_{B_{\frac{R}{2}}(x^0)}|w|^r dx\right]^{\frac{1}{r}}\left[\int_{B_{\frac{R}{2}}(x^0)}|\tilde{f}|^{\frac{r}{r-1}}dx\right]^{1-\frac{1}{r}}\\&=\left[\int_{B_{\frac{R}{2}}(x^0)}|w|^{\frac{2n}{n-2}}dx\right]^{\frac{n-2}{2n}}\left[\int_{B_{\frac{R}{2}}(x^0)}|\tilde{f}|^{\frac{2n}{n+2}}dx\right]^{\frac{n+2}{2n}}\\&\leqslant C\left[\int_{B_{\frac{R}{2}}(x^0)}|Dw|^2dx\right]^{\frac{1}{2}}\left[\int_{B_{\frac{R}{2}}(x^0)}|\tilde{f}|^{\frac{2n}{n+2}}dx\right]^{\frac{n+2}{2n}}\\&\leqslant\varepsilon\int_{B_{\frac{R}{2}}(x^0)}|Dw|^2dx+\frac{C}{\varepsilon}\left[\int_{B_{\frac{R}{2}}(x^0)}|\tilde{f}|^{\frac{2n}{n+2}}dx\right]^{\frac{n+2}{n}},\end{aligned}$$

将此代入(5.7),并取 $\varepsilon=\frac{\lambda}{2}$,则得

$$\int_{B_{\frac{R}{2}}(x^0)}|Dw|^2dx$$

$$\leqslant C\int_{B_{\frac{R}{2}}(x^0)}\sum\left|A_{ij}^{\alpha\beta}(x,u)-A_{ij}^{\alpha\beta}(x^0,u_R)\right|^2|Du|^2dx$$

$$+C\int_{B_{\frac{R}{2}}(x^0)}|\tilde{\tilde{f}}|^2dx+C\left[\int_{B_{\frac{R}{2}}(x^0)}|\tilde{f}|^{\frac{2n}{n+2}}dx\right]^{\frac{n+2}{n}},\tag{5.8}$$

其中 $C=C(n,N,\lambda)$.

利用 Hölder 不等式,易得

$$\int_{B_{\frac{R}{2}}(x^0)}|\tilde{\tilde{f}}|^2dx\leqslant\|\tilde{\tilde{f}}\|^2_{L^p(\Omega,\mathbf{R}^{nN})}R^{n-2+2\left(1-\frac{n}{p}\right)},$$

$$\left[\int_{B_{\frac{R}{2}}(x^0)}|\tilde{f}|^{\frac{2n}{n+2}}dx\right]^{\frac{n+2}{n}}\leqslant\|\tilde{f}\|^2_{L^q(\Omega,\mathbf{R}^N)}R^{n-2+2\left(2-\frac{n}{q}\right)}.$$

现在来估计不等式(5.8)右端第一项.由于 $A_{ij}^{\alpha\beta}(x,u)$在 $\bar{\Omega}\times\mathbb{R}^N$ 上有界、一致连续,故存在一个连续有界非负的单调增函数 $\omega(t)$,使对任意 $x,y\in\Omega$ 和任意 $u,v\in\mathbb{R}^N$,有

$$\left|A_{ij}^{\alpha\beta}(x,u)-A_{ij}^{\alpha\beta}(y,v)\right|\leqslant\omega(|x-y|^2+|u-v|^2),$$

而且 $\omega(0)=0$.此外,我们不妨认为 $\omega(t)$是凹函数,因为如果 $\alpha(t)$是具有上述性质的函数,但不一定凹,那么取

$$\omega(t)=\inf\{\lambda(t)\mid\lambda(t)\text{ 是连续凹函数},\lambda(t)\geqslant\alpha(t)\},$$

则 $\omega(t)$就是具有上述性质的凹函数.于是,我们得到估计

$$\int_{B_{\frac{R}{2}}(x^0)}\sum\left|A_{ij}^{\alpha\beta}(x,u)-A_{ij}^{\alpha\beta}(x^0,u_R)\right|^2|Du|^2dx$$

$$\leqslant C\int_{B_{\frac{R}{2}}(x^0)}\omega^2(R^2+|u-u_R|^2)|Du|^2dx,$$

将此代入(5.8),便得到

$$\int_{B_{\frac{R}{2}}(x^0)}|Dw|^2dx$$

$$\leqslant C\int_{B_{\frac{R}{2}}(x^0)}\omega^2(R^2+|u-u_R|^2)|Du|^2dx+CR^{n-2+2\delta},\tag{5.9}$$

其中 $\delta=\min\left(1-\frac{n}{p},2-\frac{n}{q}\right)$，$C$ 依赖于 $n,N,\lambda,\|\tilde{\tilde{f}}\|_{L^p},\|\tilde{f}\|_{L^q}$.

现在来估计(5.9)右端第一项. 首先由定理 4.3′知存在 $\sigma>2$ 使 $|Du|\in L^\sigma_{\mathrm{loc}}(\Omega)$，且对任意 $B_{\frac{R}{2}}\subset B_R\subset\Omega$，当 $R<R_0$ 时有估计

$$\left\{⨍_{B_{\frac{R}{2}}}|Du|^\sigma dx\right\}^{\frac{1}{\sigma}}$$

$$\leqslant C\left\{\left[⨍_{B_R}|Du|^2dx\right]^{\frac{1}{2}}+\left[⨍_{B_R}|\tilde{\tilde{f}}|^\sigma dx\right]^{\frac{1}{\sigma}}+R\left[⨍_{B_R}|\tilde{f}|^{\frac{\sigma}{2}\frac{r}{r-1}}dx\right]^{\frac{2}{\sigma}\frac{r-1}{r}}\right\},$$

其中 $r=2^*\left(\text{当 } n>2 \text{ 时 } r=\frac{2n}{n-2},\text{当 } n=2 \text{ 时 } r \text{ 是一个充分大的实数,使 } q>\frac{r}{r-1}>1\right)$，$C=C(n,N,\lambda,\Lambda)$，$\sigma=\sigma(n,N,\lambda,\Lambda,p,q)$，$R_0$ 依赖于 u.

其次利用 Hölder 不等式和上述估计可得

$$\int_{B_{\frac{R}{2}}(x^0)}\omega^2|Du|^2dx$$

$$\leqslant\left\{\int_{B_{\frac{R}{2}}(x^0)}|Du|^\sigma dx\right\}^{\frac{2}{\sigma}}\left\{\int_{B_{\frac{R}{2}}(x^0)}\omega^{\frac{2\sigma}{\sigma-2}}dx\right\}^{\frac{\sigma-2}{\sigma}}$$

$$\leqslant CR^{\frac{2n}{\sigma}}\left\{⨍_{B_R(x^0)}|Du|^2dx+\left[⨍_{B_R(x^0)}|\tilde{\tilde{f}}|^\sigma dx\right]^{\frac{2}{\sigma}}\right.$$

$$\left.+R^2\left[⨍_{B_R(x^0)}|\tilde{f}|^{\frac{\sigma}{2}\frac{r}{r-1}}dx\right]^{\frac{4}{\sigma}\frac{r-1}{r}}\right\}\left\{\int_{B_R(x^0)}\omega^{\frac{2\sigma}{\sigma-2}}dx\right\}^{\frac{\sigma-2}{\sigma}},$$

因而有

$$\int_{B_{\frac{R}{2}}(x^0)}\omega^2(R^2+|u-u_R|^2)|Du|^2dx$$

$$\leqslant CR^{-n\left(\frac{\sigma-2}{\sigma}\right)}\int_{B_R(x^0)}|Du|^2dx\left\{\int_{B_R(x^0)}\omega^{\frac{2\sigma}{\sigma-2}}dx\right\}^{\frac{\sigma-2}{\sigma}}$$

$$+C\left\{\int_{B_R(x^0)}|\tilde{\tilde{f}}|^\sigma dx\right\}^{\frac{2}{\sigma}}\left\{\int_{B_R(x^0)}\omega^{\frac{2\sigma}{\sigma-2}}dx\right\}^{\frac{\sigma-2}{\sigma}}$$

$$+CR^{\frac{2n}{\sigma}+2}\left\{⨍_{B_R(x^0)}|\tilde{f}|^{\frac{\sigma}{2}\frac{r}{r-1}}dx\right\}^{\frac{4}{\sigma}\frac{r-1}{r}}\left\{\int_{B_R(x^0)}\omega^{\frac{2\sigma}{\sigma-2}}dx\right\}^{\frac{\sigma-2}{\sigma}}$$

$$=\mathrm{I}+\mathrm{II}+\mathrm{III}.\tag{5.10}$$

由 Jensen 不等式①知

$$\fint_{B_R(x^0)}\omega(R^2+|u-u_R|^2)dx$$

$$\leqslant\omega\left[R^2+\fint_{B_R(x^0)}|u-u_R|^2dx\right],$$

因而由 ω 的有界性,利用 Jensen 不等式和 Poincaré 不等式,可得

$$\mathrm{I}\leqslant C\int_{B_R(x^0)}|Du|^2dx\left\{\fint_{B_R(x^0)}\omega\cdot\omega^{\frac{\sigma+2}{\sigma-2}}dx\right\}^{\frac{\sigma-2}{\sigma}}.$$

$$\leqslant C\int_{B_R(x^0)}|Du|^2dx\left\{\fint_{B_R(x^0)}\omega(R^2+|u-u_R|^2)dx\right\}^{\frac{\sigma-2}{\sigma}}$$

$$\leqslant C\omega^{\frac{\sigma-2}{\sigma}}\left(R^2+\fint_{B_R(x^0)}|u-u_R|^2dx\right)\int_{B_R(x^0)}|Du|^2dx$$

$$\leqslant C\omega^{\frac{\sigma-2}{\sigma}}\left[R^2+R^{2-n}\int_{B_R(x^0)}|Du|^2dx\right]\int_{B_R(x^0)}|Du|^2dx.$$

至于Ⅱ,Ⅲ两项,利用 Hölder 不等式和 ω 的有界性容易估计如下:

$$\mathrm{II}=C\left\{\int_{B_R(x^0)}|\tilde{\tilde{f}}|^{\sigma}dx\right\}^{\frac{2}{\sigma}}\left\{\int_{B_R(x^0)}\omega^{\frac{2\sigma}{\sigma-2}}dx\right\}^{\frac{\sigma-2}{\sigma}}$$

$$\leqslant C\left\{\left[\int_{B_R(x^0)}|\tilde{\tilde{f}}|^{p}dx\right]^{\frac{\sigma}{p}}R^{n\left(1-\frac{\sigma}{p}\right)}\right\}^{\frac{2}{\sigma}}R^{n\left(\frac{\sigma-2}{\sigma}\right)}$$

$$\leqslant C\|\tilde{\tilde{f}}\|^2_{L^p(\Omega,\mathbf{R}^{nN})}R^{n-2+2\left(1-\frac{\sigma}{p}\right)},$$

---

① Jensen 不等式.设 $\omega:\mathbf{R}\to\mathbf{R}$ 是凹函数,$f\in L^1(\Omega)$,则

$$\frac{1}{|\Omega|}\int_\Omega\omega(f(z))dz\leqslant\omega\left(\frac{1}{|\Omega|}\int_\Omega f(z)dz\right).$$

证明.令 $\tilde{f}=\frac{1}{|\Omega|}\int_\Omega f(z)dz$.由于 ω 是凹函数,故存在实数 m(与 $\tilde{f}$ 有关),使

$$\omega(x)\leqslant m(x-\tilde{f})+\omega(\tilde{f}),x\in\mathbf{R},$$

因而有

$$\omega(f(z))\leqslant m(f(z)-\tilde{f})+\omega(\tilde{f}),\text{a.e.}\,z\in\Omega.$$

将此不等式两端在 Ω 上对 z 积分,得

$$\int_\Omega\omega(f(z))dz\leqslant m\int_\Omega(f(z)-\tilde{f})dz+\omega(\tilde{f})|\Omega|=\omega(\tilde{f})|\Omega|,$$

两端除以 $|\Omega|$,即得所要结果.

$$
\text{Ⅲ} = CR^{\frac{2n}{\sigma}+2}\left\{R^{-n}\int_{B_R(x^0)}|\tilde{f}|^{\frac{\sigma}{2}\frac{r}{r-1}}dx\right\}^{\frac{4}{\sigma}\frac{r-1}{r}}\left\{\int_{B_R(x^0)}\omega^{\frac{2\sigma}{\sigma-2}}dx\right\}^{\frac{\sigma-2}{\sigma}}
$$

$$
\leqslant CR^{2-\frac{2n}{q}+\frac{2n}{\sigma}}\left\{\int_{B_R(x^0)}|\tilde{f}|^q dx\right\}^{\frac{2}{q}}\left\{\int_{B_R(x^0)}\omega^{\frac{2\sigma}{\sigma-2}}dx\right\}^{\frac{\sigma-2}{\sigma}}
$$

$$
\leqslant c\,\|\tilde{f}\|^2_{L^q(\Omega,\mathbf{R}^N)}R^{n-2+2\left(2-\frac{n}{q}\right)}.
$$

现在将Ⅰ,Ⅱ,Ⅲ的估计代入(5.10)得

$$
\int_{B_{\frac{R}{2}}(x^0)}\omega^2(R^2+|u-u_R|^2)|Du|^2dx
$$

$$
\leqslant C\omega^{\frac{\sigma-2}{\sigma}}\left[R^2+R^{2-n}\int_{B_R(x^0)}|Du|^2dx\right]
$$

$$
\int_{B_R(x^0)}|Du|^2dx+CR^{n-2+2\delta}, \tag{5.11}
$$

再将(5.11)代入(5.9),得

$$
\int_{B_{\frac{R}{2}}(x^0)}|Dw|^2dx\leqslant C\omega^{\frac{\sigma-2}{\sigma}}\left[R^2+R^{2-n}\int_{B_R(x^0)}|Du|^2dx\right]
$$

$$
\int_{B_R(x^0)}|Du|^2dx+CR^{n-2+2\delta}, \tag{5.12}
$$

其中 $\delta=\min\left(1-\frac{n}{p},2-\frac{n}{q}\right)$,$C$ 依赖于 $n,N,\lambda,\Lambda,p,q,\|\tilde{\tilde{f}}\|_{L^p},\|\tilde{f}\|_{L^q}$.

最后,将(5.12)代入(5.6),便知当 $\rho<\frac{R}{2}$ 时(5.4)成立,而当 $\rho\geqslant\frac{R}{2}$ 时,(5.4)是显然成立的.

第二步:证明 $u\in C^{0,\delta}_{\text{loc}}(\Omega_0,\mathbf{R}^N)$,$\Omega_0$ 是 Ω 的开子集,并且 $\text{meas}(\Omega\setminus\Omega_0)=0$. 为此,设 $\tilde{\Omega}\subset\subset\Omega$ 同上,$x^0\in\tilde{\Omega}$,$0<R<\text{dist}(\tilde{\Omega},\partial\Omega)\wedge R_0$,令

$$
\Phi(x^0,R)=R^{2-n}\int_{B_R(x^0)}|Du|^2dx.
$$

由第一步知,对任意 $\tau\in(0,1)$,有

$$
\Phi(x^0,\tau R)\leqslant C_1[1+\chi(x^0,R)\tau^{-n}]\tau^2\Phi(x^0,R)+C_2\tau^{2-n}R^{2\delta},
$$

其中 $\delta=\min\left(1-\frac{n}{p},2-\frac{n}{q}\right)$,$C_1,C_2$ 依赖于 $n,N,\lambda,\Lambda,p,q,\|\tilde{\tilde{f}}\|_{L^p},\|\tilde{f}\|_{L^q}$. 不妨认为 $C_1>1$.

现在,首先选 $\gamma:\delta<\gamma<1$,其次选 τ,使 $2C_1\tau^2=\tau^{2\gamma}$. 对于这样选定的 τ,一定存在 $\varepsilon_1=\varepsilon_1(\tau)$ 和 $R_1=R_1(\tau)$,使得如果对某个 $R<R_1\leqslant\text{dist}(\tilde{\Omega},\partial\Omega)\wedge R_0$ 有

$\Phi(x^0,R)<\varepsilon_1^2$,则一定有

$$\chi(x^0,R)=\omega^{\frac{\sigma-2}{\sigma}}(R^2+\Phi(x^0,R))<\tau^n,$$

因而有

$$\Phi(x^0,\tau R)\leqslant\tau^{2\gamma}\Phi(x^0,R)+H_0R^{2\delta},$$

其中 $H_0=C_2\tau^{2-n}$.

通过迭代,可得

$$\begin{aligned}\Phi(x^0,\tau^kR)&\leqslant\tau^{2k\gamma}\Phi(x^0,R)+H_0(\tau^{k-1}R)^{2\delta}\sum_{j=0}^{\infty}[\tau^{2(\gamma-\delta)}]^j\\&\leqslant\left[\Phi(x^0,R)+H_0\frac{R^{2\delta}}{\tau^{2\delta}-\tau^{2\gamma}}\right]\tau^{2k\delta}.\end{aligned}$$

现在再选 R_2:$0<R_2<R_1(\tau)$,使得当 $R<R_2$ 时

$$H_0\frac{R^{2\delta}}{\tau^{2\delta}-\tau^{2\gamma}}<\varepsilon_1^2,$$

于是,对上述 τ,存在 $\varepsilon_1(\tau)>0$ 和 $R_2(\tau)>0$,使得如果对某个 $R<R_2$,有 $\Phi(x^0,R)<\varepsilon_1^2$,那么必有

$$\Phi(x^0,\tau^kR)\leqslant2\varepsilon_1^2\tau^{2k\delta}.$$

由于对任意 ρ:$0<\rho<R$,都存在正整数 k,使 $\tau^{k+1}R<\rho\leqslant\tau^kR$,故我们有

$$\begin{aligned}\Phi(x^0,\rho)&=\rho^{2-n}\int_{B_\rho(x^0)}|Du|^2dx\\&\leqslant(\tau^{k+1}R)^{2-n}\int_{B_{\tau^kR}(x^0)}|Du|^2dx\\&\leqslant C\Phi(x^0,\tau^kR)\leqslant C\tau^{2k\delta}\leqslant C\left(\frac{\rho}{R}\right)^{2\delta}.\end{aligned}$$

又因 $\Phi(x^0,R)$是 x^0 的连续函数,故若对 $x^0\in\widetilde{\Omega}$,有 $\Phi(x^0,R)<\varepsilon_1^2$,则存在 x^0 的邻域 $B_r(x^0)$,使得对任意 $x\in B_r(x^0)$,有 $\Phi(x,R)<\varepsilon_1^2$,因而对任意 $x\in B_r(x^0)$,有

$$\Phi(x,\rho)\leqslant C\left(\frac{\rho}{R}\right)^{2\delta},$$

即

$$\int_{B_\rho(x)}|Du|^2dz\leqslant C\rho^{n-2+2\delta},$$

其中 C 依赖于 $n,N,\lambda,\Lambda,p,q,\|\tilde{\tilde{f}}\|_{L^p},\|\tilde{f}\|_{L^q}$和 $\mathrm{dist}(\widetilde{\Omega},\partial\Omega)$.

利用 Morrey 关于 Hölder 连续性的定理(第九章定理 1.1)可得

$$u\in C^{0,\delta}_{\mathrm{loc}}(B_r(x^0),\mathbb{R}^N).$$

令

$$\Omega_0 = \{x^0 \in \Omega \mid \text{对某个 } R < R_2, \text{有 } \Phi(x^0, R) < \varepsilon_1^2\},$$

其中 ε_1 和 R_2 是前述选定的常数. 则和 §3 中类似,可证 Ω_0 是开集,$\Omega_0 \subset \Omega$, $u \in C_{\text{loc}}^{0,\delta}(\Omega_0, \mathbb{R}^N)$,且

$$\Omega_0 = \left\{x \in \Omega \mid \liminf_{\rho \to 0} \rho^{2-n} \int_{B_\rho(x)} |Du|^2 dz = 0\right\},$$

因而 $\text{meas}(\Omega \setminus \Omega_0) = 0$.

§6　奇异点集

在§3 和§5 中我们分别证明了具有一致连续系数的椭圆组(3.1)和(5.1)的弱解在开集 $\Omega_0 \subset \Omega$ 内局部 Hölder 连续,且 $\text{meas}(\Omega \setminus \Omega_0) = 0$. 现在我们要进一步给出奇异点集 $\Omega \setminus \Omega_0$ 的 Hausdorff 维数的估计.

6.1　Hausdorff 测度

定义 6.1　设 $E \subseteq \mathbb{R}^n$, $0 \leqslant k < +\infty$, $0 < \delta \leqslant +\infty$, $\{F_j\}$ 为 $\mathbb{R}^n$ 中的开集族. 我们令

$$\mathscr{H}_k^\delta(E) = \omega_k 2^{-k} \inf\left\{\sum_j (\text{diam} F_j)^k \,\middle|\, \bigcup_j F_j \supseteq E, \text{diam} F_j < \delta\right\} \tag{6.1}$$

和

$$\mathscr{H}_k(E) = \lim_{\delta \to 0} \mathscr{H}_k^\delta(E) = \sup_{\delta > 0} \mathscr{H}_k^\delta(E), \tag{6.2}$$

其中 $\omega_k = \Gamma^k\left(\frac{1}{2}\right) \Big/ \Gamma\left(\frac{k}{2} + 1\right)$,并称 $\mathscr{H}_k(E)$ 为 E 的 k 维 Hausdorff 测度.

注意,由于当 $0 < \delta_1 < \delta_2$ 时,有 $\mathscr{H}_k^{\delta_1}(E) \geqslant \mathscr{H}_k^{\delta_2}(E)$,故(6.2)中的极限是存在的(可以等于 $+\infty$).

例 6.1　若 E 是 $\mathbb{R}^n$ 中的 Lebesgue 可测集,则 $\mathscr{H}_n(E) = \mathscr{L}_n(E)$,其中 $\mathscr{L}_n(E)$ 是 E 的 Lebesgue 测度.

例 6.2　若 E 由 $\mathbb{R}^n$ 中有限个点 $P_i (i = 1, \cdots, m)$ 组成,则 $\mathscr{H}_0(E) = m$,而 $\mathscr{H}_1(E) = 0$.

例 6.3　若 E 是 $\mathbb{R}^n (n \geqslant 2)$ 中的可求长曲线 l,则 $\mathscr{H}_1(E) = l$ 的长度,而 $\mathscr{H}_2(E) = 0$.

例 6.4　若 E 是 $\mathbb{R}^n (n \geqslant 3)$ 中的可求积曲面 S,则 $\mathscr{H}_2(E) = S$ 的面积,而 $\mathscr{H}_3(E) = 0$.

从定义 6.1 易得

定理 6.1　若 $\mathscr{H}_k(E) < +\infty$,则对任意 $\varepsilon > 0$,有

$$\mathscr{H}_{k+\varepsilon}(E)=0.$$

因此我们可以引入下列定义

定义 6.2 称实数

$$\inf\{k\in\mathbb{R}^+\mid\mathscr{H}_k(E)=0\}$$

为集合 E 的 Hausdorff 维数,记作 $\dim_{\mathscr{H}}E$.

从上面的几个例子中,我们可以看出,在$\mathbb{R}^n$ $(n\geqslant 3)$中,$\dim_{\mathscr{H}}(\bigcup_{i=1}^m P_i)=0$,$\dim_{\mathscr{H}}(l)=1$,$\dim_{\mathscr{H}}(S)=2$.

6.2 奇异点集的 Hausdorff 维数的估计

现在我们来估计椭圆组(3.1)和(5.1)的弱解的奇异点集的 Hausdorff 维数.我们已经证明了在定理 3.1(定理 5.1)的条件下,椭圆组(3.1)(椭圆组(5.1))的弱解在 Ω 的开子集 Ω_0 内局部 Hölder 连续,且

$$\Omega_0=\left\{x\in\Omega\,\middle|\,\liminf_{\rho\to 0}\rho^{2-n}\int_{B_\rho(x)}|Du(z)|^2dz=0,\right\}\tag{6.3}$$

因而 $\Omega\setminus\Omega_0\subset\Sigma$,其中

$$\Sigma=\left\{x\in\Omega\,\middle|\,\liminf_{\rho\to 0}\rho^{2-n}\int_{B_\rho(x)}|Du(z)|^2dz>0\right\}.\tag{6.4}$$

由定理 4.3′知存在 $p>2$,使$|Du|\in L^p_{\mathrm{loc}}(\Omega)$.利用 Hölder 不等式易知

$$\left\{\rho^{2-n}\int_{B_\rho(x)}|Du(z)|^2dz\right\}^{\frac{1}{2}}\leqslant\left\{\rho^{p-n}\int_{B_\rho(x)}|Du(z)|^pdz\right\}^{\frac{1}{p}},$$

因此若令

$$E_{n-p}=\left\{x\in\Omega\,\middle|\,\limsup_{\rho\to 0}\rho^{p-n}\int_{B_\rho(x)}|Du(z)|^pdz>0\right\},\tag{6.5}$$

则 $\Sigma\subset E_{n-p}$.于是为了估计 $\Omega\setminus\Omega_0$ 的 Hausdorff 维数,只要估计出 E_{n-p}的 Hausdorff 维数即可.为此我们需要下列引理.

引理 6.2(覆盖引理) 设 G 是$\mathbb{R}^n$ 中的有界集,且设 $r:x\mapsto r(x)$是定义在 G 上值域在(0,1)中的函数,那么一定存在一个点列$\{x_i\}$,$x_i\in G(i=1,2,\cdots)$,使

$$B(x_i,r(x_i))\cap B(x_j,r(x_j))=\varnothing,\ i\neq j,\tag{6.6}$$

$$\bigcup_i B(x_i,3r(x_i))\supset G.\tag{6.7}$$

证明 考虑球族

$$B_{1,\frac{1}{2}}=\left\{B(x,r(x))\,\middle|\,\frac{1}{2}\leqslant r(x)<1\right\}.$$

由于 G 有界,故可找到一个由有限个互不相交的球组成的“最大”的子球族

$$\widetilde{B}_{1,\frac{1}{2}} = \left\{ B(x_i, r(x_i)) \,\middle|\, \frac{1}{2} \leqslant r(x_i) < 1, i = 1, \cdots, n_1 \right\},$$

这里"最大"的意思是:$B_{1,\frac{1}{2}}$中的每个球至少与 $\widetilde{B}_{1,\frac{1}{2}}$中的一个球相交.然后在满足 $\frac{1}{4} \leqslant r(x) < \frac{1}{2}$且不与 $B(x_i, r(x_i))(i=1,\cdots,n_1)$相交的球 $B(x, r(x))$中,又可找到有限个,譬如 $n_2 - n_1$ 个(也可能 $n_2 - n_1 = 0$),互不相交的球,使每个满足 $\frac{1}{4} \leqslant r(x) < \frac{1}{2}$的球 $B(x, r(x))$至少与球族$\{B(x_i, r(x_i)) \mid i=1,\cdots,n_2\}$中的一个球相交.这样做下去.一旦我们已选好 $x_1, \cdots, x_{nj}$,那么在满足 $2^{-j-1} \leqslant r(x) < 2^{-j}$且不与$B(x_i, r(x_i))(i=1,\cdots,n_j)$相交的球 $B(x, r(x))$中,就可以找到有限个,譬如 $n_{j+1} - n_j$ 个(也可能 $n_{j+1} - n_j = 0$),互不相交的球,使每个满足 $2^{-j-1} \leqslant r(x) < 2^{-j}$的球$B(x, r(x))$至少与球族$\{B(x_i, r(x_i)) \mid i=1,\cdots,n_{j+1}\}$中一个球相交.这些球的中心 x_i 就满足(6.6),因为由球的造法知 $B(x_i, r(x_i))$互不相交.同时 x_i 也满足(6.7).事实上,对 $x \in G$,一定存在 $x_i \in G$,使

$$B(x, r(x)) \cap B(x_i, r(x_i)) \neq \varnothing,$$

且 $2r(x_i) \geqslant r(x)$.因而

$$|x - x_i| \leqslant r(x) + r(x_i) \leqslant 3r(x_i),$$

因此 $x \in B(x_i, 3r(x_i))$.证毕.

引理 6.3　设 Ω 是$\mathbb{R}^n$ 中的开集,$v \in L^1_{\text{loc}}(\Omega)$,并设 $0 \leqslant \alpha < n$,令

$$E_\alpha = \left\{ x \in \Omega \,\middle|\, \limsup_{\rho \to 0} \rho^{-\alpha} \int_{B_\rho(x)} |v(z)| dz > 0 \right\},$$

则 $\mathscr{H}_\alpha(E_\alpha) = 0$.

证明　只要对每个紧子集 $K \subset \Omega$ 证明

$$\mathscr{H}_\alpha(E_\alpha \cap K) = 0$$

就够了.令

$$F = E_\alpha \cap K,$$

$$F^{(s)} = \left\{ x \in F \,\middle|\, \limsup_{\rho \to 0^+} \rho^{-\alpha} \int_{B_\rho(x)} |v(z)| dz > \frac{1}{s} \right\}$$

$$(s = 1, 2, \cdots).$$

则显然有

$$F^{(1)} \subset F^{(2)} \subset \cdots,$$

$$F = \bigcup_{s=1}^{\infty} F^{(s)}.$$

因此,只要证明对任意固定的自然数 s,有 $\mathscr{H}_\alpha(F^{(s)}) = 0$ 即可.设 Q 是一个有界开集,满足 $K \subset Q \subset \overline{Q} \subset \Omega$,由 $F^{(s)}$ 的定义知对任意 $x \in F^{(s)}$ 和任意 $\delta(0 < \delta <$

dist$(K,\partial Q)\wedge 1)$都存在 $r(x):0<r(x)<\delta$,使

$$r^{-\alpha}(x)\int_{B(x,r(x))}|v(z)|dz\geqslant\frac{1}{2s}. \tag{6.8}$$

在覆盖引理中,取 $G=F^{(s)}$,取 r 为满足(6.8)的函数 $r(x)$,那么必存在$\{x_i\}\subset G$,使 $B(x_i,r(x_i))\cap B(x_j,r(x_j))=\varnothing(i\neq j)$,且 $\mathscr{B}=\{B_j\}=\{B(x_j,3r(x_j))\}$可以覆盖 $F^{(s)}$,而$\bigcup B_j\subset Q$.现在我们来估计

$$\sum_j\omega_\alpha 2^{-\alpha}(\mathrm{diam}B_j)^\alpha=\omega_\alpha{}^{2-\alpha}\sum_j(6r_j)^\alpha, \tag{6.9}$$

其中 $r_j=r(x_j)$.为此只须估计$\sum_j r_j^\alpha$.在(6.8)中取 $x=x_j(j=1,2,\cdots)$,得

$$r_j^\alpha\leqslant 2s\int_{B_j}|v(z)|dz,$$

对 j 求和,得

$$\sum_j r_j^\alpha\leqslant 2s\sum_j\int_{B_j}|v(z)|dz. \tag{6.10}$$

由于 B_j 互不相交,故有

$$\sum_j\int_{B_j}|v(z)|dz=\int_{\bigcup_j B_j}|v(z)|dz. \tag{6.11}$$

容易证明,对于$0<6r_j<\delta$,有

$$\mathrm{meas}(\bigcup_j B_j)\to 0,\text{当 }\delta\to 0\text{ 时}. \tag{6.12}$$

事实上,

$$\begin{aligned}\mathrm{meas}(\bigcup_j B_j)&=\mathrm{meas}(\bigcup_j B(x_j,r_j))\\&=\omega_n\sum_j r_j^n\leqslant\omega_n\left(\frac{\delta}{6}\right)^{n-\alpha}\sum_j r_j^\alpha\\&\leqslant C(n,\alpha)\delta^{n-\alpha}\cdot 2s\int_Q|v(z)|dz\to 0,\text{当 }\delta\to 0\text{ 时}.\end{aligned}$$

由(6.12)和 Lebesgue 积分的绝对连续性,知

$$\int_{\bigcup_j B_j}|v(z)|dz\to 0,\quad\text{当 }\delta\to 0\text{ 时}. \tag{6.13}$$

因此由(6.10),(6.11),(6.13),知

$$\sum_j r_j^\alpha\to 0,\quad\text{当 }\delta\to 0\text{ 时}. \tag{6.14}$$

于是由定义 6.1 和(6.9)以及(6.14)知

$$\mathscr{H}_\alpha(F^{(s)})=0.$$

定理得证.

现在我们可以来证明

定理 6.4　设 Ω 是 $\mathbb{R}^n$ 中的有界开集，u 是椭圆组(3.1)(或(5.1))的弱解，且设定理 3.1(或定理 5.1)的条件成立. 则存在开集 $\Omega_0 \subset \Omega$，使 $u \in C_{\mathrm{loc}}^{0,\delta}(\Omega_0, \mathbb{R}^N)$，$\delta > 0$，且对某个 $p > 2$，有

$$\mathscr{H}_{n-p}(\Omega \setminus \Omega_0) = 0.$$

证明　由定理 4.3′知存在 $p > 2$，使 $|Du| \in L_{\mathrm{loc}}^p(\Omega)$. 若 $p > n$，则由嵌入定理知 $u \in C_{\mathrm{loc}}^{0,\delta}(\Omega, \mathbb{R}^N)$，$\delta > 0$，因而 $\Omega_0 = \Omega$. 若 $2 < p \leqslant n$，则在引理 6.3 中取 $v = |Du|^p$，$\alpha = n - p$，便知 $\mathscr{H}_{n-p}(E_{n-p}) = 0$，其中 E_{n-p} 的定义见(6.5)，而 $\Omega \setminus \Omega_0 \subset E_{n-p}$，故 $\mathscr{H}_{n-p}(\Omega \setminus \Omega_0) = 0$.

附录 1　Sobolev 空间

Sobolev 空间的有关知识是近代偏微分方程理论的基础知识.在这个附录里，我们只列出本书中要用的一些结果.除 Poincaré 不等式外,其余均未给出证明,读者可在[AD],[MJ]等书中查到这些证明.

§1　弱导数和 Sobolev 空间 $W^{k,p}(\Omega)$

在介绍 Sobolev 空间之前先介绍一下弱导数的概念.为此我们先引进下列记号:

1° 多重指标记号.我们称 $\alpha=(\alpha_1,\cdots,\alpha_n)$ 为多重(n 重)指标,其中 $\alpha_i(i=1,\cdots,n)$ 为非负整数,并规定 $|\alpha|=\alpha_1+\cdots+\alpha_n$, $\alpha!=\alpha_1!\cdots\alpha_n!$, $\alpha\leqslant\beta$ 的意思是 $\alpha_i\leqslant\beta_i(i=1,\cdots,n)$, $\binom{\beta}{\alpha}=\dfrac{\beta!}{\alpha!(\beta-\alpha)!}(\alpha\leqslant\beta)$.

2° 高阶导数记号.设 Ω 是$\mathbb{R}^n$ 中的开集, $x=(x_1,\cdots,x_n)$是 Ω 中的点, $u:\Omega\to\mathbb{R}$,我们用 $D^\alpha u(x)=D_1^{\alpha_1}D_2^{\alpha_2}\cdots D_n^{\alpha_n}u(x)=\dfrac{\partial^{|\alpha|}u}{\partial x_1^{\alpha_1}\cdots\partial x_n^{\alpha_n}}u(x)$表示 $u(x)$的 α 阶导数(如果这些导数存在的话).

定义 1.1　设 $u\in L^1_{\mathrm{loc}}(\Omega)$, α 是多重指标,若存在 $v\in L^1_{\mathrm{loc}}(\Omega)$,使

$$\int_\Omega uD^\alpha\varphi dx=(-1)^{|\alpha|}\int_\Omega v\varphi dx$$

对一切 $\varphi\in C_0^\infty(\Omega)$均成立,则称 v 为 u 的 α 阶弱导数,仍记作 $v=D^\alpha u$.

可以证明,弱导数 $D^\alpha u$ 除零测集外是唯一确定的.

如果一个函数的所有一阶弱导数均存在,则说这个函数弱可微.如果它所有的直到 k 阶(包括 k 阶)的弱导数都存在,则说这个函数 k 次弱可微.我们用 $W^k(\Omega)$ 表示由 k 次弱可微函数组成的线性空间.

定义 1.2　设 k 为非负整数, p 为实数, $p\geqslant1$, Ω 为$\mathbb{R}^n$ 中的开集.我们称集合

$$\{u\in W^k(\Omega)\mid D^\alpha u\in L^p(\Omega),\forall\,|\alpha|\leqslant k\}$$

赋以范数

$$\|u\|_{W^{k,p}(\Omega)}=\left\{\int_\Omega\sum_{|\alpha|\leqslant k}|D^\alpha u|^p dx\right\}^{\frac{1}{p}}\tag{1.1}$$

后得到的线性赋范空间为 Sobolev 空间 $W^{k,p}(\Omega)$.

可以证明,$W^{k,p}(\Omega)$在(1.1)中规定的范数下是一个 Banach 空间.

当 $p=2$ 时,常将 $W^{k,2}(\Omega)$简记作 $H^k(\Omega)$.

定义 1.3　$W_0^{k,p}(\Omega)$是 $C_0^\infty(\Omega)$在 $W^{k,p}(\Omega)$中的闭包.

命题 1.1　$W^{k,p}(\mathbb{R}^n)=W_0^{k,p}(\mathbb{R}^n)$, $W^{0,p}(\Omega)=W_0^{0,p}(\Omega)=L^p(\Omega)$,但在一般情况下,$W_0^{k,p}(\Omega)$是 $W^{k,p}(\Omega)$的真子空间.

下面我们来叙述 $W^{k,p}(\Omega)$中的二个逼近定理.

命题 1.2　子空间 $C^\infty(\Omega)\cap W^{k,p}(\Omega)$在 $W^{k,p}(\Omega)$中稠密,$1\leqslant p<\infty$.

但是,一般讲,子空间 $C^k(\bar{\Omega})$不在 $W^{k,p}(\Omega)$中稠密.

定义 1.4　称区域 Ω 具有线段性质,如果对于每个 $x\in\partial\Omega$,都存在一个开集 U_x 和一个非零向量 y_x,使得 $x\in U_x$,且若 $z\in\bar{\Omega}\cap U_x$,则 $z+ty_x\in\Omega$(对于 $0<t<1$).

具有线段性质的区域 Ω 一定有 $n-1$ 维边界,而且 Ω 不能同时位于其边界的任何部分的两侧.

命题 1.3　如果 Ω 具有线段性质,那么子空间 $C^k(\bar{\Omega})$在 $W^{k,p}(\Omega)$中稠密,$1\leqslant p\leqslant\infty$.

利用逼近定理,我们容易将古典微积分中的一些运算法则推广到弱导数.例如我们有

命题 1.4　设 $u\in W^{k,p}(\Omega)$, $\psi\in C_0^k(\Omega)$,则 $\psi u\in W^{k,p}(\Omega)$,且

$$D^\alpha(\psi u)=\sum_{\beta\leqslant\alpha}\binom{\alpha}{\beta}D^\beta u D^{\alpha-\beta}\psi,\ \forall\ |\alpha|\leqslant k.$$

命题 1.5　设 f 在$\mathbb{R}^1$ 上连续并有分段连续的一阶导数,$f'\in L^\infty(\mathbb{R}^1)$.那么,如果 $u\in W^1(\Omega)$,我们就有 $f\circ u\in W^1(\Omega)$,而且,若用 L 表示 f 的角点组成的集合,则

$$D(f\circ u)=\begin{cases}f'(u)Du, & \text{若 } u\notin L,\\ 0, & \text{若 } u\in L.\end{cases}$$

下面我们叙述嵌入定理和紧嵌入定理.为此先介绍下列定义.

定义 1.5　如果存在有限锥 C,使每一点 $x\in Q$ 是一个包含于Ω 内且全等于 C 的有限锥 C_x 的顶点,我们就说 Ω 满足一致内锥条件.

命题 1.6　(嵌入定理).设 $1\leqslant p\leqslant\infty$.

1° 若 Ω 满足一致内锥条件,则当 $p\leqslant n$ 时

$$W^{1,p}(\Omega)\subset L^q(\Omega),\ p\leqslant q\leqslant p^*=\frac{np}{n-p},\text{当 } p<n \text{ 时},\tag{1.2}$$

$$W^{1,p}(\Omega)\subset L^q(\Omega),\ p\leqslant q<+\infty,\text{当 } p=n \text{ 时},\tag{1.3}$$

而且对任意 $u\in W^{1,p}(\Omega)$,有

$$\|u\|_{L^q(\Omega)}\leqslant C(n,p,\Omega)\|u\|_{W^{1,p}(\Omega)},p\leqslant q\leqslant p^*,p<n,\quad(1.4)$$

$$\|u\|_{L^q(\Omega)}\leqslant C(n,q,\Omega)\|u\|W^{1,p}(\Omega),p\leqslant q<+\infty,p=n.\quad(1.5)$$

2° 若$\partial\Omega$ 适当光滑[①],则当 $p>n$ 时,有

$$W^{1,p}(\Omega)\subset C^{0,\alpha}(\bar{\Omega}),0<\alpha\leqslant 1-\frac{n}{p},\quad(1.6)$$

而且对任意 $u\in W^{1,p}(\Omega)$,有

$$\|u\|_{C^{0,\alpha}(\bar{\Omega})}\leqslant C(n,p,\Omega)\|u\|_{W^{1,p}(\Omega)}.\quad(1.7)$$

注 1.1 我们常将(1.2)—(1.7)简记作

$$W^{1,p}(\Omega)\hookrightarrow\begin{cases}L^q(\Omega),p\leqslant q\leqslant p^*=\dfrac{np}{n-p}, & p<n,\\ L^q(\Omega),p\leqslant q<+\infty, & p=n,\\ C^{0,\alpha}(\bar{\Omega}),0<\alpha\leqslant 1-\dfrac{n}{p}, & p>n,\end{cases}$$

并称 p^* 为 p 的 Sobolev 共轭指数,称(1.4),(1.5),(1.7)中的常数 C 为嵌入常数.

命题 1.7 (紧嵌入定理).设 $1\leqslant p\leqslant\infty$.

1° 如果 Ω 满足一致内锥条件,则当 $p\leqslant n$ 时下列嵌入是紧的:

$$W^{1,p}(\Omega)\hookrightarrow L^q(\Omega),p\leqslant q<p^*,p<n,$$

$$W^{1,p}(\Omega)\hookrightarrow L^q(\Omega),p\leqslant q<+\infty,p=n.$$

2° 如果$\partial\Omega$ 适当光滑[②],则当 $p>n$ 时下列嵌入是紧的:

$$W^{1,p}(\Omega)\hookrightarrow C^{0,\alpha}(\bar{\Omega}),0<\alpha<1-\frac{n}{p}.$$

注 1.2 对于空间 $W_0^{1,p}(\Omega)$,同样也有命题 1.6 和命题 1.7 中所述的嵌入关系和紧嵌入关系.而且此时命题 1.6 和命题 1.7 的结论对任意区域 Ω 都成立,嵌入常数也不依赖于 Ω.

最后,我们介绍一个关于 Sobolev 空间中函数的差商的命题,它使我们可以通过研究函数的差商来得到函数的弱可微性.

设 e_s 是x_s 方向上的单位向量,$s=1,\cdots,n$.我们用

$$\Delta_{h,s}u(x)=\frac{1}{h}[u(x+he_s)-u(x)]$$

表示 u 在x_s 方向上的差商

命题 1.8 1° 设 $u\in W^{1,p}(\Omega)$,$1<p<\infty$,$\Omega'\subset\subset\Omega$,则存在常数 $C=C(\Omega',$

---

① 譬如说,Ω 具有强局部 Lipschitz 性质,详见[AD;定理 5.4].

② 同①.

Ω),使得对任意充分小的$|h|$,有 $\Delta_{h,s}u\in L^p(\Omega')$,而且有

$$\|\Delta_{h,s}u\|_{L^p(\Omega')}\leqslant C\|D_s u\|_{L^p(\Omega)}.$$

2° 设 $u\in L^p(\Omega)$,$1<p<\infty$,并假定存在常数 K,使得对任意 $\Omega'\subset\subset\Omega$,当$|h|$充分小时,有

$$\|\Delta_{h,s}u\|_{L^p(\Omega')}\leqslant K,$$

其中 K 与h 无关,则 $u\in W^{1,p}(\Omega')$,且有估计

$$\|D_s u\|_{L^p(\Omega')}\leqslant K.$$

§2　实数次 Sobolev 空间 $H^s(\mathbb{R}^n)$

定义 2.1　设 $s\geqslant 0$ 是实数,集合

$$\{u\in L^2(\mathbb{R}^n)\mid(1+|\xi|^2)^{\frac{s}{2}}\hat{u}(\xi)\in L^2(\mathbb{R}^n)\}$$

赋以内积

$$(u,v)_s=\int_{\mathbb{R}^n}\hat{u}(\xi)\overline{\hat{v}}(\xi)(1+|\xi|^2)^s d\xi$$

后得到的 Hilbert 空间称为实数次 Sobolev 空间 $H^s(\mathbb{R}^n)$.

命题 2.1(迹定理)　设 k 为正整数,则存在线性算子

$$\gamma:H^k(\mathbb{R}^n_+)\to\prod_{j=0}^{k-1}H^{k-\frac{1}{2}-j}(\mathbb{R}^{n-1}),$$

$$u\mapsto\gamma u=(\gamma_0 u,\gamma_1 u,\cdots,\gamma_{k-1}u),$$

满足:

(i) 当 $u\in C^\infty(\overline{\mathbb{R}^n_+})$时

$$\gamma u=\left(u|_{x_n=0},\frac{\partial u}{\partial x_n}\bigg|_{x_n=0},\cdots,\frac{\partial^{k-1}u}{\partial x_n^{k-1}}\bigg|_{x_n=0}\right),$$

(ii)

$$\sum_{j=0}^{k-1}\|\gamma_j u\|^2_{H^{k-\frac{1}{2}-j}(\mathbb{R}^{n-1})}\leqslant C\|u\|^2_{H^k(\mathbb{R}^n_+)},$$

$$\forall u\in H^k(\mathbb{R}^n_+).$$

命题 2.2　(逆迹定理).存在线性有界算子

$$\gamma^{-1}:\prod_{j=0}^{k-1}H^{k-\frac{1}{2}-j}(\mathbb{R}^{n-1})\to H^k(\mathbb{R}^n_+)$$

使得

$$\gamma\gamma^{-1}=I,$$

其中 I 是恒同算子.

§3 Poincaré 不等式

定理 3.1 设 Ω 是$\mathbb{R}^n$ 中的有界区域.

1° 若 $u\in W_0^{1,p}(\Omega)$,$1\leqslant p<+\infty$,则

$$\int_\Omega |u|^p dx \leqslant C(n,p,\Omega)\int_\Omega |Du|^p dx, \tag{3.1}$$

2° 若 Ω 是有界连通区域,$\partial\Omega$ 满足局部 Lipschitz 条件,$u\in W^{1,p}(\Omega)$,$1\leqslant p<+\infty$,则

$$\int_\Omega |u-u_\Omega|^p dx \leqslant C(n,p,\Omega)\int_\Omega |Du|^p dx, \tag{3.2}$$

其中 $u_\Omega = ⨍_\Omega u dx = \frac{1}{|\Omega|}\int_\Omega u dx$.

证明 ╳

1° 先考虑 $u\in C_0^1(\Omega)$的情形.

不妨设 $\Omega\subset\subset Q$,$Q=\{x\in\mathbb{R}^n \mid |x_i|<a, i=1,\cdots,n\}$.令

$$\tilde{u}(x)=\begin{cases}u(x), & x\in\Omega,\\ 0, & x\in Q\setminus\Omega,\end{cases}$$

对$\forall x\in Q$,有

$$\begin{aligned}|\tilde{u}(x)|^p &= \left|\int_{-a}^{x} D_1\tilde{u}(t,x_2,\cdots,x_n)dt\right|^p\\ &\leqslant (2a)^{p-1}\int_{-a}^{a}|D_1\tilde{u}|^p dx_1 \leqslant (2a)^{p-1}\int_{-a}^{a}|D\tilde{u}|^p dx_1,\end{aligned}$$

因而有

$$\begin{aligned}\int_\Omega |u(x)|^p dx &= \int_Q |\tilde{u}(x)|^p dx \leqslant (2a)^{p-1}\int_Q dx\int_{-a}^{a}|D\tilde{u}|^p dx_1\\ &\leqslant (2a)^p\int_Q |D\tilde{u}|^p dx = (2a)^p\int_\Omega |Du|^p dx.\end{aligned}$$

令 $C(n,p,\Omega)=(2a)^p$,即得(3.1).

对于 $u\in W_0^{1,p}(\Omega)$的情形,只要利用 $C_0^1(\Omega)$在 $W_0^{1,p}(\Omega)$中的稠密性,即可得到(3.1).

2° 为简单起见,我们仅就 $p>1$ 的情形证明(3.2),至于 $p\geqslant 1$ 的情形,请参看[MJ].

由于在 u 上加一个常数以后,(3.2)不变,故不妨设 $u_Q=0$. 现在假设(3.2)不真,那么对任意正整数 k,都存在 $u_k\in W^{1,p}(\Omega)$,满足$⨍_\Omega u_k dx = 0$,使

$$\int_\Omega |u_k|^p dx > k \fint_\Omega |Du_k|^p dx.$$

令

$$w_k = \frac{u_k}{\|u_k\|_{L^p(\Omega)}} (k = 1,2,\cdots),$$

则 $w_k \in W^{1,p}(\Omega)$有下列性质:

(i) $\fint_\Omega w_k dx = 0$,

(ii) $\|w_k\|_{L^p(\Omega)} = 1$,

(iii) $\int_\Omega |Dw_k|^p dx < \frac{1}{k}$.

由(ii),(iii)知 $\|w_k\|_{W^{1,p}(\Omega)}$有界,故利用 $W^{1,p}(\Omega)$中有界集的弱列紧性和紧嵌入定理,知存在子列$\{w_{k_j}\}$和 $w \in W^{1,p}(\Omega)$,使

$$w_{k_j} \to w \quad (\text{在 } L^p(\Omega) \text{ 中强收敛}), \tag{3.3}$$

$$Dw_{k_j} \rightharpoonup Dw \quad (\text{在 } L^p(\Omega, \mathbb{R}^n) \text{ 中弱收敛}), \tag{3.4}$$

由(iii)和(1.11)知 $Dw(x) = 0$(a.e. $x \in \Omega$),因而

$$w(x) \equiv \text{常数}, \quad \text{a.e. } x \in \Omega,$$

又由(i)和(1.10)知$\fint_\Omega w dx = 0$, 因而

$$w(x) \equiv 0, \quad \text{a.e. } x \in \Omega. \tag{3.5}$$

但由(ii)和(1.10)知

$$\|w\|_{L^p(\Omega)} = 1,$$

与(1.12)矛盾.证毕.

推论 3.2 设 B_R 是$\mathbb{R}^n$ 中以R 为半径的球.

1° 若 $u \in W_0^{1,p}(B_R)$,$1 \leqslant p < +\infty$,则

$$\int_{B_R} |u|^p dx \leqslant C(n,p) R^p \int_{B_R} |Du|^p dx,$$

2° 若 $u \in W^{1,p}(B_R)$,$1 \leqslant p < +\infty$,则

$$\int_{B_R} |u - u_R|^p dx \leqslant C(n,p) R^p \int_{B_R} |Du|^p dx,$$

其中 $u_R = \fint_{B_R} u dx = \frac{1}{|B_R|} \int_{B_R} u dx$.

证明 当 $R=1$ 时利用定理 3.1 即得所要结论. 当 $R \neq 1$ 时,通过相似变换可化为 $R=1$ 的情形.

附录 2 Sard 定理

Sard 定理 设 Ω 为$\mathbb{R}^n$ 的开集，$f:\Omega\to\mathbb{R}^n$ 是一次连续可微映射，记 $E=\{x\in\Omega \mid \det Df(x)=0\}$，则 $|f(E)|=0$.

证明 对于 Ω，必存在可列个闭立方体 $Q_i\subset\Omega$，$\bigcup_{i=1}^{\infty}Q_i=\Omega$，$f(E)=\bigcup_{i=1}^{\infty}f(E\cap Q_i)$，因此只须证明对于每一正方体 Q，$|f(E\cap Q)|=0$.

设 Q 的边长为 l，将 Q 作 N^n 等分，所得的小立方体记为 K，其直径为 $\delta=\sqrt{n}l/N$.

由于 $Df(x)$在 Q 上一致连续，因此 $M=\sup\limits_{Q}|Df(x)|<\infty$，且对于任意 $\varepsilon>0$，只要 N 充分大，对于任意 $x,x_0\in K$，必有

$$|f(x)-f(x_0)-Df(x_0)(x-x_0)|<\varepsilon|x-x_0|\leqslant\delta\varepsilon. \tag{2.1}$$

如果 $x_0\in E$，线性变换 $Df(x_0)x$ 是退化的，因此 $Df(x_0)K$ 必包含于一个边长不超过$M\delta$ 的 $n-1$ 维平行体中，不等式(2.1)说明集合 $f(K)-f(x_0)+x_0Df(x_0)$ 的点与集合 $Df(x_0)K$ 的距离不超过 $\varepsilon\delta$，因此 $f(K)-f(x_0)+x_0Df(x_0)$必包含于这样的柱体内，其高不超过 $2\varepsilon\delta$，其底为边长不超过 $2M\delta+2\varepsilon\delta$ 的 $n-1$ 维平行体，由测度的平移不变性，

$$|f(K)|\leqslant(M\delta+2\varepsilon\delta)^{n-1}(2\varepsilon\delta)\leqslant\frac{A\varepsilon}{N^n}, \tag{2.2}$$

其中 A 只依赖于 n 与 l. 上面推理说明对于包含有临界点 E 的小正方体K 都有上述估计，于是

$$\text{meas}\{f(E\cap Q)\}\leqslant N^n|f(K)|\leqslant A\varepsilon,$$

由 ε 的任意性，则有 $|f(E\cap Q)|=0$.

附录 3　John-Nirenberg 定理的证明

John-Nirenberg 定理已叙述在第十章 § 1 中,这里给出这个定理的证明.

不妨仅考虑 $Q = Q_0$ 的情况,又由于所要证明的不等式是齐次的,故可设 $|u|_{*,Q_0}=1$.

对于 $\alpha > 1 \geqslant ⨍_{Q_0}\left|u - u_{Q_0}\right| dx$, 应用 Calderón-Zygmund 分解(第三章引理 2.1)于函数 $\left|u(x) - u_{Q_0}\right|$,则存在互不重迭的立方体列 $\{Q_j^{(1)}\}$,使得

$$\alpha < ⨍_{Q_j^{(1)}}\left|u - u_{Q_0}\right| dx \leqslant 2^n\alpha, \tag{3.1}$$

$$\left|u(x) - u_{Q_0}\right| \leqslant \alpha, \text{a.e. } x \in Q_0 \setminus \bigcup_j Q_j^{(1)}, \tag{3.2}$$

由此可得

$$\sum_j |Q_j^{(1)}| \leqslant \frac{1}{\alpha}\int_{Q_0}\left|u - u_{Q_0}\right| dx \leqslant \frac{1}{\alpha}|Q_0|, \tag{3.3}$$

$$\left|u_{Q_j^{(1)}} - u_{Q_0}\right| \leqslant ⨍_{Q_j^{(1)}}\left|u - u_{Q_0}\right| dx \leqslant 2^n\alpha, \tag{3.4}$$

对于所有立方 体 $Q_j^{(1)}$,由于 $|u|_{*,Q_0} = 1$,我们仍有 $\alpha > 1 \geqslant ⨍_{Q_j^{(1)}}\left|u - u_{Q_j^{(1)}}\right| dx$, 再次应用 Calderón-Zygmund 分解于函数 $\left|u - u_{Q_j^{(1)}}\right|$,则存在互不重迭的立方体列 $\{Q_j^{(2)}\}$(将每一个 $Q_j^{(1)}$ 所得的立方体列合在一起) 使得

$$\sum_j |Q_j^{(2)}| \leqslant \frac{1}{\alpha}\sum_j\int_{Q_j^{(1)}}\left|u - u_{Q_j^{(1)}}\right| dx, \tag{3.5}$$

$$\left|u(x) - u_{Q_j^{(1)}}\right| \leqslant \alpha, \text{a.e. } x \in Q_j^{(1)} \setminus \bigcup_i Q_i^{(2)}, \tag{3.6}$$

注意到 $|u|_{*,Q_0} = 1$ 与(3.3),由(3.5)可得

$$\sum_j |Q_j^{(2)}| \leqslant \frac{1}{\alpha}\sum_j |Q_j^{(1)}| \leqslant \frac{1}{\alpha^2}|Q_0|. \tag{3.7}$$

我们将证明

$$\left|u(x) - u_{Q_0}\right| \leqslant 2\cdot 2^n\alpha, \text{a.e. } x \in Q_0 \setminus \bigcup_j Q_j^{(2)}. \tag{3.8}$$

事实上,如果 $x \in Q_0 \setminus \bigcup_j Q_j^{(1)}$,那么(3.2)蕴含(3.8),现在设 $x \in \bigcup_j Q_{j(1)} \setminus \bigcup_i Q_{i(2)}$, x 必属于某一 $Q_{j(1)}$,由(3.6)与(3.4),我们有

$$\left|u(x)-u_{Q_0}\right| \leqslant \left|u(x)-u_{Q_j^{(1)}}\right| + \left|u_{Q_j^{(1)}}-u_{Q_0}\right| \leqslant 2\cdot 2^n\alpha.$$

(3.8)得证.归纳地重复上面的分解,对于任意整数 $k\geqslant 1$,存在互不重迭的立方体列$\{Q_j^{(k)}\}$使得

$$\sum_j |Q_j^{(k)}| \leqslant \frac{1}{\alpha^k}|Q_0|,$$

$$\left|u(x)-u_{Q_0}\right| \leqslant k\cdot 2^n\alpha,\text{a.e. } x\in Q_0\setminus\bigcup_j Q_j^{(k)},$$

于是

$$\begin{aligned}&\operatorname{meas}\{x\in Q_0 \mid \left|u(x)-u_{Q_0}\right| > 2^n k\alpha\}\\ \leqslant &\sum_j \left|Q_j^{(k)}\right| \leqslant \frac{1}{\alpha^k}|Q_0| \quad (k=1,2,\cdots).\end{aligned}$$

上面的最后估计对于 $k=0$ 也成立.现在对于任意 $t\in(0,+\infty)$,必存在整数 $k\geqslant 0$ 使得

$$2^n\alpha k < t \leqslant 2^n\alpha(k+1).$$

这样

$$\begin{aligned}&\operatorname{meas}\{x\in Q_0 \mid \left|u(x)-u_{Q_0}\right| > t\}\\ \leqslant &\operatorname{meas}\{x\in Q_0 \mid \left|u(x)-u_{Q_0}\right| > 2^n\alpha k\}\\ \leqslant &\frac{1}{\alpha^k}|Q_0| \leqslant \alpha e^{-At}|Q_0|,\end{aligned}$$

其中 $A=\dfrac{1}{2^n\alpha}\ln\alpha$.定理证毕.

附录 4　Stampacchia 内插定理的证明

本附录中,我们将以 $Q(x,r)$表示在$\mathbb{R}^n$ 上中心为x 边长为$2r$ 且边平行于坐标轴的立方体,有时不需要明确指出中心与半径,则简单地记为 $Q,Q_0,\cdots$.

Stampacchia 内插定理　设 Q_0 是$\mathbb{R}^n$ 的立方体,对于某 $p\geqslant 1$, T 既是$L^p(Q_0)\to L^p(Q_0)$的有界线性算子,又是 $L^\infty(Q_0)\to \mathrm{BMO}(Q_0)$的有界线性算子,即

$$\| Tu \|_{L^p(Q_0)} \leqslant B_p \| u \|_{L^p(Q_0)}, \quad \forall u \in L^p(Q_0), \tag{4.1}$$

$$| Tu |_{*,Q_0} \leqslant B_\infty \| u \|_{L^\infty(Q_0)}, \quad \forall u \in L^\infty(Q_0), \tag{4.2}$$

则对于任意 $q\in(p,\infty)$, T 是$L^q(Q_0)\to L^q(Q_2)$的有界线性算子,且

$$\| Tu \|_{L^q(Q_0)} \leqslant C \| u \|_{L^q(Q_0)}, \quad \forall u \in L^q(Q_0), \tag{4.3}$$

其中 C 只依赖于n,p,q,B_p,B_∞.

为证明此定理,我们将引进 Hardy-Littlewood 极大函数与平均振幅极大函数(Sharp 函数).

设 $f\in L(Q_0)$,函数

$$M_0 f(x) = \sup_{r>0} ⨍_{Q(x,r)\cap Q_0} |f(y)|dy, \quad x \in Q_0 \tag{4.4}$$

称为 Q_0 上的 Hardy-Littlewood 中心极大函数. 有时下面的定义更方便一些,即定义

$$Mf(x) = \sup_{x\in Q} ⨍_{Q\cap Q_0} |f(y)|dy, \quad x \in Q_0, \tag{4.5}$$

其中 Q 是中心位于Q_0 内的立方体. 它称为 Q_0 上的 Hardy-Littlewood 极大函数. 不难验证

$$M_0 f(x) \leqslant Mf(x) \leqslant 2^n M_0 f(x), \quad x \in Q_0. \tag{4.6}$$

极大函数有以下初等性质:

(1) Mf 在Q_0 上是可测函数;

(2) M 是拟线性的,即

$$|M(f+g)| \leqslant Mf + Mg;$$

(3) 如果 $f\in L^\infty(Q_0)$,则 $Mf\in L^\infty(Q_0)$且

$$\| Mf \|_{L^\infty(Q_0)} \leqslant \| f \|_{L^\infty(Q_0)}.$$

下面我们将给出极大函数的一个比较深刻的性质:

Hardy-Littlewood 极大定理 算子 M 是弱(1,1)型的，且

$$\| M_f \|_{L^1_w(Q_0)} \leqslant C(n) \| f \|_{L^1(Q_0)}, \quad \forall f \in L^1(Q_0). \tag{4.7}$$

其中 $\| \cdot \|_{L^1_w(Q_0)}$ 的定义参见第三章§1.

证明 设 $x \in \{x \in Q_0 : M_0 f(x) > s\}$，由 M_0 的定义，必存在 $Q(x, r(x))$ 使得

$$⨍_{Q(x,r(x)) \cap Q_0} |f(y)| dy > s,$$

即

$$|Q(x, r(x)) \cap Q_0| \leqslant \frac{1}{s} \int_{Q(x,r(x)) \cap Q_0} |f(y)| dy. \tag{4.8}$$

由第十二章§6 的覆盖引理，必存在可列个立方体 $Q(x_i, r(x_i))$ $(i = 1, 2, \cdots)$ 使得：

(1) $Q(x_i, r(x_i)) \cap Q(x_j, r(x_j)) = \varnothing$，当 $i \neq j$ 时.

(2) $\{x \in Q_0 : M_0 f(x) > s\} \subset \bigcup_{i=1}^{\infty} Q(x_i, 3r(x_i)) \cap Q_0$.

由此容易看出

$$\begin{aligned} \text{meas}\{x \in Q_0 : M_0 f(x) > s\} &\leqslant \sum_{i=1}^{\infty} |Q(x_i, 3r(x_i)) \cap Q_0| \\ &\leqslant 3^n \sum_{i=1}^{\infty} |Q(x_i, r(x_i)) \cap Q_0|. \end{aligned}$$

应用(4.8)，则有

$$\begin{aligned} &\text{meas}\{x \in Q_0 : M_0 f(x) > s\} \\ &\leqslant \frac{3^n}{s} \sum_{i=1}^{\infty} \int_{Q(x_i, r(x_i)) \cap Q_0} |f(y)| dy \leqslant \frac{3^n}{s} \| f \|_{L^1(Q_0)}. \end{aligned}$$

这说明 M_0 是弱(1.1)型的，不等式(4.6)说明 M 也是弱(1,1)型的，这就是所要证的.

推论 对于 $1 < p < \infty$，极大算子 M 是强(p, p)型的.

这是 Hardy-Littlewood 极大定理，Marcinkiewicz 内插定理与初等性质(3)的直接推论.

现在引入平均振幅极大函数，设 $f \in L^1(Q_0)$，函数

$$f^{\#}(x) = \sup_{x \in Q} ⨍_{Q \cap Q_0} \left| f - f_{Q \cap Q_0} \right| dy, x \in Q_0, \tag{4.9}$$

称为在 Q_0 上 f 的平均振幅极大函数，其中 Q 的中心在 Q_0 内，

$$f_{Q \cap Q_0} = ⨍_{Q \cap Q_0} f(y) dy.$$

我们也容易看出平均振幅极大函数有如下初等性质：

(1) $f\in \mathrm{BMO}(Q_0)$当且仅当 $f^{\#}\in L^{\infty}(Q_0)$，

(2) 对于 $1<p<\infty$，如果 $f\in L^p(Q_0)$，则

$$\| f^{\#} \|_{L^p(Q_0)} \leqslant C(n,p) \| f \|_{L^p(Q_0)}. \tag{4.10}$$

证明：容易看出 $f^{\#}\leqslant 2Mf$，由 Hardy-Littlewood 极大定理的推论，M 是强(p,p)型的，因而算子$(\cdot)^{\#}$也是强(p,p)型的.

(3) $f\in L^1(Q_0)$，则 $f^{\#}\in L^1_w(Q_0)$.

下面是平均振幅极大函数的最重要性质之一，它是属于 Fefferman 和 Stein 的.

定理 (Fefferman-Stein). 设 $f\in L^1(Q_0)$，对于 $1<p<\infty$，如果 $f^{\#}\in L^p(Q_0)$，则 $f\in L^p(Q_0)$，且

$$\| f \|_{L^p(Q_0)} \leqslant C(n,p)\left(\| f^{\#} \|_{L^p(Q_0)} + | f |_{Q_0} | Q_0 |^{\frac{1}{p}} \right), \tag{4.11}$$

其中

$$| f |_{Q_0} = \fint_{Q_0} | f |.$$

证明 对于任意固定的

$$\alpha > \fint_{Q_0} | f |, \tag{4.12}$$

应用 Calderón-Zygmund 分解(第三章§2)于$|f|$，可以得到一列互不重迭的立方体$\{Q_j^{\alpha}\}$使得：

$$\alpha < \fint_{Q_j^{\alpha}} | f | \, dx \leqslant 2^n \alpha \quad (j=1,2,\cdots), \tag{4.13}$$

$$| f(x) | \leqslant \alpha, \text{a.e. } x \in Q_0 \setminus \bigcup_j Q_j^{\alpha}. \tag{4.14}$$

如果我们对于所有满足(4.12)的 α 值，这种分解同时进行，我们可以注意到，当 $\alpha_1>\alpha_2$ 时，$\{Q_j^{\alpha_1}\}$是$\{Q_j^{\alpha_2}\}$的立方体中的子立方体. 现在记

$$\mu(\alpha) = \sum_j | Q_j^{\alpha} |, \quad 当\ \alpha > \fint_{Q_0} | f |\ 时,$$

则 $\mu(\alpha)$是 α 的单调非增函数，由(4.14)容易知道

$$\lambda(\alpha) \triangleq \mathrm{meas}\{ x \in Q_0 \,|\, | f | > \alpha \} \leqslant \mu(\alpha). \tag{4.15}$$

我们将证明 $\mu(\alpha)$有如下估计：如果

$$\frac{\alpha}{2^{n+1}} > \fint_{Q_0} | f | = | f |_{Q_0}, \tag{4.16}$$

则

$$\mu(\alpha)\leqslant \operatorname{meas}\left\{x: f^{\#}(x)>\frac{\alpha}{A}\right\}+\frac{2}{A}\mu\left(\frac{\alpha}{2^{n+1}}\right), \tag{4.17}$$

其中 A 是任意正数.

记某立方体 $Q_{j_0}^{\alpha/2^{n+1}}$ 为 $\widetilde{Q}_0$,对所有包含于 $\widetilde{Q}_0$ 的立方体 Q_j^α,分两种情况讨论:

(1) $\widetilde{Q}_0\subset\left\{x\in Q_0: f^{\#}(x)>\frac{\alpha}{A}\right\}$,则

$$\sum_{Q_j^\alpha\subset\widetilde{Q}_0}|Q_j^\alpha|\leqslant \operatorname{meas}\left\{x\in Q_0: f^{\#}(x)>\frac{\alpha}{A}\right\}\cap\widetilde{Q}_0. \tag{4.18}$$

(2) $\widetilde{Q}_0\not\subset\left\{x\in Q_0: f^{\#}(x)>\frac{\alpha}{A}\right\}$,则存在 $x_0\in\widetilde{Q}_0$ 使得 $f^{\#}(x_0)\leqslant\frac{\alpha}{A}$,由 $f^{\#}$ 的定义

$$⨍_{\widetilde{Q}_0}\left|f(x)-f_{\widetilde{Q}_0}\right|dx\leqslant\frac{\alpha}{A}, \tag{4.19}$$

但根据(4.13)

$$|f|_{\widetilde{Q}_0}\leqslant 2^n\left(\frac{\alpha}{2^{n+1}}\right)\leqslant\frac{\alpha}{2},\qquad |f|_{Q_j^\alpha}>\alpha,$$

因此

$$\int_{Q_j^\alpha}\left|f(x)-f_{\widetilde{Q}_0}\right|dx\geqslant(|f|_{Q_j^\alpha}-|f|_{\widetilde{Q}_0})|Q_j^\alpha|>\frac{\alpha}{2}|Q_j^\alpha|,$$

其中 Q_j^α 是立方体列 $\{Q_j^\alpha\}$ 中任意包含于 $\widetilde{Q}_0$ 的那些立方体. 对上式求和,则有

$$\begin{aligned}\sum_{Q_j^\alpha\subset\widetilde{Q}_0}|Q_j^\alpha|&<\frac{2}{\alpha}\sum_{Q_j^\alpha\subset\widetilde{Q}_0}\int_{Q_j^\alpha}\left|f(x)-f_{\widetilde{Q}_0}\right|dx\\&\leqslant\frac{2}{\alpha}\int_{\widetilde{Q}_0}\left|f(x)-f_{\widetilde{Q}_0}\right|\leqslant\frac{2}{A}|\widetilde{Q}_0|.\end{aligned} \tag{4.20}$$

上面最后一个不等式应用了(4.19).

综合上面两种情况,由(4.18)与(4.20)我们得到

$$\sum_{Q_j^\alpha\subset\widetilde{Q}_0}|Q_j^\alpha|\leqslant \operatorname{meas}\left\{x: f^{\#}(x)>\frac{\alpha}{A}\right\}\cap\widetilde{Q}_0+\frac{2}{A}|\widetilde{Q}_0|,$$

以上 $\widetilde{Q}_0$ 是 $\{Q_j^{\alpha/2^{n+1}}\}$ 中的任一立方体. 在上面不等式中对所有这样的立方体求和,立即得到(4.17).

现在对于任意 $s>2^{n+1}|f|_{Q_0}$,记

$$I_s=p\int_0^s\alpha^{p-1}\mu(\alpha)d\alpha.$$

由于 $\mu(\alpha)\leqslant|Q_0|$,上述积分是有意义的. 利用估计(4.17),

$$I_s = p\int_0^{2^{n+1}|f|_{Q_0}} \alpha^{p-1}\mu(\alpha)d\alpha + p\int_{2^{n+1}|f|_{Q_0}}^{s} \alpha^{p-1}\mu(\alpha)d\alpha$$

$$\leqslant p\int_0^{\infty} \text{meas}\left\{f^{\#}(x) > \frac{\alpha}{A}\right\}\alpha^{p-1}d\alpha$$

$$+ \frac{2p}{A}\int_0^s \alpha^{p-1}\mu\left(\frac{\alpha}{2^{n+1}}\right)d\alpha + |Q_0|(2^{n+1}|f|_{Q_0})^p$$

$$\leqslant A^p \| f^{\#}\|_{L^p(Q_0)}^p + \frac{2}{A}\cdot 2^{(n+1)p}I_s + 2^{(n+1)p}|Q_0||f|_{Q_0}^p.$$

取 $A = 4\cdot 2^{(n+1)p}$,则

$$I_s \leqslant 2A^p \| f^{\#}\|_{L^p(Q_0)}^p + 2^{(n+1)p+1}|Q_0||f|_{Q_0}^p.$$

由(4.15),则

$$p\int_0^s \lambda(\alpha)\alpha^{p-1}d\alpha \leqslant 2A^p \| f^{\#}\|_{L^p(Q_0)}^p + 2^{(n+1)p+1}|Q_0||f|_{Q_0}^p.$$

令 $s\to\infty$,可得(4.11). 定理证毕.

Stampacchia 内插定理的证明 定义算子

$$T^{\#}u = (Tu)^{\#}.$$

由 $f^{\#}$ 的性质(2)与假定

$$\| T^{\#}u\|_{L^p(Q_0)} \leqslant C(n,p)\| Tu\|_{L^p(Q_0)} \leqslant C(n,p)B_p\| u\|_{L^p(Q_0)}.$$

由 $f^{\#}$ 的定义

$$\| T^{\#}u\|_{L^\infty(Q_0)} = \| Tu\|_{*,Q_0} \leqslant B_\infty \| u\|_{L^\infty(Q_0)}.$$

应用 Marcinkiewicz 内插定理,则 $T^{\#}$ 是强(q,q)型的,其中 $q\in(p,\infty)$,且

$$\| T^{\#}u\|_{L^q(Q_0)} \leqslant CB_p^{\frac{p}{q}}B_\infty^{\frac{q-p}{q}}\| u\|_{L^q(Q_0)}, \quad \forall u\in L^q(Q_0),$$

其中 C 只依赖于 n,p,q. 现在由 Fefferman-Stein 定理

$$\| Tu\|_{L^q(Q_0)} \leqslant C\left(\| T^{\#}u\|_{L^q(Q_0)} + |Q_0|^{\frac{1}{q}}|Tu|_{Q_0}\right)$$

$$\leqslant C(\| u\|_{L^q(Q_0)} + |Q_0|^{\frac{1}{q}-\frac{1}{p}}\| Tu\|_{L^p(Q_0)})$$

$$\leqslant C(\| u\|_{L^q(Q_0)} + |Q_0|^{\frac{1}{q}-\frac{1}{p}}B_p\| u\|_{L^p(Q_0)})$$

$$\leqslant C\| u\|_{L^q(Q_0)},$$

其中 C 依赖于 n,p,q,B_p,B_∞.

附录 5　反向 Hölder 不等式的证明

为证明反向 Hölder 不等式,我们需要一些辅助性的引理.

引理 5.1(覆盖引理)　设 E 是$\mathbb{R}^n$ 的可测集,它被一族直径有界的球$\{B_j\}$所覆盖,则由这族球中必可选出互不相交的子列 $B_{j_1},B_{j_2},\cdots$(有限或无限)使得

$$|E| \leqslant 5^n \sum_k \left|B_{j_k}\right|, \tag{5.1}$$

其中$|E|$表示 E 的测度.

证明　选择 $B_{j_1}\in\{B_j\}$使得

$$\operatorname{diam}B_{j_1} \geqslant \frac{1}{2}\sup_j \operatorname{diam}B_j.$$

现在用归纳法,假设已选择 $B_{j_1},\cdots,B_{j_k}$,现在来选取 $B_{j_{k+1}}$,使得 $B_{j_{k+1}}$与 $B_{j_1},\cdots,B_{j_k}$ 皆不相交,且

$$\operatorname{diam}B_{j_{k+1}} \geqslant \frac{1}{2}\sup\{\operatorname{diam}B_j \mid B_j \cap B_{j_s} = \varnothing, s = 1,2,\cdots,k\}. \tag{5.2}$$

如果不存在这样的球,选择程序已告结束.

如果 $\sum_k |B_{j_k}| = \infty$,引理无需证明.现在设$\sum_k \left|B_{j_k}\right| < \infty$.记 B_{jk}^* 是与B_{j_k} 同心,但直径为其五倍的球.我们将证明

$$E \subset \bigcup_k B_{j_k}^*. \tag{5.3}$$

由于$\{B_j\}$是 E 的一个覆盖,这只须证明对于任意球 B_j,都包含于 $\bigcup_k B_{j_k}^*$.如果 B_j 是$\{B_{j_k}\}$之一,则上面事实是显然的;如果 B_j 不属于族$\{B_{j_k}\}$,由于 $\Sigma|B_{j_k}|<\infty$,则有$\lim\limits_{k\to\infty}\operatorname{diam}B_{j_k}=0$,必存在 k 使得

$$\operatorname{diam}B_{j_{k+1}} < \frac{1}{2}\operatorname{diam}B_j, \tag{5.4}$$

而且我们将取使得(5.4)成立的最小的 k.由(5.4)知道 B_j 必与$B_{j_1},\cdots,B_{j_k}$之一相交,否则将与我们选取的原则(5.2)矛盾,由 k 的最小性,

$$\operatorname{diam}B_{j_s} \geqslant \frac{1}{2}\operatorname{diam}B_j \quad (s = 1,2,\cdots,k).$$

由上述这两个事实,必然有

$$B_j \subset \bigcup_{s=1}^{k} B_{j_s}^*,$$

这就证明了(5.3).当$\{B_{j_k}\}$为有限时也可类似推证.由(5.3)

$$|E| \leqslant \sum_k \left| B_{j_k}^* \right| \leqslant 5^n \sum_k \left| B_{j_k} \right|,$$

引理得证.

设 $h(t)$是定义于$(0,\infty)$上的有界变差函数,对于 $p\in(0,\infty)$,记

$$\Phi_p(t;h) = -\int_t^{+\infty} s^p dh(s), \tag{5.5}$$

如果上述积分有意义.

引理 5.2　设 $q\in(0,\infty)$,$a\in(1,\infty)$,$h(t)$与 $H(t)$是定义于$[t_0,\infty)$上的非负非增函数且满足:

(1) $\lim\limits_{t\to\infty} h(t) = \lim\limits_{t\to\infty} H(t) = 0$,

(2) $\Phi_q(t;h) \leqslant a[t^q h(t) + t^q H(t)]$,

则对于 $p\in\left[q,\dfrac{a}{a-1}q\right)$,我们有:

$$\Phi_p(t_0;h) \leqslant \frac{t_0^{p-q}}{aq-(a-1)p}[q\Phi_q(t_0;h) + a(p-q)\Phi_p(t_0;H)]. \tag{5.6}$$

证明　利用相似变换,不妨设 $t_0=1$,并简记

$$I(r) = \Phi_r(1;h), \qquad J(r) = \Phi_r(1,H).$$

先假定存在 $j\in(1,+\infty)$使得

$$h(t) = 0, t\in[j,+\infty).$$

对于 $p\in(0,\infty)$应用分部积分,我们有

$$\begin{aligned} I(p) &= -\int_1^j t^p dh(t) = \int_1^j t^{p-q} d\left(\int_t^j s^q dh(s)\right) \\ &= I(q) + (p-q)\int_1^j t^{p-q-1}\Phi_q(t;h)dt, \end{aligned} \tag{5.7}$$

应用引理的假定(2)

$$\begin{aligned} \int_1^j t^{p-q-1}\Phi_q(t;k)dt &\leqslant a\left[\int_1^l t^{p-1}h(t)dt + \int_1^j t^{p-1}H(t)dt\right] \\ &\leqslant -\frac{a}{p}h(1) + \frac{a}{p}I(p) - \frac{a}{p}H(1) \\ &\quad + \frac{a}{p}\Phi_p(1;H). \end{aligned} \tag{5.8}$$

最后的不等式应用了分部积分法与假定$\lim\limits_{t\to\infty}H(t)=0$.假定(2)还蕴含

$$h(1) \geqslant \frac{1}{a}I(q) - H(1), \tag{5.9}$$

将(5.9)代入(5.8),则

$$\int_1^j t^{p-q-1}\Phi_q(t;h)dt \leqslant -\frac{1}{p}I(q) + \frac{a}{p}I(p) + \frac{a}{p}\Phi_p(1;H).$$

将上式代入(5.7)得

$$I(p) \leqslant I(q) - \frac{p-q}{p} I(q) + \frac{a}{p}(p-q) I(p) + \frac{a(p-q)}{p} \Phi_p(1;H),$$

整理之后立得(5.6).

现在考虑一般情况,定义

$$h_j(t) = \begin{cases} h(t), t \in [1,j), \\ 0, t \in [j,+\infty). \end{cases}$$

我们有

$$-\int_t^{\infty} s^q dh_j(s) = -\int_t^j s^q dh(s) + j^q h(j), t < j. \tag{5.10}$$

由于 $h(t)$是非增的,因此对于任意 $\sigma > j$

$$j^q h(j) - j^q h(\sigma) \leqslant -\int_j^{\sigma} t^q dh(t).$$

令 $\sigma \to +\infty$,由假定(1)得到

$$j^q h(j) \leqslant -\int_j^{\infty} t^q dh(t),$$

代入(5.10)后得到

$$\Phi_q(t;h_j) \leqslant \Phi_q(t;h) \leqslant a[t^q h(t) + t^q H(t)].$$

所以像前面的证明一样,可得

$$-\int_1^j t^p dh(t) \leqslant -\int_1^j t^p dh_j(t)$$

$$\leqslant \frac{q}{aq-(a-1)p} \Phi_q(1;h) + \frac{a(p-q)}{aq-(a-1)p} \Phi_p(1;H),$$

令 $j \to \infty$就得到所要的结果.

下面我们都用 Q 表边平行于坐标轴的立方体.设 $f \in L^1_{\text{loc}}(\mathbb{R}^n) Mf$ 表示 f 在 $\mathbb{R}^n$上的 Hardy-Littlewood 极大函数(参看附录4);对于任意立方体 Q,$q \geqslant 1$,我们有

$$⨍_Q (Mf)^{\frac{1}{q}} dx \geqslant \left(⨍_Q f \right)^{\frac{1}{q}}. \tag{5.11}$$

事实上,对于任意 $x \in Q$

$$⨍_Q f(y) dy \leqslant Mf(x),$$

两边开 q 次方,再关于 x 在 Q 上取积分平均值则有(5.11).这一事实我们后面将用到.

反向 Hölder 不等式(第十二章定理4.1)**的证明**.为证明简便,我们把定理叙述中的球全部改成立方体 Q,而且不妨设 Q 以原点为中心,边长为2.在 Q 中作以下分解:

$$Q_1 = \left\{ x \in \mathbb{R}^n \,\middle|\, |x_i| < \frac{3}{2}, i = 1,2,\cdots,n \right\},$$

$$C_0 = \left\{ x \in \mathbb{R}^n \,\middle|\, |x_i| < \frac{1}{2}, i = 1,2,\cdots,n \right\},$$

$$C_k = \left\{ x \in Q_1 \,\middle|\, 2^{-k} \leqslant \operatorname{dist}\{x, \partial Q_1\} \leqslant 2^{-k+1} \right\}, k \geqslant 1. \tag{5.12}$$

显然

$$Q_1 = C_0 \cup \left(\bigcup_{k \geqslant 1} C_k \right).$$

对于 C_k，我们可用边长为 2^{-k} 的立方体来等分，得到互不重迭的立方体 $\{P_{k,j}\}$ 使得 $\bigcup\limits_j P_{k,j} = C_k$.

我们定义函数

$$\varphi(x) = [\operatorname{dist}(x, \partial Q_1)]^n, x \in Q_1. \tag{5.13}$$

显然对于任意 $x \in C_{k-1} \cup C_k \cup C_{k+1}$，存在常数 σ 使得

$$\sigma^{-1} |P_{k,j}| \leqslant \varphi(x) \leqslant \sigma |P_{k,j}|. \tag{5.14}$$

现在取

$$\lambda \geqslant \gamma_0 \| g \|_{L^q(Q_1)}, \tag{5.15}$$

其中 $\gamma_0 \geqslant 1$ 待定，注意到

$$⨍_{P_{k,j}} (g\varphi)^q dx \leqslant \sigma^q |P_{k,j}|^q ⨍_{P_{k,j}} g^q dx \leqslant \sigma^q \| g \|_{L^q(Q_1)}^q,$$

我们只须取 $\gamma_0 > \sigma$，则有

$$\lambda^q > ⨍_{P_{k,j}} (g\varphi)^q dx,$$

这时可应用 Calderón-Zygmund 分解（第三章引理 2.1）于每一个 $P_{k,j}$，得到互相不重迭的立方体列 $\{Q_{k,j}^l\}$，它具有如下性质

$$Q_{k,j}^l \subset P_{k,j}, \forall l, k, j,$$

$$\lambda^q < ⨍_{Q_{k,j}^l} (g\varphi)^q \leqslant 2^n \lambda^q, \forall k, j, l, \tag{5.16}$$

$$g\varphi \leqslant \lambda, \text{a.e. } x \in P_{k,j} \setminus \bigcup_l Q_{k,j}^l. \tag{5.17}$$

由(5.17)可得

$$g\varphi \leqslant \lambda, \text{a.e. } Q_1 \setminus \bigcup_{k,j,l} Q_{k,j}^l.$$

这一事实蕴含着

$$A_\lambda(g\varphi) \triangleq \{x \in Q_1 \mid g\varphi > \lambda\} \subset \bigcup_{k,j,l} Q_{k,j}^l,$$

因此

$$\int_{A_\lambda(g\varphi)}(g\varphi)^q dx \leqslant \sum_{k,j,l}|Q_{k,j}^l| ⨍_{Q_{k,j}^l}(g\varphi)^q dx \leqslant 2^n\lambda^q\sum_{k,j,l}|Q_{k,j}^l|. \quad (5.18)$$

最后的不等式应用了(5.16). 现在必须估计(5.18)的右端. 对于任意 $x\in Q_{k,j}^l$, 由(5.16)

$$\lambda^q\leqslant ⨍_{Q_{k,j}^l}(g\varphi)^q dx \leqslant \sigma^q|P_{k,j}|^q ⨍_{Q_{k,j}^l} g^q dy$$
$$\leqslant \sigma^q|P_{k,j}|^q\overline{M}(g^q)(x), \quad (5.19)$$

其中 $\overline{M}(g^q)$为限制于 Q_1 上的极大函数, 即

$$\overline{M}(g^q) = \sup_{x\in Q\subset Q_1} ⨍_Q g^q dx. \quad (5.20)$$

由于 $\theta<1$(见定理的叙述), 故存在立方体 $Q_0\subset Q_1$ 使得

$$\sqrt{\theta}\overline{M}(g^q)(x)\leqslant ⨍_{Q_0} g^q(y)dy, x\in Q_0. \quad (5.21)$$

利用(5.19), 我们有

$$\frac{\lambda^q\sqrt{\theta}}{\sigma^q|P_{k,j}|^q}\leqslant\sqrt{\theta}\overline{M}(g^q)(x)\leqslant ⨍_{Q_0} g^q(y)dy.$$

注意到 λ 的范围(5.15), 由上式得到

$$|Q_0|\leqslant\frac{\sigma^q|P_{k,j}|^q}{\lambda^q\sqrt{\theta}}\int_{Q_0}g^q\leqslant\frac{\sigma^q|P_{k,j}|^q}{\gamma_0^q\sqrt{\theta}},$$

这里我们不妨设 $\theta>0$(如果 $\theta=0$, 则代之以某一正 θ, 定理条件仍成立), 于是

$$Q_0\text{ 的边长}\leqslant\left[\frac{\sigma^q}{\gamma_0^q\sqrt{\theta}}\right]^{\frac{1}{n}}2^{-kq}.$$

可取 γ_0 使得

$$\left(\frac{\sigma^q}{\gamma_0^q\sqrt{\theta}}\right)^{\frac{1}{n}}\leqslant\frac{1}{8},$$

如果记 $\widetilde{Q}_0$ 是与 Q_0 同心, 直径放大一倍的立方体, 容易看出(因为 $x\in Q_{k,j}^l\cap Q_0$)

$$\widetilde{Q}_0\subset C_{k-1}\cup C_k\cup C_{k+1}.$$

由(5.21)与定理的假定(2), 我们有

$$\overline{M}(g^q)(x)\leqslant\frac{1}{\sqrt{\theta}}⨍_{Q_0}g^q\leqslant\frac{b}{\sqrt{\theta}}\left(⨍_{\widetilde{Q}_0}gdx\right)^q+\frac{1}{\sqrt{\theta}}⨍_{\widetilde{Q}_0}f^q dx+\sqrt{\theta}\overline{M}\,\overline{((g^q)(x))}.$$

整理之后得到

$$\overline{M}(g^q)(x)\leqslant\frac{1}{\sqrt{\theta}(1-\sqrt{\theta})}\left[b\left(⨍_{\widetilde{Q}_0}gdx\right)^q+⨍_{\widetilde{Q}_0}f^q dx\right],$$

代入(5.19),我们有

$$\lambda \leqslant \sigma |P_{kj}| \cdot C\left[⨍_{\widetilde{Q}_0} g dx + \left(⨍_{\widetilde{Q}_0} f^q dx \right)^{\frac{1}{q}} \right],$$

其中 C 依赖于 θ, b, n, q. 注意到(5.13)

$$\lambda \leqslant C\left[⨍_{\widetilde{Q}_0} g\varphi dx + \left(⨍_{\widetilde{Q}_0} (f\varphi)^q dx \right)^{\frac{1}{q}} \right]. \tag{5.22}$$

现在将 $f\varphi$ 零开拓到$\mathbb{R}^n \backslash Q_1$,记

$$F = [M(f\varphi)^q]^{\frac{1}{q}},$$

其中 M 是在$\mathbb{R}^n$上的 Hardy-Littlewood 极大函数. 由(5.11)

$$\left(\int_{\widetilde{Q}_0} (f\varphi)^q dx \right)^{\frac{1}{q}} \leqslant ⨍_{\widetilde{Q}_0} F dx. \tag{5.23}$$

由(5.22)与(5.23)可得

$$\begin{aligned} \lambda |\widetilde{Q}_0| &\leqslant C\left[\int_{\widetilde{Q}_0} g\varphi dx + \int_{\widetilde{Q}_0} F dx \right] \\ &\leqslant C\left[\int_{\widetilde{Q}_0 \cap \{g\varphi > \beta\lambda\}} g\varphi dx + \int_{\widetilde{Q}_0 \cap \{F > \beta\lambda\}} F dx + 2\beta\lambda |\widetilde{Q}_0| \right]. \end{aligned}$$

取 β 使得 $\beta C = \frac{1}{4}$,则有

$$\lambda |\widetilde{Q}_0| \leqslant C\left[\int_{\widetilde{Q}_0 \cap \{g\varphi > \beta\lambda\}} g\varphi + \int_{\widetilde{Q}_0 \cap \{F > \beta\lambda\}} F dx \right]. \tag{5.24}$$

对于所有 $Q_{k,j}^l$ 与任意 $x \in Q_{k,j}^l$,依上有相应的 $\widetilde{Q}_0 \ni x$. 所有这样的立方体$\{\widetilde{Q}_0\}$构成$\bigcup\limits_{k,j,l} Q_{k,j}^l$的一个覆盖,由覆盖引理(引理 5.1),可以抽出子列 $\widetilde{Q}_{0,1}, \widetilde{Q}_{0,2}, \cdots$ 使得

$$\sum_{k,j,l} |Q_{k,j}^l| \leqslant 5^n \sum_m |\widetilde{Q}_{0,m}|. \tag{5.25}$$

对于每一 $\widetilde{Q}_{0,m}$,(5.24)都成立,这样由(5.18),(5.24)与(5.25),我们得到

$$\int_{Q_1 \cap \{g\varphi > \lambda\}} (g\varphi)^q \leqslant C\lambda^{q-1} \left[\int_{Q_1 \cap \{g\varphi \geqslant \beta\lambda\}} g\varphi + \int_{Q_0 \cap \{F > \beta\lambda\}} F \right].$$

此外,显然

$$\int_{Q_1 \cap \{\beta\lambda < g\varphi \leqslant \lambda\}} (g\varphi)^q \leqslant C\lambda^{q-1} \int_{Q_1 \cap \{g\varphi \geqslant \beta\lambda\}} g\varphi.$$

两式相加,并记 $t = \beta\lambda$,则有

$$\int_{Q_1 \cap \{g\varphi > t\}} (g\varphi)^q \leqslant Ct^{q-1} \left[\int_{Q_1 \cap \{g\varphi > t\}} g\varphi + \int_{Q_1 \cap \{F > t\}} F \right], \tag{5.26}$$

根据(5.15),不等式对于 $t \geqslant t_0 \triangleq \frac{\gamma_0}{\beta} \| g \|_{L^q(Q_1)}$都成立.现在记

$$h(t) = \int_{Q_0 \cap \{g\varphi > t\}} g\varphi dx, \quad H(t) = \int_{Q_1 \cap \{F > t\}} F dx.$$

类似于第三章引理1.1,我们有

$$\int_{Q_1 \cap \{g\varphi > t\}} (g\varphi)^q dx = -\int_t^{\infty} s^{q-1} dh(s) = \Phi_{q-1}(t;h), \tag{5.27}$$

其中 $\Phi_p(t;h)$定义于(5.5).这样(5.26)可写成

$$\Phi_{q-1}(t;h) \leqslant Ct^{q-1}[h(t) + H(t)], \quad t \geqslant t_0.$$

应用引理5.2,对于 $\varepsilon = \frac{q-1}{c-1}$, $p \in [q, q+\varepsilon)$,我们有

$$\Phi_{p-1}(t_0;h) \leqslant Ct_0^{p-q}[\Phi_{q-1}(t_0;h) + \Phi_{p-1}(t_0;H)]. \tag{5.28}$$

注意到(5.27),我们可得到

$$\begin{aligned}\int_{Q_1} (g\varphi)^p dx &\leqslant t_0^p |Q_1| + \Phi_{p-1}(t_0;h) \\ &\leqslant t_0^p |Q_1| + Ct_0^{p-q}\left[\| g\varphi \|_{L^q(Q_1)}^q + \| F \|_{L^p(\mathbf{R}^n)}^p\right].\end{aligned}$$

利用 Young 不等式与 t_0、F 的定义,则有

$$\| g\varphi \|_{L^p(Q_1)} \leqslant C\left[\| g \|_{L^q(Q_1)} + \| M(f\varphi)^q \|_{L^{\frac{p}{q}}(\mathbf{R}^n)}^{\frac{1}{q}}\right],$$

注意到$\frac{p}{q} > 1$(当 $p = q$ 时定理的结论是显然的),算子 M 是强$\left(\frac{p}{q}, \frac{p}{q}\right)$型的(附录4,Hardy-Littlewood 极大定理的推论),于是我们有

$$\| g\varphi \|_{L^p(Q_1)} \leqslant C[\| g \|_{L^q(Q_1)} + \| f \|_{L^p(Q_1)}],$$

这个估计蕴含着定理的结论.

参 考 文 献

Acerbi, E. & Fusco, N.

[AF1] Semicontinuity problems in the calculus of variations, *Arch. Rat. Mech. Anal.*, 86(1984), 125～145.

[AF2] A regularity theorem for minimizers of quasiconvex integrals, preprint, 1986.

Adams, R. A.

[AD] Sobolev spaces, Academic Press, New York, 1975(中译本：R. A.阿达姆斯著,索伯列夫空间,人民教育出版社,1981).

Evans, L. C.

[EV] Quasiconvexity and partial regularity in the calculus of variations, *Arch. Rat. Mech. Anal.*, 95(1986), 227～252.

Evans, L. C. & Gariepy, R. F.

[EG] Blow-up, compactness and partial regularity in the calculus of variations, *Indiana University Math. J.*, 36(1987), 361～371.

Fefferman, C. & Stein, E. M.

[FS] H^p spaces of several variables, *Acta Math*, 129(1972), 137～193.

Fuchs, M.

[FU] Regularity theorems for nonlinear systems of partial differential equations under natural ellipticity conditions, *Analysis*, 7(1987),83～93.

Fusco, N. & Hutchinson, J.

[FH] $C^{1,\alpha}$ partial regularity of functions minimizing quasiconvex integrals, *manuscripta math.*, 54(1985), 121～143.

Giaquinta, M.

[GQ1] Multiple integrals in the calculus of variations and nonlinear elliptic systems, Princeton University Press, Princeton, 1983.

[GQ2] An introduction to the regularity theory for nonlinear elliptic systems, preprint, 1984.

Giaquinta, M. & Modica, G.

[GM] Partial regularity of minimizers of quasiconvex integrals, *Ann. Inst. H. Poincaré, Analyse non linéaire*, 3(1986),185～208.

Giaquinta, M. & Souček, J.

[GS] Caccioppoli's inequality and Legendre-Hadamard condition, *Math. Ann.*, 270(1985), 105～107.

Gilbarg, D. & Trudinger, N. S.

[GT] Elliptic partial differential equations of second order, Springer-Verlag, Heidelberg, New York, 1977(中译本:D.吉耳巴格,N. S. 塔丁格著,二阶椭圆型偏微分方程,上海科学技术出版社,1981)

Hildebrandt, S.

[HB] Nonlinear elliptic systems and harmonic mappings, Proc. Beijing Symp. Diff. Geo. & Diff. Eq., Science Press, Beijing, China, Gordon & Breach, New York, 1982.

Hong, M. C.(洪敏纯)

[HM] Existence and partial regularity in the calculus of variations, *Annali di Matematica pura ed applicata*,

Vol. 149(1987),311～328.

John, F & Nirenberg, L.

[JN] On functions of bounded mean oscillation, *Comm. Pure Appl. Math.*, 14(1961), 415～426.

Крылов, Н. В.

[KL] Нелинейные эллиптические и параболические уравнения второго порядка, Москва《НАуКА》,1985.

Ladyzhenskaya, O. A. & Ural'tseva, N, N.

[LU] Linear and quasilinear elliptic equations, English Transl., Academic Press, New York, 1968(中译本:O. A. 拉德任斯卡娅,N. N. 乌拉采娃著,线性和拟线性椭圆型方程,科学出版社,1987).

Marcellini, P.

[MC] Approximation of quasiconvex functionals and lower semicontinuity of multiple integrals, *manuscripta math.*, 51(1985), 1～28.

Maz'ja, V. G.

[MJ] Sobolev spaces, English Transl., Springer-Verlag, Berlin, Heidelberg, 1985.

Morrey, C. B., Jr.

[MR] Multiple integrals in the calculus of variations, Springer-Verlag, Heidelberg, New York, 1966.

Nečas, J.

[NC] Introduction to the theory of nonlinear elliptic equations, Teubner Verlagsge-Sellschaft, Leipzig, 1983.

Rogers, C. A.

[RG] Hausdorff measures, Cambridge University Press, Cambridge, 1970. Schwartz, J.

[SW] Nonlinear functional analysis, Gordon & Breach, New York, 1969. Zhang, K. W.(张克威)

[ZK] On the Dirichlet problem of a class of elliptic systems, Lecture Notes in Math., 1306, 262～277.

周民强

[ZM] 实变函数,北京大学出版社,1985.

《现代数学基础丛书》已出版书目

1 数理逻辑基础(上册) 1981.1 胡世华 陆钟万 著
2 数理逻辑基础(下册) 1982.8 胡世华 陆钟万 著
3 紧黎曼曲面引论 1981.3 伍鸿熙 吕以辇 陈志华 著
4 组合论(上册) 1981.10 柯 召 魏万迪 著
5 组合论(下册) 1987.12 魏万迪 著
6 数理统计引论 1981.11 陈希孺 著
7 多元统计分析引论 1982.6 张尧庭 方开泰 著
8 有限群构造(上册) 1982.11 张远达 著
9 有限群构造(下册) 1982.12 张远达 著
10 测度论基础 1983.9 朱成熹 著
11 分析概率论 1984.4 胡迪鹤 著
12 微分方程定性理论 1985.5 张芷芬 丁同仁 黄文灶 董镇喜 著
13 傅里叶积分算子理论及其应用 1985.9 仇庆久 陈恕行 是嘉鸿 刘景麟 蒋鲁敏 编
14 辛几何引论 1986.3 J.柯歇尔 邹异明 著
15 概率论基础和随机过程 1986.6 王寿仁 编著
16 算子代数 1986.6 李炳仁 著
17 线性偏微分算子引论(上册) 1986.8 齐民友 编著
18 线性偏微分算子引论(下册) 1992.1 齐民友 徐超江 编著
19 实用微分几何引论 1986.11 苏步青 华宣积 忻元龙 著
20 微分动力系统原理 1987.2 张筑生 著
21 线性代数群表示导论(上册) 1987.2 曹锡华 王建磐 著
22 模型论基础 1987.8 王世强 著
23 递归论 1987.11 莫绍揆 著
24 拟共形映射及其在黎曼曲面论中的应用 1988.1 李 忠 著
25 代数体函数与常微分方程 1988.2 何育赞 萧修治 著
26 同调代数 1988.2 周伯壎 著
27 近代调和分析方法及其应用 1988.6 韩永生 著
28 带有时滞的动力系统的稳定性 1989.10 秦元勋 刘永清 王 联 郑祖庥 著
29 代数拓扑与示性类 1989.11 ［丹麦］I.马德森 著
30 非线性发展方程 1989.12 李大潜 陈韵梅 著

31 仿微分算子引论 1990.2 陈恕行 仇庆久 李成章 编
32 公理集合论导引 1991.1 张锦文 著
33 解析数论基础 1991.2 潘承洞 潘承彪 著
34 二阶椭圆型方程与椭圆型方程组 1991.4 陈亚浙 吴兰成 著
35 黎曼曲面 1991.4 吕以辇 张学莲 著
36 复变函数逼近论 1992.3 沈燮昌 著
37 Banach 代数 1992.11 李炳仁 著
38 随机点过程及其应用 1992.12 邓永录 梁之舜 著
39 丢番图逼近引论 1993.4 朱尧辰 王连祥 著
40 线性整数规划的数学基础 1995.2 马仲蕃 著
41 单复变函数论中的几个论题 1995.8 庄圻泰 杨重骏 何育赞 闻国椿 著
42 复解析动力系统 1995.10 吕以辇 著
43 组合矩阵论(第二版) 2005.1 柳柏濂 著
44 Banach 空间中的非线性逼近理论 1997.5 徐士英 李 冲 杨文善 著
45 实分析导论 1998.2 丁传松 李秉彝 布 伦 著
46 对称性分岔理论基础 1998.3 唐 云 著
47 Gel'fond-Baker 方法在丢番图方程中的应用 1998.10 乐茂华 著
48 随机模型的密度演化方法 1999.6 史定华 著
49 非线性偏微分复方程 1999.6 闻国椿 著
50 复合算子理论 1999.8 徐宪民 著
51 离散鞅及其应用 1999.9 史及民 编著
52 惯性流形与近似惯性流形 2000.1 戴正德 郭柏灵 著
53 数学规划导论 2000.6 徐增堃 著
54 拓扑空间中的反例 2000.6 汪 林 杨富春 编著
55 序半群引论 2001.1 谢祥云 著
56 动力系统的定性与分支理论 2001.2 罗定军 张 祥 董梅芳 著
57 随机分析学基础(第二版) 2001.3 黄志远 著
58 非线性动力系统分析引论 2001.9 盛昭瀚 马军海 著
59 高斯过程的样本轨道性质 2001.11 林正炎 陆传荣 张立新 著
60 光滑映射的奇点理论 2002.1 李养成 著
61 动力系统的周期解与分支理论 2002.4 韩茂安 著
62 神经动力学模型方法和应用 2002.4 阮 炯 顾凡及 蔡志杰 编著
63 同调论——代数拓扑之一 2002.7 沈信耀 著
64 金兹堡-朗道方程 2002.8 郭柏灵 黄海洋 蒋慕容 著

65 排队论基础 2002.10 孙荣恒 李建平 著
66 算子代数上线性映射引论 2002.12 侯晋川 崔建莲 著
67 微分方法中的变分方法 2003.2 陆文端 著
68 周期小波及其应用 2003.3 彭思龙 李登峰 谌秋辉 著
69 集值分析 2003.8 李 雷 吴从炘 著
70 强偏差定理与分析方法 2003.8 刘 文 著
71 椭圆与抛物型方程引论 2003.9 伍卓群 尹景学 王春朋 著
72 有限典型群子空间轨道生成的格(第二版) 2003.10 万哲先 霍元极 著
73 调和分析及其在偏微分方程中的应用(第二版) 2004.3 苗长兴 著
74 稳定性和单纯性理论 2004.6 史念东 著
75 发展方程数值计算方法 2004.6 黄明游 编著
76 传染病动力学的数学建模与研究 2004.8 马知恩 周义仓 王稳地 靳 祯 著
77 模李超代数 2004.9 张永正 刘文德 著
78 巴拿赫空间中算子广义逆理论及其应用 2005.1 王玉文 著
79 巴拿赫空间结构和算子理想 2005.3 钟怀杰 著
80 脉冲微分系统引论 2005.3 傅希林 闫宝强 刘衍胜 著
81 代数学中的 Frobenius 结构 2005.7 汪明义 著
82 生存数据统计分析 2005.12 王启华 著
83 数理逻辑引论与归结原理(第二版) 2006.3 王国俊 著
84 数据包络分析 2006.3 魏权龄 著
85 代数群引论 2006.9 黎景辉 陈志杰 赵春来 著
86 矩阵结合方案 2006.9 王仰贤 霍元极 麻常利 著
87 椭圆曲线公钥密码导引 2006.10 祝跃飞 张亚娟 著
88 椭圆与超椭圆曲线公钥密码的理论与实现 2006.12 王学理 裴定一 著
89 散乱数据拟合的模型、方法和理论 2007.1 吴宗敏 著
90 非线性演化方程的稳定性与分歧 2007.4 马 天 汪宁宏 著
91 正规族理论及其应用 2007.4 顾永兴 庞学诚 方明亮 著
92 组合网络理论 2007.5 徐俊明 著
93 矩阵的半张量积:理论与应用 2007.5 程代展 齐洪胜 著
94 鞅与 Banach 空间几何学 2007.5 刘培德 著
95 非线性常微分方程边值问题 2007.6 葛渭高 著
96 戴维-斯特瓦尔松方程 2007.5 戴正德 蒋慕蓉 李栋龙 著
97 广义哈密顿系统理论及其应用 2007.7 李继彬 赵晓华 刘正荣 著
98 Adams 谱序列和球面稳定同伦群 2007.7 林金坤 著

99 矩阵理论及其应用 2007.8 陈公宁 编著
100 集值随机过程引论 2007.8 张文修 李寿梅 汪振鹏 高 勇 著
101 偏微分方程的调和分析方法 2008.1 苗长兴 张 波 著
102 拓扑动力系统概论 2008.1 叶向东 黄 文 邵 松 著
103 线性微分方程的非线性扰动(第二版) 2008.3 徐登洲 马如云 著
104 数组合地图论(第二版) 2008.3 刘彦佩 著
105 半群的 S-系理论(第二版) 2008.3 刘仲奎 乔虎生 著
106 巴拿赫空间引论(第二版) 2008.4 定光桂 著
107 拓扑空间论(第二版) 2008.4 高国士 著
108 非经典数理逻辑与近似推理(第二版) 2008.5 王国俊 著
109 非参数蒙特卡罗检验及其应用 2008.8 朱力行 许王莉 著
110 Camassa-Holm 方程 2008.8 郭柏灵 田立新 杨灵娥 殷朝阳 著
111 环与代数(第二版) 2009.1 刘绍学 郭晋云 朱 彬 韩 阳 著
112 泛函微分方程的相空间理论及应用 2009.4 王 克 范 猛 著
113 概率论基础(第二版) 2009.8 严士健 王隽骧 刘秀芳 著
114 自相似集的结构 2010.1 周作领 瞿成勤 朱智伟 著
115 现代统计研究基础 2010.3 王启华 史宁中 耿 直 主编
116 图的可嵌入性理论(第二版) 2010.3 刘彦佩 著
117 非线性波动方程的现代方法(第二版) 2010.4 苗长兴 著
118 算子代数与非交换 L_p 空间引论 2010.5 许全华 吐尔德别克 陈泽乾 著
119 非线性椭圆型方程 2010.7 王明新 著
120 流形拓扑学 2010.8 马 天 著
121 局部域上的调和分析与分形分析及其应用 2011.4 苏维宜 著
122 Zakharov 方程及其孤立波解 2011.6 郭柏灵 甘在会 张景军 著
123 反应扩散方程引论(第二版) 2011.9 叶其孝 李正元 王明新 吴雅萍 著
124 代数模型论引论 2011.10 史念东 著
125 拓扑动力系统——从拓扑方法到遍历理论方法 2011.12 周作领 尹建东 许绍元 著
126 Littlewood-Paley 理论及其在流体动力学方程中的应用 2012.3 苗长兴 吴家宏 章志飞 著
127 有约束条件的统计推断及其应用 2012.3 王金德 著
128 混沌、Mel'nikov 方法及新发展 2012.6 李继彬 陈凤娟 著
129 现代统计模型 2012.6 薛留根 著
130 金融数学引论 2012.7 严加安 著
131 零过多数据的统计分析及其应用 2013.1 解锋昌 韦博成 林金官 著

132　分形分析引论　2013.6　胡家信　著

133　索伯列夫空间导论　2013.8　陈国旺　编著

134　广义估计方程估计方程　2013.8　周　勇　著

135　统计质量控制图理论与方法　2013.8　王兆军　邹长亮　李忠华　著

136　有限群初步　2014.1　徐明曜　著

137　拓扑群引论(第二版)　2014.3　黎景辉　冯绪宁　著

138　现代非参数统计　2015.1　薛留根　著